全国高等职业教育物流专业课程改革规划教材

物联网工程设计与实施

张 伦 主 编
孙刚凝 副主编

中国财富出版社

图书在版编目（CIP）数据

物联网工程设计与实施 / 张伦主编．—北京：中国财富出版社，2014.9
（全国高等职业教育物流专业课程改革规划教材）
ISBN 978－7－5047－5184－3

Ⅰ．①物…　Ⅱ．①张…　Ⅲ．①互联网络—应用高等职业教育—教材 ②智能技术—应用高等职业教育—教材　Ⅳ．①TP393.4 ②TP18

中国版本图书馆 CIP 数据核字（2014）第 070361 号

策划编辑	马　军	责任印制	何崇杭
责任编辑	马　军	责任校对	杨小静

出版发行	中国财富出版社		
社　　址	北京市丰台区南四环西路 188 号 5 区 20 楼	邮政编码	100070
电　　话	010－52227568（发行部）		010－52227588 转 307（总编室）
	010－68589540（读者服务部）		010－52227588 转 305（质检部）
网　　址	http：//www.cfpress.com.cn		
经　　销	新华书店		
印　　刷	北京京都六环印刷厂		
书　　号	ISBN 978－7－5047－5184－3/TP・0078		
开　　本	787mm×1092mm　1/16	版　　次	2014 年 9 月第 1 版
印　　张	15.5	印　　次	2014 年 9 月第 1 次印刷
字　　数	321 千字	定　　价	32.00 元

前　言

国家将物联网作为一项战略性新兴产业，物联网的繁荣发展需要大量精通物联网信息技术的人才生力军。物联网工程专业培养能够系统地掌握物联网的相关理论、方法和技能，具备通信技术、网络技术、传感技术等信息领域宽广的专业知识的高级工程技术人才。

编者根据多年的教学实践和物联网项目实施经验编写了本书，用于培养从事物联网领域的系统设计、系统分析与科技开发及研究方面的高等人才。让学生通过实际操作感受物联网工程的概念，达到知识结构合理，并且具备在本专业领域跟踪新理论、新知识、新技术的能力以及较强的创新实践能力。

全书由张伦统稿并主持编写，共分为7章。第1章至第4章由张伦编写；第5章和第6章由孙刚凝编写；第7章由林刚编写。特别感谢李多、奚志刚、陈星野、耿莹莹在本书的编写过程中所给予的帮助。

由于编者水平有限，书中难免有不完善之处，恳请专家和读者批评指正。

编　者

2014年4月

目 录

1　物联网工程概述

1.1　物联网的定义

物联网的定义目前争议很大，还没有被各界广泛接受的定义。各个地区或组织对于物联网都有自己的定义。以下是一些地区或组织关于物联网的定义。

中国物联网校企联盟将物联网定义为：当下几乎所有技术与计算机、互联网技术的结合，实现物体与物体之间的环境和状态信息的实时共享以及智能化的收集、传递、处理、执行。广义上说，当下涉及信息技术的应用，都可以纳入物联网的范畴。

国际电信联盟（ITU）发布的《ITU 互联网报告 2005：物联网》，对物联网做了如下定义：通过二维码识读设备、射频识别（RFID）装置、红外感应器、全球定位系统和激光扫描器等信息传感设备，按约定的协议，把任何物品与互联网相连接，进行信息交换和通信，以实现智能化识别、定位、跟踪、监控和管理的一种网络。

EPC 基于“RFID”的物联网定义：物联网是在计算机互联网的基础上，利用 RFID、无线数据通信等技术，构造一个覆盖世界上万事万物的“Internet of Things”。在这个网络中，物品（商品）能够彼此进行“交流”，而无须人的干预。其实质是利用 RFID 技术，通过计算机互联网实现物品（商品）的自动识别和信息的互联与共享。

我国中科院基于传感网的物联网定义：随机分布的集成有传感器、数据处理单元和通信单元的微小节点，通过一定的组织和通信方式构成的网络，是传感网，又叫物联网。

按照上述定义，目前比较流行，能够被各方所接受的物联网定义为：通过射频识别（RFID）、红外感应器、全球定位系统、激光扫描器等信息传感设备，按约定的协议，把任何物品与互联网连接起来，进行信息交换和通信，以实现智能化识别、定位、跟踪、监控和管理的一种网络。目的是让所有的物品都与网络连接在一起，方便识别和管理。其核心是将互联网扩展应用于我们生活的各个领域。

为了更好地理解物联网的定义，我们给出了物联网的概念模型，如图 1－1 所示。

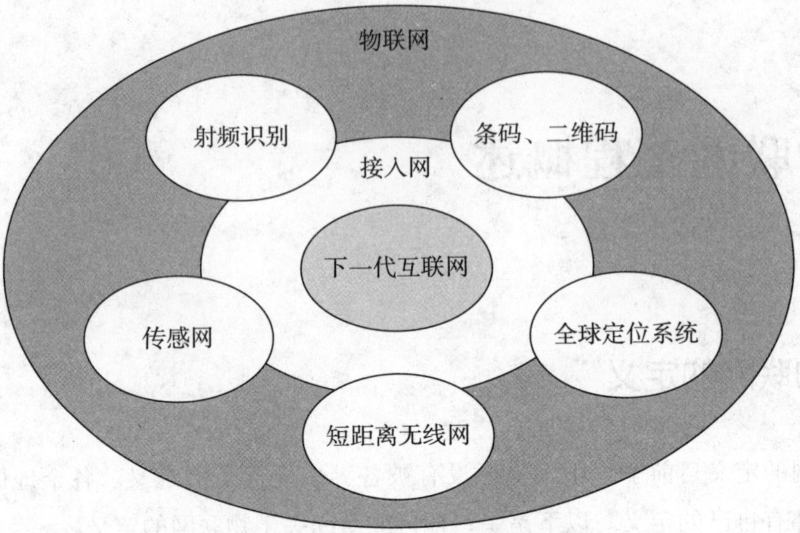

图 1－1　物联网概念模型

由物联网的定义，可以从技术和应用两个方面来对它进行理解。

（1）技术理解：物联网是物体通过感应装置，将数据/信息经过传输网络，传输到达指定的信息处理中心，最终实现物与物、人与物的自动化信息交互与处理的智能网络。

（2）应用理解：物联网是把世界上所有的物体都连接到一个网络中，形成“物联网”，然后又与现有的互联网相连实现人类社会与物体系统的整合，达到以更加精细和动态的方式去管理生产和生活。

从物联网产生的背景及物联网的定义中，我们可以大概地总结出物联网的几个特征。

（1）全面感知：利用 RFID、二维码、传感器等随时随地获取物体的信息。

（2）可靠传递：通过无线网络与互联网的融合将物体信息实时准确地传递给用户。

（3）智能处理：利用云计算、数据挖掘以及模糊识别等人工智能，对海量的数据和信息进行分析和处理，对物体实施智能化控制。

1.2　物联网技术的起源与发展

物联网的概念最早是由麻省理工学院 Ashton 教授于 1999 年在美国召开的移动计算和网络国际会议提出的，其理念是基于射频识别（RFID）、电子代码（EPC）等技术，在互联网的基础上，构造了一个实现全球物品信息实时共享的实物互联网“Internet of Things”（简称物联网）。

2003 年，美国《技术评论》提出传感网络技术将是未来改变人们生活的十大技术之首。2005 年 11 月 17 日，在突尼斯举行的信息社会世界峰会（WSIS）上，国际电信联盟（ITU）发布《ITU 互联网报告 2005：物联网》，引用了“物联网”的概念。物联网的定义和范围已经发生了变化，覆盖范围有了较大的拓展，不再只是指基于 RFID 技术的物联网。报告指出，无所不在的“物联网”通信时代即将来临，世界上所有的物体从轮胎到牙刷、从房屋到纸巾都可以通过互联网主动进行交换。射频识别技术、传感器技术、纳米技术、智能嵌入技术将得到更加广泛的应用。

2009 年 1 月 28 日，奥巴马就任美国总统后，与美国工商业领袖举行了一次“圆桌会议”，作为仅有的两名代表之一，IBM 首席执行官彭明盛首次提出“智慧地球”这一概念，建议新政府投资新一代的智慧型基础设施。当年，美国将新能源和物联网列为振兴经济的两大重点。

2009 年 8 月，温家宝总理在视察中科院无锡物联网产业研究所时，对于物联网应用也提出了一些看法和要求。自温总理提出“感知中国”以来，物联网被正式列为国家五大新兴战略性产业之一，写入“政府工作报告”。2011 年 11 月 28 日，工业和信息化部印发《物联网“十二五”发展规划》。2013 年 2 月 17 日，国务院发布了《国务院关于推进物联网有序健康发展的指导意见》等。物联网在中国受到了政府及全社会极大的关注，其受关注程度是美国、欧盟以及其他各国不可比拟的。物联网发展历程如图 1－2 所示。

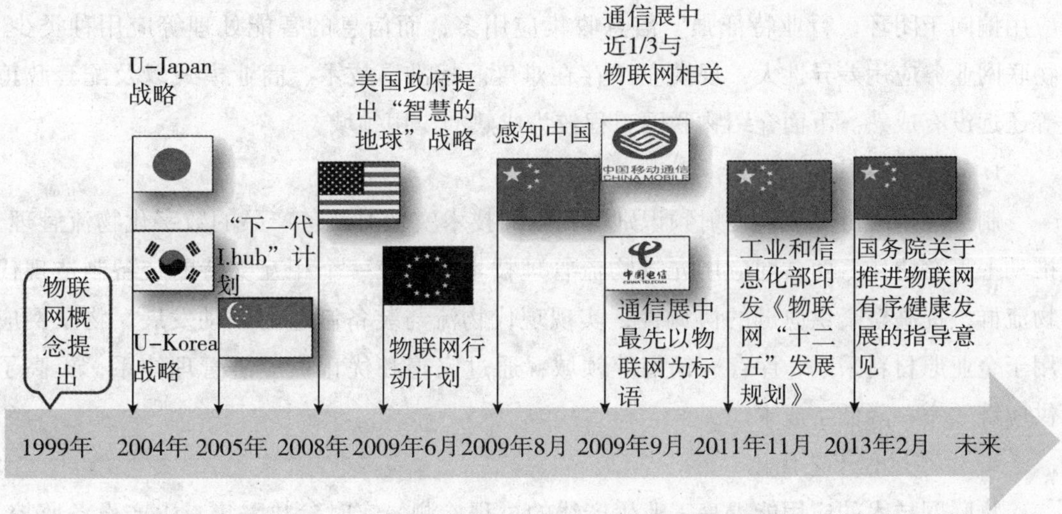

图 1－2　物联网发展历程

纵观物联网技术的产生与发展，物联网技术也由最初的互联网、RFID 技术、EPC 标准等转变为包括光、热等传感网、GPS/GIS 等数据通信技术和人工智能、纳米技术等为实现全世界人与物、物与物实时通信的所用应用技术。

1.3 物联网工程应用现状

物联网工程指的是将无处不在的末端设备和设施，包括具备“内在智能”的传感器、移动终端、工业系统、楼控系统、家庭智能设施、视频监控系统等和“外在使能”的如贴上 RFID 的各种资产、携带无线终端的个人与车辆等“智能化物件或动物”或“智能尘埃”，通过各种无线和/或有线的长距离和/或短距离通信网络实现互联互通应用大集成，以及基于云计算的 SaaS 营运等模式，在内网、专网和/或互联网环境下，采用适当的信息安全保障机制，提供安全可控乃至个性化的实时在线监测、定位追溯、报警联动、调度指挥、预案管理、远程控制、安全防范、远程维保、在线升级、统计报表、决策支持、领导桌面集中展示等管理和服务功能，实现对“万物”的“高效、节能、安全、环保”的“管、控、营”一体化。

总体上，物联网工程应用处于发展初期。当前是典型应用的示范期，然后是规模增长期和全面发展期。在目前阶段，普遍认为 M2M（Machine to Machine）是物联网最主要的表现形式。由于中国长期致力于信息化的推进工作，因此在物联网工程应用，特别是行业应用方面有一定的积累。目前已开展了一系列试点和示范，在智能电网、智能交通、智能物流、智能家居、环境保护、工业自动控制、医疗卫生、精细农牧业、金融服务业、公共安全、国防军事等领域取得了初步进展。但是整体水平还比较低，应用偏向于闭环，行业特征强，信息收集应用多，而信息的智能处理等应用种类少。物联网业务应用差异性大，规模应用存在难度。标准、技术、商业模式以及配套政策等还远没有成熟。下面介绍物联网工程较为成熟的应用领域。

1. 制造业供应链管理

制造业供应链管理借助射频识别等物联网技术实现对装备产品的数字化物流管理，推动上下游协作厂商共同应用先进物流管理技术，建设一个相互支持的装备制造现代物流群，提高整个供应链的协调性，实现现代物流与装备制造的联动发展。物联网应用于企业原材料采购、库存、销售等领域，通过完善和优化供应链管理体系，提高了供应链效率，降低了成本。

2. 生产过程工艺优化

物联网技术的应用能提高工业生产线的过程检测、实时参数采集、生产设备监控、材料消耗监测的能力和水平，有助于生产过程的智能监控、智能控制、智能诊断、智能决策、智能维护，从而优化生产工艺，改进生产过程，提高产品质量。例如，钢铁企业在生产和运输过程中有很多难点，铁水的高温对环境和电子设备的要求极高就是其中比较突出的问题，不仅容易造成热量的损失，还会提高成本，降低效率。基于钢铁行业对 RFID 技术的特殊要求，2009 年，首钢通过对该技术的重新开发，成功实现了铁水包的跟踪，即“一包到底”工艺。该工艺是将高炉生产出来的铁水，经过必要工艺流程处理后，通过 RFID 跟踪测距，以不更换铁水包的生产组织模式，直接兑入转炉冶炼的铁水运输方式。与目前钢铁企业较普遍采用的鱼雷罐车铁水运输方式相比，此项技术低碳环保、优势明显，是物联网在钢铁企业生流程控制方面的有效应用。又如在食品生产过程管理方面，充分发挥物联网在货物追踪、识别、查询、信息等方面的作用，推进物联网技术在农业养殖、收购、屠宰、加工、运输、销售等各个环节的应用，实现对食品生产全过程关键信息的采集和管理，保障食品安全追溯，实现对问题产品的准确召回。

3. 产品设备诊断监控

生产中应用物联网对产品设备监控管理是多方面的，例如，纺织业生产中，为了对设备进行实时监控，在生产设备上安装工业传感器，可随时扫描监控设备的使用状况，获得运转速度、使用效率、原材料消耗等信息，并传输到应用平台，以便及时调整校验。

又如光纤传感器应用于石油测井。在天然气开发过程中，压力、温度、流量等参数是油气井下的重要数据。如何克服井下高温、高压、腐蚀、地磁干扰等恶劣的工作环境，运用先进设备及时获取油气井下信息，对石油工业具有极为重要的价值。光纤光栅传感器在井下具有耐高温、耐高压、耐腐蚀、抗地磁干扰的特点，同时，光纤传感器横截面积小，在油气井中占据空间极小，具有分布式测量能力，可以测量井下参数的空间分布，给出剖面信息，能够精确地测量井下环境的参数。

再如用于装备制造的机械设备，其故障多发点往往出现在主机设备的轴承、轴瓦。由于安装、负荷、润滑、润滑油质等原因都可能出现温度升高、振动参数异常，甚至报警停车等状况，可以通过热电阻、温度变换器、温度指示仪组成温度测量系统对设备轴承、轴瓦温度参数进行测量，将需要监控的所有机械设备的温度、位移振幅参数，通过温度检测单元、振动监测单元采集后送到车间计算机进行处理、显示、存储，车间计算机通过网络将信息传送到企业设备管理部门的计算机，信息最终还将被传送到设备管理者的电脑或手机上。当设备运行参数出现报警时，设备管理者的电脑或手机上就会显示正在报警的设备名称、报警数据和该参数报警前的连续运行的曲线。将生产设备状态监控系统融入物联网适应了信息技术的发展趋势，充分利用最新的工业控制网络通信技术，满足故障信号传输和监控计算机屏幕画面动态传输等大容量高速数据通信的需求，使设备管理者可以随时、随地、随身获取设备状态信息，进行分析判断，并且可以非常方便地实现设备故障的专家远程会诊，制订检修或预检修计划，通过在实践中应用，最大限度地保证生产设备的正常运行，达到提高设备运转率、降低维修成本、提高企业经济效益的目的。

4. 煤矿安全生产管理

煤矿安全生产管理重点应用传感器、无线射频识别、移动通信等技术实现水、火、顶板、瓦斯等煤矿重大危险源的识别与监测，建设和完善安全监测网络系统，提升煤矿安全生产过程的监控和应急响应水平。把感应器嵌入和装备到矿山设备、油气管道、矿工设备中，可以感知危险环境中工作人员、设备机器、周边环境等方面的安全状态信息，将现有分散、独立、单一的网络监管平台提升为系统、开放、多元的综合网络监管平台，实现实时感知、准确辨识、快捷响应、有效控制。煤矿工人在井下作业时，矿井安全至关重要。作为物联网应用的一个重要领域，“感知矿山”可通过各种感知、信息传输与处理技术，实现对真实矿山整体及相关现象的可视化、数字化及智能化。物联网将矿山地理、地质、矿山建设、矿山生产、安全管理、产品加工与运销、矿山生态等综合信息全面数字化，将感知技术、传输技术、信息处理、智能计算、现代控制技术、现代信息管理等与现代采矿及矿物加工技术紧密结合，构成矿山人与人、人与物、物与物相连的网络，动态详尽地描述并控制矿山安全生产与运营的全过程。物联网可以避免重大事故的发生，保证煤矿可持续发展。例如，遇到瓦斯泄漏，“感知矿山”事前发出预报，在瓦斯囤积爆炸前，工人就能疏散脱离险境。

5. 排污实时监控

物联网与环保设备的融合实现了对生产过程中产生的各种污染源及污染治理各环节关键指标的实时监控。在重点排污企业排污口安装无线传感设备，不仅可以实时监测企业排污数据，而且可以远程关闭排污口，防止突发性环境污染事故的发生。电信运营商已开始推广基于物联网的污染治理实时监测解决方案。如工业环境监控物联网，它是由包含传感器网络的物联网节点、网关和监控中心或者与网关相连接的工业总线构成无缝连接的一体化网络，能够进行工业遥控遥测、工业现场环境监测，可自动化无线数据采集、自动仪表读取，可监控的信息量丰富，包括温度、压力、湿度、液位、流量、气体浓度、酸碱度等。

2 物联网工程基础

2.1 物联网关键支撑技术

“物联网技术”的核心和基础仍然是“互联网技术”，是在互联网技术基础上延伸和扩展的一种网络技术；其用户端延伸和扩展到了任何物品和物品之间，进行信息交换和通信。因此，物联网技术的定义是：通过射频识别（RFID）、红外感应器、全球定位系统、激光扫描器等信息传感设备，按约定的协议，将任何物品与互联网相连接，进行信息交换和通信，以实现智能化识别、定位、追踪、监控和管理的一种网络技术。物联网的关键支撑技术有 RFID 技术、条码技术、传感技术、智能手机技术、GIS 技术、GPS 技术等，如图 2－1 所示。

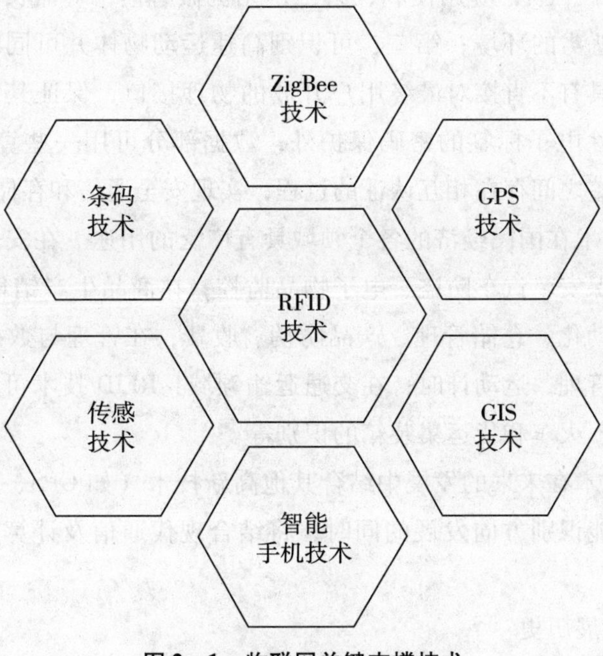

图 2－1 物联网关键支撑技术

2.1.1 RFID 技术

1. RFID 技术概述

RFID 是射频识别英文（Radio Frequency Identification）的缩写。RFID 技术是 20 世纪 90 年代开始兴起的一种自动识别技术，利用无线射频方式在阅读器和射频卡之间进行非接触双向数据传输，以达到目标识别和数据交换的目的。

RFID 技术的基本原理是电磁理论，它由标签专用芯片和标签天线组成。其主要核心部件是一个直径仅为 2mm 不到的电子标签，通过相距几厘米到几米距离内传感器发射的无线电波，可以读取电子标签内储存的信息，识别电子标签代表的物品、人和器具的身份。RFID 的存储容量是 2^{96} 以上，理论上看，世界上每一件商品都可以用唯一的代码表示。以往使用条码，由于长度的限制，人们只能给每一类产品定义一个类码，而无法通过代码获得每一件具体产品的信息。智能标签彻底摆脱了这种限制，使每一件商品都可以享受独一无二的 ID。并且，贴上这种电子标签之后的商品，从它在工厂的流水线上开始，到被摆上商场的货架，再到消费者购买后结账，甚至到标签最后被回收的整个过程都能够被追踪管理。

与目前广泛使用的自动识别技术，如摄像、条码、磁卡、IC 卡等相比，RFID 技术具有很多突出的优点：第一，非接触操作，长距离识别（几厘米至几十米），因此完成识别工作时无须人工干预，应用便利；第二，无机械磨损，寿命长，并可工作于各种油渍、灰尘污染等恶劣的环境；第三，可识别高速运动物体并可同时识别多个电子标签；第四，读写器具有不直接对最终用户开放的物理接口，保证其自身的安全性；第五，数据安全方面除电子标签的密码保护外，数据部分可用一些算法实现安全管理；第六，读写器与标签之间存在相互认证的过程，实现安全通信和存储。

目前，RFID 技术在国民经济的各个领域具有广泛的用途。在安全防护领域，RFID 技术可以用于门禁保安、汽车防盗、电子物品监控；在商品生产销售领域，RFID 技术可以用于生产线自动化、仓储管理、产品防伪、收费；在管理与数据统计领域，RFID 技术可以用于畜牧管理、运动计时；在交通运输领域，RFID 技术可以用于高速公路自动收费及交通管理、火车和货运集装箱的识别等。

总之，RFID 技术在未来的发展中结合其他高新技术（如 GPS、生物识别等技术），由单一识别向多功能识别方向发展的同时，将结合现代通信及计算机技术，实现跨地区、跨行业应用。

2. RFID 技术发展历史

最早探讨 RFID 技术的一篇论文是由哈克·斯托克曼在 1948 年发表的“利用能量反射进行通信”，从而奠定了 RFID 技术的理论基础。RFID 技术的应用最早出现在 1935

年，第二次世界大战期间盟军用来判断识别己方飞机，但由于昂贵的价格抑制了其广泛应用。近年来，随着科技的飞速发展，芯片价格随之下降，电子标签逐渐成为IT业新的热点，IBM、微软、SAP等巨头纷纷花重金投入此项技术和解决方案的开发，试图抢占先机。新加坡、韩国等国家都明确指出要重点发展电子标签技术和应用，而中国是世界生产中心之一和最具潜力的消费市场，对RFID的应用需求也将越来越强烈。

射频识别技术的发展可按十年期划分如下：

1940—1950年：雷达的改进和应用催生了RFID技术，1948年奠定了RFID技术的理论基础。

1950—1960年：早期RFID技术的探索阶段，主要处于实验室实验研究。

1960—1970年：RFID技术的理论得到了发展，开始了一些应用尝试。

1970—1980年：RFID技术与产品研发处于一个大发展时期，各种RFID技术测试得到加速，出现了一些最早的射频识别应用。

1980—1990年：RFID技术及产品进入商业应用阶段，各种规模应用开始出现。

1990—2000年：RFID技术标准化问题日趋得到重视，RFID产品得到广泛采用，且逐渐成为人们生活中的一部分。

2000年后：标准化问题日趋为人们所重视，RFID产品种类更加丰富，有源电子标签、无源电子标签及半无源电子标签均得到发展，电子标签成本不断降低，规模应用行业扩大。

至今，RFID技术的理论得到丰富和完善。单芯片电子标签、多电子标签识读、无线可读可写、无源电子标签的远距离识别、适应高速移动物体的射频识别技术与产品正在成为现实并走向应用。

特别值得一提的是，在1998年美国麻省理工学院的David Brock博士和Sanjay Sarma教授在喝咖啡聊天时，谈及物品自动识别技术手段问题时产生的从系统的角度来解决物品自动识别问题的灵感，由此导致了供应链中物品自动识别概念的一次革命，并最终在1999年10月1日正式创建Auto - ID Center非营利性的开发组织。Auto - ID Center诞生后，迅速提出了产品电子代码EPC（Electronic Product Code）的概念以及物联网的概念与构架，并积极推进有关概念的基础研究与实验工作。可以说，EPC与物联网的概念将RFID技术的应用推到了极致，对RFID技术的发展与应用的推广起到了极大的推动作用。

3. RFID系统工作原理

RFID系统的基本工作流程是：阅读器通过发射天线发送一定频率的射频信号，当射频卡进入发射天线工作区域时产生感应电流，射频卡获得能量被激活；射频卡将自身编码等信息通过卡内置发送天线发送出去；系统接收天线接收到从射频卡发送来的载波信号，经天线调节器传送到阅读器，阅读器对接收的信号进行解调和解码然后送到后台主系统进行相关处理；主系统根据逻辑运算判断该卡的合法性，针对不同的设定做出相应的处理和控制，发出指令信号控制执行机构动作。

RFID 系统的工作原理如下：阅读器将要发送的信息，经编码后加载在某一频率的载波信号上经天线向外发送，进入阅读器工作区域的电子标签接收此脉冲信号，卡内芯片中的有关电路对此信号进行调制、解码、解密，然后对命令请求、密码、权限等进行判断。若为读命令，控制逻辑电路则从存储器中读取有关信息，经加密、编码、调制后通过卡内天线再发送给阅读器，阅读器对接收到的信号进行解调、解码、解密后送至中央信息系统进行有关数据处理；若为修改信息的写命令，有关控制逻辑引起的内部电荷泵提升工作电压，提供擦写 EEPROM 中的内容进行改写，若经判断其对应的密码和权限不符，则返回出错信息。RFID 基本原理如图 2－2 所示。

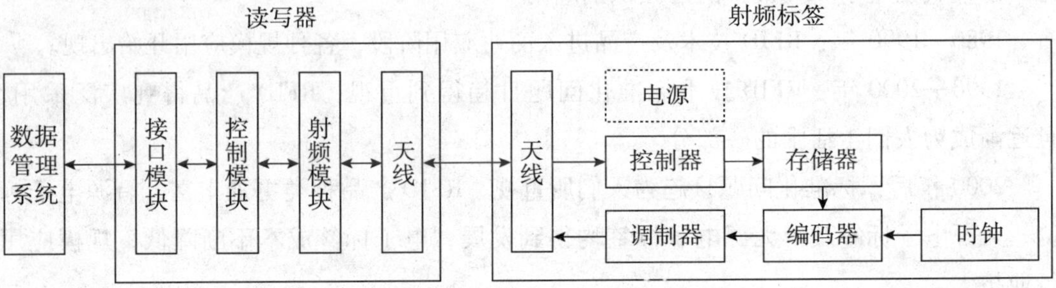

图 2－2　RFID 基本原理

在 RFID 系统中，阅读器必须在可阅读的距离范围内产生一个合适的能量场以激励电子标签。在当前有关的射频约束下，欧洲大部分地区各向同性有效辐射功率限制在 500mW，这样的辐射功率在 870MHz，可近似达到 0.7m。美国、加拿大以及其他一些国家，无须授权的辐射约束为各向同性辐射功率为 4W，这样的功率将达到 2m 的阅读距离，在获得授权的情况下，在美国发射 30W 的功率将使阅读区增大到 5.5m 左右。

4. RFID 应用领域

随着大规模集成电路技术的进步以及生产规模的不断扩大，RFID 产品的成本也不断降低，更由于 RFID 技术的自身优势及特点，其应用越来越广泛。目前，RFID 技术主要有以下几方面应用：

（1）车辆的自动识别

北美铁道协会 1992 年年初批准了采用 RFID 技术的车号自动识别标准，首次在北美大范围内成功地建立了自动车号识别系统，成为车辆 RFID 应用的标志，到 1995 年 12 月为止三年时间在北美 150 万辆货车、1400 个地点安装了 RFID 装置。

欧洲一些国家，也先后利用 RFID 技术建立了区域性的自动车号识别系统。瑞士国家铁路局在瑞士的全部旅客列车上安装 RFID 自动识别系统，调度员可以实时的掌握火车运行情况，不仅利于管理，还大大减小发生事故可能性。我国铁路系统也建立了车号 RFID 系统，实现了全国铁路车辆的自动跟踪管理。澳大利亚近年来开发了自动识别系统，用于矿山车辆的识别和管理。

在国内，20 世纪 90 年代由于 RFID 设备主要依靠国外进口，价格昂贵，虽然偶有试点，但都不能大范围推广。而目前随着加入 WTO 及承诺的逐步履行，国际资本和技术进入我国国内市场，RFID 技术整体应用更加成熟，同时随着国内公司自主开发的产品的日益增加，国内市场也逐渐丰富，为 RFID 技术在中国大范围推广提供了基础。现在 RFID 技术已经成功地应用在路桥不停车收费系统、海关进出口转关车辆监管系统等。

（2）高速公路收费及智能交通系统（ITS）

高速公路自动收费系统是 RFID 技术最成功的应用之一，它充分体现了非接触识别优势。在车辆高速通过收费站的同时自动完成缴费，解决交通瓶颈问题，避免拥堵，提高收费结算效率。如 1996 年，广东省佛山市即应用 RFID 系统用于自动收取路桥费，装有电子标签的车辆通过装有射频扫描器的专用隧道、停车场或高速公路路口时，无须停车缴费，大大提高了车辆通过率，有效缓解了公路瓶颈。车辆可以在 250 千米的时速下用少于 0.5 毫秒的时间被识别，并且正确率达 100%。而在城市交通控制方面，交通日趋拥挤，加强交通的指挥、控制、疏导，提高道路的利用率已显得尤为重要，而基于 RFID 技术的实时交通督导和最佳线路电子地图很快将成为现实。用 RFID 技术使交通的指挥自动化、法制化，将有助于改善交通状况。

（3）门禁控制

RFID 技术应用于方便、安全的门禁控制，可同时用于出入口安全检查，考勤管理及公司财产监控等方面。由于系统可以同时识别多个电子标签，避免了上班前排队打卡的现象。在安全级别要求较高的场合，还可以使 RFID 技术与其他识别技术相结合，将指纹、掌纹或面容等特征存入电子标签。这种安全系统已成功应用在 1996 年的亚特兰大奥运会的安全机构中。

（4）电子钱包、电子票证

射频识别卡，替代各种“卡”，如电话卡、会员收费卡、储蓄卡、地铁及汽车月票等，实现所谓非现金结算，解决了以往的各种磁卡、IC 卡受机械磨损及外界强电、磁场干扰等问题，成为 RFID 的一种主要应用。日本从 1999 年着手开始用射频卡换掉原有的电话磁卡，日本经营地铁、游戏机等的公司也都投入大量资金，取消原有磁卡设备，代之以非接触识别卡。1996 年 1 月，韩国在汉城的 600 辆公共汽车上安装 RFID 系统用于电子月票，还计划将这套系统推广到铁路和其他城市，德国汉莎航空公司试用非接触的射频卡作为飞机票，改变了传统的机票购销方式，简化了机场入关的手续。我国的上海、深圳、北京等地区的部分公交路线也采用了射频识别卡方式的电子月票。

根据估测，约占所售出的非接触 IC 卡的 50% 是使用在公共交通领域。应用地区主要是亚洲的一些人口密集区（如汉城、中国香港、新加坡、上海），在 1994 年和 1995 年，全世界范围内每年为公共交通应用领域生产的非接触 IC 卡约有 100 万张。1996—1997 年，这个数字已经上升到了每年超过 400 万张卡。而仅在 1998 年一年，全世界公共交通业所需要的非接触 IC 卡的数量达到约 1000 万张。

在亚洲—太平洋地区可能会出现非接触 IC 卡在公共交通领域最高的增长率，因为这里正在使用现代化技术建设新的基础设施。

（5）货物的跟踪、管理及监控

RFID 为货物的跟踪、管理及监控提供了快捷、准确、自动化的技术手段。如澳大利亚将它的 RFID 产品用于机场旅客行李管理中并发挥了出色的作用；英国的希思罗机场采用射频识别技术完成机场行李的分拣，大大提高了效率，降低了差错率。欧共体宣布 1997 年开始生产的新车型必须具有基于 RFID 技术的防盗系统。

RFID 目前在仓储、配送等物流环节也有许多成功的应用。对于大型仓储中心来说，管理中心实时了解货物位置，货物存储情况，对提高仓储效率、反馈产品信息、指导生产都有极其重要的意义。另外，货物集装箱运输过程中，利用射频标签结合 GPS 系统，可实现对货物的有效跟踪，成为全球范围最大的货物跟踪管理应用。因此，随着 RFID 在开放的物流环节统一标准的研究开发，物流业将成为 RFID 最大的受益行业之一。

（6）生产线的自动化及过程控制

RFID 因其抗恶劣环境能力强、可非接触识别等特点，在生产过程控制中有许多应用。如德国宝马公司在汽车装配流水线上应用 RFID 技术实现了用户定制的生产方式：在流水线上安装有 RFID 系统，使用可重复使用的 RFID 标签，标签上带有详细的汽车定制要求，在流水线每一个工作点设有读写器，以保证汽车在流水线各位置处毫不出错地完成装配任务。

Motorola、SGS-Thomson 等集成电路制造商采用加入了 RFID 技术的自动识别工序控制系统，无人工介入，满足了半导体生产对于超净环境的特殊要求，同时提高了效率。

（7）动物的跟踪及管理

电子标识系统在牛的饲养业中已经应用了将近 20 年，在欧洲已成为了技术的展示。除了企业内部在饲料的自动配给和产量统计方面的应用之外，还产生了另外一个应用领域，即跨企业的动物标识、瘟疫及质量控制以及追踪动物的品种。例如，新加坡利用 RFID 技术研究鱼的回游特性等。近年来，食品安全问题受到全球普遍关注，许多发达国家利用 RFID 技术高效、自动化管理牲畜，通过对牲畜个体识别，保证疾病爆发期间的感染者的有效跟踪及对未感染者的隔离控制。部分国家或地区还有将 RFID 技术用于信鸽比赛、赛马识别等，以准确测定到达时间。

（8）容器识别

煤气和化学药剂都是在租用容器中进行运输的，如果这些容器的选用出现错误，那么无论是在重新灌注使用还是在使用时都会产生灾难性的后果。除了产品专用的密封系统外，明确的标志在避免混乱方面有很大的帮助。而采用机器可识别的标志更增加了进一步的保护。在粗糙的工业应用环境中，射频标签的优势再一次得到显现。如在德国目前就有总计 800 万贮气瓶装备有电子标签，存储除了简单的贮气瓶号码之外的其他数据，如货主、内容、容量、最大灌注压力和分析数据等。

同样原理，RFID 系统也被应用在城市垃圾的清运、管理流程中。

随着 RFID 技术的发展及相应技术设备成本的降低，RFID 系统正在应用于生产、活动的各个领域当中，如大型体育运动会应用 RFID 系统实现对运动员的单独计时；在工业加工领域中，应用 RFID 系统对从加工工具、原材料到成品半成品进行生产全过程的监控管理。

5. RFID 特点及分类

（1）RFID 技术的特点

RFID 技术是一项易于操控、简单实用且特别适用于自动化控制的灵活性应用技术，识别工作无须人工干预，既可支持只读工作模式，也可支持读写工作模式，且无须接触或瞄准。RFID 技术也可自由工作在各种恶劣环境下：短距离射频产品不怕油渍、灰尘污染等恶劣的环境，可以替代条码，例如用在工厂的流水线上跟踪物体；长距射频产品多用于交通上，识别距离可达几十米，如自动收费或识别车辆身份等。其所具备的独特优越性是其他识别技术无法企及的。

RFID 主要有以下几个方面特点：

①读取方便快捷：数据的读取无须光源，甚至可以透过外包装来进行。有效识别距离更大，采用自带电池的主动标签时，有效识别距离可达到 30m 以上。

②识别速度快：标签一进入磁场，解读器就可以即时读取其中的信息，而且能够同时处理多个标签，实现批量识别。

③数据容量大：数据容量最大的二维条码（PDF417），最多也只能存储 2725 个数字；若包含字母，存储量则会更少；RFID 标签则可以根据用户的需要扩充到数十 K。

④使用寿命长，应用范围广：其无线电通信方式，使其可以应用于粉尘、油污等高污染环境和放射性环境，而且其封闭式包装使得其寿命大大超过印刷的条码。

⑤标签数据可动态更改：利用编程器可以向写入数据，从而赋予 RFID 标签交互式便携数据文件的功能，而且写入时间比打印条码更少。

⑥更好的安全性：不仅可以嵌入或附着在不同形状、类型的产品上，而且可以为

标签数据的读写设置密码保护，从而具有更高的安全性。

⑦动态实时通信：标签以与每秒50～100次的频率与解读器进行通信，所以只要RFID标签所附着的物体出现在解读器的有效识别范围内，就可以对其位置进行动态的追踪和监控。

（2）RFID技术的分类

根据电子标签工作频率的不同通常可分为低频（30～300kHz）、中频（3～30MHz）和高频系统（300MHz～3GHz）。RFID系统的常见工作频率有低频125kHz、134.2kHz，中频13.56MHz，高频860～930MHz、2.45GHz、5.8GHz等。低频系统特点是电子标签内保存的数据量较少，阅读距离较短，电子标签外形多样，阅读天线方向性不强等，主要用于短距离、低成本的应用中，如多数的门禁控制、校园卡、煤气表、水表等。中频系统则用于需传送大量数据的应用系统。高频系统的特点是电子标签及阅读器成本均较高，标签内保存的数据量较大，阅读距离较远（可达十几米），适应物体高速运动，性能好，阅读天线及电子标签天线均有较强的方向性，但其天线宽波束方向较窄且价格较高，主要用于需要较长的读写距离和高读写速度的场合，多在火车监控、高速公路收费等系统中应用。

根据电子标签的不同可分为可读写卡（RW）、一次写入多次读出卡（WORM）和只读卡（RO）。RW卡一般比WORM卡和RO卡贵得多，如电话卡、信用卡等；WORM卡是用户可以一次性写入的卡，写入后数据不能改变，比RW卡要便宜；RO卡存有一个唯一的号码，不能更改，保证了安全性。

根据电子标签的有源和无源又可分为有源的和无源的。有源电子标签使用卡内电流的能量，识别距离较长，可达十几米，但是它的寿命有限（3～10年），且价格较高；无源电子标签不含电池，它接收到阅读器（读出装置）发出的微波信号后，利用阅读器发射的电磁波提供能量，一般可做到免维护、重量轻、体积小、寿命长、较便宜，但它的发射距离受限制，一般是几十厘米，且需要阅读器的发射功率大。

根据电子标签调制方式的不同还可分为主动式（Active tag）和被动式（Passive tag）。主动式的电子标签用自身的射频能量主动地发送数据给读写器，主要用于有障碍物的应用中，距离较远（可达30m）；被动式的电子标签，使用调制散射方式发射数据，它必须利用阅读器读写器的载波调制自己的信号，适宜在门禁或交通的应用中使用。

2.1.2 条码技术

1. 条码技术的基本概念

（1）条码

条码是由一组规则排列的条、空及其对应字符组成的标记，用以表示一定的信息。

条码通常用来对物品进行标识，这个物品可以是用来进行交易的一个贸易项目，如一瓶啤酒或一箱可乐，也可以是一个物流单元，如一个托盘。所谓对物品的标识，就是首先给某一物品分配一个代码，然后以条码的形式将这个代码表示出来，并且标识在物品上，以便识读设备通过扫描识读条码符号而对该物品进行识别。图 2－3 是标识在一瓶古井贡酒上的条码符号。条码不仅可以用来标识物品，还可以用来标识资产、位置和服务关系等。

6 902018 994262

图 2－3　标识在一瓶古井贡酒上的条码符号

（2）代码（Code）

代码即一组用来表征客观事物的一个或一组有序的符号。代码必须具备鉴别功能，即在一个信息分类编码标准中，一个代码只能唯一地标识一个分类对象，而一个分类对象只能有一个唯一的代码。如图 2－3 所示，图中的阿拉伯数字 6902018994262 即是该瓶古井贡酒的商品标识代码，而在其上方由条和空组成的条码符号则是该代码的符号表示。

（3）码制

条码的码制是指条码符号的类型，每种类型的条码符号都是由符合特定编码规则的条和空组合而成。每种码制都具有固定的编码容量和所规定的条码字符集。条码字符中字符总数不能大于该种码制的编码容量。常用的一维条码码制包括：EAN 条码、UPC 条码、UCC/EAN－128 条码、交插 25 条码、39 条码、93 条码、库德巴条码等。

（4）字符集

字符集是指某种码制的条码符号可以表示的字母、数字和符号的集合。有些码制仅能表示 10 个数字字符（0～9），如 EAN/UPC 条码；有些码制除了能表示 10 个数字字符外，还可以表示几个特殊字符，如库德巴条码。39 条码可表示数字字符 0～9、26 个英文字母 A～Z 以及一些特殊符号。

（5）连续性与非连续性

条码符号的连续性是指每个条码字符之间不存在间隔，相反，非连续性是指每个条码字符之间存在间隔。从某种意义上讲，由于连续性条码不存在条码字符间隔，所以密度相对较高，而非连续性条码的密度相对较低。

（6）定长条码与非定长条码

定长条码是条码字符个数固定的条码，仅能表示固定字符个数的代码。非定长条码是指条码字符个数不固定的条码，能表示可变字符个数的代码，例如，EAN/UPC 条码是定长条码，它们的标准版仅能表示 12 个字符，39 条码则为非定长条码。

（7）双向可读性

条码符号的双向可读性是指从左、右两侧开始扫描都可被识别的特性。绝大多数码制都具有双向可读性。

（8）自校验特性

条码符号的自校验特性是指条码字符本身具有校验特性。若在一条码符号中，一个印刷缺陷（例如，因出现污点把一个窄条错认为宽条，而相邻宽空错认为窄空）不会导致替代错误，那么这种条码就具有自校验功能。例如，39 条码、库德巴条码、交插 25 条码都具有自校验功能；EAN 和 UPC 条码、93 条码等都没有自校验功能。

（9）条码密度

条码密度是指单位长度条码所表示条码字符的个数。条码密度越高，所需扫描设备的分辨率也就越高，这将增加扫描设备对印刷缺陷的敏感性。

（10）条码质量

条码质量指的是条码的印制质量，其判定主要从外观、条（空）反射率、条（空）尺寸误差、空白区尺寸、条高、数字和字母的尺寸、校验码、译码正确性、放大系数、印刷厚度、印刷位置几个方面进行。

条码的质量是确保条码正确识读的关键，不符合条码国家标准技术要求的条码，不仅会影响扫描速度，降低工作效率，而且可能造成误读进而影响信息采集系统的正常运行。

2. 条码技术的特点

条码技术是电子与信息科学领域的高新技术，所涉及的技术领域较广，是多项技术相结合的产物，经过多年的长期研究和应用实践，现已发展成为较成熟的实用技术。

在信息输入技术中，采用的自动识别技术种类很多。条码作为一种图形识别技术与其他识别技术相比有如下特点：

（1）简单。条码符号制作容易，扫描操作简单易行。

（2）信息采集速度快。普通计算机的键盘录入速度是 200 字符/分钟，而利用条码扫描录入信息的速度是键盘录入的 20 倍。

（3）采集信息量大。利用条码扫描，一次可以采集几十位字符的信息，而且可以通过选择不同码制的条码增加字符密度，使录入的信息量成倍增加。

（4）可靠性高。键盘录入数据，误码率为三百分之一，利用光学字符识别技术，误码率约为万分之一。而采用条码扫描录入方式，误码率仅有百万分之一，首读率可达98%以上。

（5）灵活、实用。条码符号作为一种识别手段可以单独使用，也可以和有关设备组成识别系统实现自动化识别，还可和其他控制设备联系起来实现整个系统的自动化管理。同时，在没有自动识别设备时，也可实现手工键盘输入。

（6）自由度大。识别装置与条码标签相对位置的自由度要比 OCR 大得多。条码通常只在一维方向上表示信息，而同一条码符号上所表示的信息是连续，这样即使是标签上的条码符号在条的方向上有部分残缺，仍可以从正常部分识读正确的信息。

（7）设备结构简单、成本低。条码符号识别设备的结构简单，操作容易，无须专门训练。与其他自动化识别技术相比较，推广应用条码技术所需费用较低。

3. 条码的分类

目前，世界上常用的码制有 ENA 码、UPC 码、25 码、交叉 25 码、库德巴码、39 码和 128 码等，而商品上最常使用的就是 EAN 商品条码。

（1）按码制分类

①UPC 码。1973 年，美国率先在国内的商业系统中应用 UPC 码，之后加拿大也在商业系统中采用 UPC 码。UPC 码是一种长度固定的连续型数字式码制，其字符集为数字 0 ~ 9。它采用四种元素宽度，每个条或空是 1、2、3 或 4 倍单位元素宽度。UPC 码有两种类型，即 UPC - A 码和 UPC - E 码。

②EAN 码。1977 年，欧洲经济共同体各国按照 UPC 码的标准制定了欧洲物品编码 EAN 码，与 UPC 码兼容，而且两者具有相同的符号体系。EAN 码的字符编号结构与 UPC 码相同，也是长度固定的、连续型的数字式码制，其字符集是数字 0 ~ 9。它采用四种元素宽度，每个条或空是 1、2、3 或 4 倍单位元素宽度。EAN 码有两种类型，即 EAN - 13 码和 EAN - 8 码。

③交叉 25 码。交叉 25 码是一种长度可变的连续型自校验数字式码制，其字符集为数字 0 ~ 9。采用两种元素宽度，每个条和空是宽或窄元素。编码字符个数为偶数，所有奇数位置上的数据以条编码，偶数位置上的数据以空编码。如果为奇数个数据编码，则在数据前补一位 0，以使数据为偶数个数位。

④39 码。39 码是第一个字母数字式码制。1974 年由 Intermec 公司推出。它是长度可比的离散型自校验字母数字式码制。其字符集为数字 0 ~ 9、26 个大写字母和 7 个特殊字符（ - 、。、Space、/、+ 、% 、 $ ），共 43 个字符。每个字符由 9 个元素组成，其中有 5 个条（2 个宽条，3 个窄条）和 4 个空（1 个宽空，3 个窄空），是一种离散码。

⑤库德巴码。库德巴码（Code Bar）出现于 1972 年，是一种长度可变的连续型自

校验数字式码制。其字符集为数字 0 ~ 9 和 6 个特殊字符（－、．、／、。、＋、＄），共 16 个字符。常用于仓库、血库和航空快递包裹中。

⑥128 码。128 码出现于 1981 年，是一种长度可变的连续型自校验数字式码制。它采用四种元素宽度，每个字符由 3 个条和 3 个空，共 11 个单元元素宽度，又称（11，3）码。它由 106 个不同条码字符组成，每个条码字符有三种含义不同的字符集，分别为 A、B、C。它使用这 3 个交替的字符集可将 128 个 ASCII 码编码。

⑦93 码。93 码是一种长度可变的连续型字母数字式码制。其字符集为数字 0 ~ 9、26 个大写字母和 7 个特殊字符（－、。、Space、／、＋、%、＄）以及 4 个控制字符。每个字符由 3 个条和 3 个空组成，共 9 个元素宽度。

⑧49 码。49 码是一种多行的连续型、长度可变的字母数字式码制。出现于 1987 年，主要用于小物品标签上的符号。采用多种元素宽度。其字符集为数字 0 ~ 9、26 个大写字母和 7 个特殊字符（－、。、Space、／、＋、%、＄）、3 个功能键（F1、F2、F3）和 3 个变换字符，共 49 个字符。

⑨其他码制。除上述码外，还有其他的码制，例如 25 码出现于 20 世纪 60 年代后期，主要用于航空系统的机票的顺序编号；11 码出现于 1977 年，主要用于电子元器件标签；矩阵 25 码是 11 码的变形；Nixdorf 码已被 EAN 码所取代；Pbssey 码出现于 1971 年 5 月，主要用于图书馆等。

（2）按维数分类

①普通的一维条码。一维条码只在一个方向（一般是水平方向）表达信息，而在垂直方向则不表达任何信息，其一定的高度通常是为了便于阅读器的对准。一维条码的应用可以提高信息录入的速度，减少差错率，可直接显示内容为英文、数字、简单符号；储存数据不多，主要依靠计算机中的关联数据库；保密性能不高；损污后可读性差。

随着条码技术的发展和条码码制的种类不断增加，条码的标准化显得越来越重要。为此，曾先后制定了军用标准 1189；交叉 25 码、39 码和库德巴码 ANSI 标准 MH10. 8M 等。同时，一些行业也开始建立行业标准，以适应发展的需要。此后，戴维 · 阿利尔又研制出 49 码。这是一种非传统的条码符号，它比以往的条码符号具有更高的密度。特德 · 威廉斯（Ted Williams）1988 年推出 16K 码，该码的结构类似于 49 码，是一种比较新型的码制，适用于激光系统。

普通的一维条码自问世以来，很快得到了普及和广泛应用。但是由于一维条码所携带的信息量有限，如商品上的条码仅能容纳 13 位（EAN－13 码）阿拉伯数字，更多的信息只能依赖商品数据库的支持，离开了预先建立的数据库，这种条码就没有意义了，因此在一定程度上也限制了条码的应用范围。基于这个原因，在 20 世纪 90 年代发明了二维条码。二维条码除了具有一维条码的优点外，同时还有信息量大、可靠性高、保密、防伪性强等优点。

②二维条码。在水平和垂直方向的二维空间存储信息的条码，称为二维条码（2－Dimensional Bar Code），可直接显示英文、中文、数字、符号、图形；储存数据量大，可存放 1K 字符，可用扫描仪直接读取内容，无须另接数据库；保密性高（可加密）；安全级别最高时，损污 50% 仍可读取完整信息。使用二维条码可以解决如下问题：表示包括汉字、照片、指纹、签字在内的小型数据文件；在有限的面积上表示大量信息；对“物品”进行精确描述；防止各种证件、卡片及单证的仿造；在远离数据库和不便联网的地方实现数据采集。二维条码实例如图 2－4 所示。

图 2－4　二维条码实例

目前，二维条码主要有 PDF417 码、Code 49 码、Code 16K 码、Data Matrix 码、Maxi Code 码等，可分为堆积式或层排式二维条码（Started Bar Code）和棋盘式或矩阵式二维条码（Dot Matrix Bar Code）两大类型。

二维条码依靠其庞大的信息携带量，能够把过去使用一维条码时存储于后台数据库中的信息包含在条码中，可以直接通过阅读条码得到相应的信息，并且二维条码还有错误修正技术及防伪功能，增加了数据的安全性。

二维条码可把照片、指纹编制于其中，有效地解决证件的可机读和防伪问题。因此，可广泛应用于护照、身份证、行车证、军人证、健康证、保险卡等。

例如，中国移动二维条码是用特定的几何图形按一定规律在平面（二维方向上）分布的黑白相间的矩形方阵记录数据符号信息的新一代条码技术。中国移动二维条码由企业形象、二维条码矩阵图形和一个二维条码号（关键字），以及下方的使用提示说明文字构成。用户通过手机对此二维条码进行拍照，或发送短信等均可方便地访问 WAP 网站。用户通过手机摄像头对二维条码图形进行扫描，或输入二维条码号即可方便上网，下载图铃、信息、优惠券、视频等，企业通过二维条码可以发布促销广告信息。中国移动二维条码示例如图 2－5 所示。

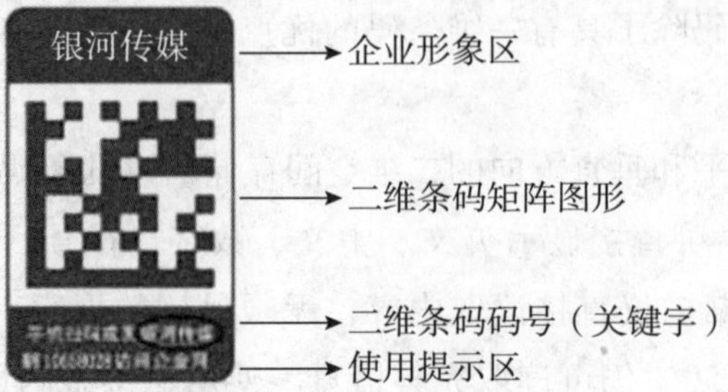

图 2－5　中国移动二维条码示例

另外，在海关报关单、长途货运单、税务报表、保险登记表上也都有使用二维条码技术来解决数据输入及防止伪造、删改表格。

③多维条码。进入 20 世纪 80 年代以来，人们围绕如何提高条码符号的信息密度，进行了研究工作。多维条码和集装箱条码成为研究、发展与应用的方向。

（3）按应用领域分类

①商品条码。商品条码是用来表示商品信息的一种手段，是商品标识代码的一种载体。商品标识代码（Identification Code for Commodity）是由国际物品编码协会（EAN）和统一代码委员会（UCC）规定的、用于标识商品的一组数字，包括 EAN/UCC－13、EAN/UCC－8 和 UCC－12 代码。

商品标识代码包括 EAN/UCC－13、EAN/UCC－8、UCC－12 三种代码结构，厂商应根据需要选择申请适宜的代码结构，遵循三项基本的编码原则，即唯一性原则、无含义性原则、稳定性原则编制商品标识代码，这样就能保证商品标识代码在全世界范围内是唯一的、通用的、标准的，可作为全球贸易中信息交换、资源共享的关键字和“全球通用的商业语言”。

商品条码具有以下共同的符号特征，如图 2－6 所示。

6 901234 567892

图 2－6　商品条码符号

a. 条码符号的整体形状为矩形，由一系列互相平行的条和空组成，四周都留有空白区。

b. 采用模块组合法编码方法，条和空分别由 1 ~4 个深或浅颜色的模块组成。深色模块表示“1”，浅色模块表示“0”。

c. 在条码符号中，表示数字的每个条码字符仅由两个条和两个空组成，共 7 个模块。

d. 除了表示数字的条码字符外，还有一些辅助条码字符，用作表示起始、终止的分界符和平分条码符号的中间分隔符。

e. 条码符号可设计成既可供固定式扫描器全向扫描，又可用手持扫描设备识读的形式。

f. 条码符号的大小可在放大系数 0.8 ~ 2.0 所决定的尺寸之间变化，以适应各种印刷工艺印制合格条码符号及用户对印刷面积的要求。

②物流条码。

a. 物流单元：在供应链过程中为运输、仓储、配送等建立的任意一种包装单元，如托盘、桶、板条箱、集装箱。

b. 物流标签：即物流单元标签。物流标签设计分为 3 部分：供应商区段、客户区段和承运商区段。

c. 标签文本：物流单元标签中用文字表示的信息。

与商品条码相比，物流条码具有如下特点：

a. 储运单元的唯一标识：通常标识多个或多种类商品的集合，用于物流的现代化管理。

b. 服务于供应链全过程（包装、运输、仓储、分拣、配送直至零售店）；而商品条码只服务于消费环节。

c. 信息多：商品条码是一个无含义的 13 位数字条码；物流条码则是一个可变的，可表示多种含义、多种信息的条码，是无含义的货运包装的唯一标识，可表示货物的体积、重量、生产日期、批号等信息，是贸易伙伴根据在贸易过程中共同的需求，经过协商统一制定的。

d. 可变性：物流条码是随着国际贸易的不断发展，贸易伙伴对各种信息需求的不断增加应运而生的，其应用在不断扩大，内容也在不断丰富。

e. 维护性：物流条码的相关标准是一个需要经常维护的标准。及时沟通用户需求，传达标准化机构有关条码应用的变更内容，是确保国际贸易中物流现代化、信息化管理的重要保障之一。

2.1.3 GPS 技术

1. GPS 的定义

在全球卫星定位系统（Global Positioning System，GPS）出现之前，远程导航与定位主要使用的是无线导航系统和卫星定位系统。其中，无线导航系统应用较为广泛，该系统主要有三种：

（1）罗兰－C

工作在100kHz，由3个地面导航台组成，导航工作区域2000km，一般精度200～300m。

（2）Omega（奥米茄）

工作在十几千赫，由8个地面导航台组成，可覆盖全球，精度几英里。

（3）多卜勒系统

该系统利用多卜勒频移原理，通过测量其频移得到运动物参数（地速和偏流角），推算出飞行器位置，属自备式航位推算系统，误差随航程增加而累加。但无线导航系统存在着一定的缺点，如覆盖的工作区域小，电波传播受大气影响，定位精度不高等。卫星定位系统指的是美国的子午仪系统（Transit），该系统于1958年研制，1964年正式投入使用。由于该系统卫星数目较小（5～6颗），运行高度较低（平均1000km），从地面站观测到卫星的时间间隔较长（平均1.5h），因而它无法提供连续的实时三维导航，而且精度较低。

通过以上分析，GPS可定义为：利用空间卫星星座（通信卫星）、地面控制部分及信号接收机对地面目标的状况进行精确测定并提供全方位导航和定位的系统。

2. GPS的功能

美国在GPS设计时提供两种服务。一种为精密定位服务（PPS），利用精码（军码）定位，提供给军方和得到特许的用户使用，定位精度可达10m。另一种为标准定位服务（SPS），利用粗码（民码）定位，提供给民间及商业用户使用。目前GPS民码单点定位精度可以达到25m，测速精度0.1m/s，授时精度200ns（纳秒）。

作为军民两用的系统，其应用范围极广。在军事上，GPS已成为自动化指挥系统、先进武器系统的一项基本保障技术，应用于各种兵种。在民用上，其应用领域包括陆地运输、海洋运输、民用航空、通信、测绘、建筑、采矿、农业、电力系统、医疗应用、科研、家电、娱乐等。

具体说来，GPS的功能主要有以下几个方面：

（1）自动导航

GPS的主要功能就是自主导航，可用于武器导航、车辆导航、船舶导航、飞机导航、星际导航、个人导航。GPS利用接收终端向用户提供位置、时间信息，也可结合电子地图进行移动平台航迹显示、行驶线路规划和行驶时间估算，对军事而言，可提高部队的机动作战和快速反应能力，在民用上也可以提高民用运输工具的运载效率，节约社会成本。

（2）指挥监控

GPS的导航定位和数字短报文通信基本功能可以有机结合，利用系统特殊的定位体制，将移动目标的位置信息和其他相关信息传送至指挥所，完成移动目标的动态可视化显示和指挥指令的发送，实现移动目标的指挥监控。

（3）跟踪车辆、船舶

为了随时掌握车辆和船舶的动态，需根据地面计算机终端实时显示车辆、船舶的实际位置，了解货运情况，实施有效的监控和快速运转。

（4）信息传递和查询

利用GPS，管理中心可对车辆、船舶提供相关的气象、交通、指挥等信息，还可将行进中车辆、船舶的动态信息传递给管理中心，实现信息的双向交流。

（5）及时报警

通过使用GPS，及时掌握运输装备的异常情况，接收求救信息和报警信息，并迅速传递到地面管理中心，从而实行紧急救援。

（6）其他

GPS还广泛应用在天文台、通信系统基站、电视台的精确定时，道路、桥梁、隧道的施工中大量采用GPS设备进行工程测量，野外勘探及城区规划中的勘探测绘等。

3. GPS的特征

高精度、全天候、高效率、多功能、操作简便、应用广泛等。

（1）定位精度高

GPS定位精度高，应用实践已经证明，GPS相对定位精度在50km以内可达10～6m，100～500km可达7～10m，1000km可达9～10m。在300～1500m工程精密定位中，1小时以上观测的解其平面其平面位置误差小于1mm，与ME－5000电磁波测距仪测定的边长比较，其边长较差最大为0.5mm，较差中误差为0.3mm。

（2）定位快速、高效

随着GPS系统软件的不断更新，实时定位所需时间越来越短。目前，20km以内相对静态定位，仅需15～20分钟；快速静态相对定位测量时，当每个流动站与基准站相距在15km以内时，流动站观测时间只需1～2分钟，然后可随时定位，每站观测只需几秒钟。目前，GPS接收机的一次定位和测速工作在1秒甚至更短的时间内便可完成。

（3）功能多样、应用广泛

GPS系统不仅具有定位导航的功能，还具有跟踪、监控、测绘等功能。作为军民两用的系统，尤其是在民用领域应用广泛。GPS系统还可用于测速、测时，测速的精度可达0.1m/s，测时的精度可达几十毫微秒。

（4）可测算三维坐标

通常所用的大地测量方式是对平面与高程采用不同方法分别施测。GPS可同时精确测定测站点的三维坐标。目前，GPS水准可满足四等水准测量的精度。

（5）操作简单

随着 GPS 接收机不断改进，自动化程度越来越高，简化了操作步骤，使用起来更方便；接收机的体积越来越小，重量越来越轻，在很大程度上减轻了使用者劳动强度和工作压力，使工作变得更加轻松。

（6）全天候，不受天气影响

由于 GPS 卫星数目较多且分布合理，所以在地球上任何地点均可连续同时观测到至少 4 颗卫星，从而保障了全球、全天候连续实时导航与定位的需要。目前 GPS 观测可在一天 24 小时内的任何时间进行，不受恶劣气候的影响。

2. 1. 4　GIS 技术

1. GIS 概述

（1）GIS 的概念

地理信息是指表示地理环境诸要素的数量、质量、分布特征及其相互联系和变化规律的数字、文字、图像和图形等的总称。

从地理实体到地理数据，从地理数据到地理信息的发展，是人类认识地理事物的一次飞跃。

地理信息的主要特征有：

①地理信息属于空间信息。这是地理信息区别于其他类型信息的显著标志。地理信息位置的识别是通过经纬网或方里网建立的地理坐标来实现空间位置的识别。

②地理信息具有多维结构的特征。在二维空间的基础上，实现多专题的第三维结构，而各个专题型、实体型之间的联系是通过属性码实现的，如图 2－7 所示。

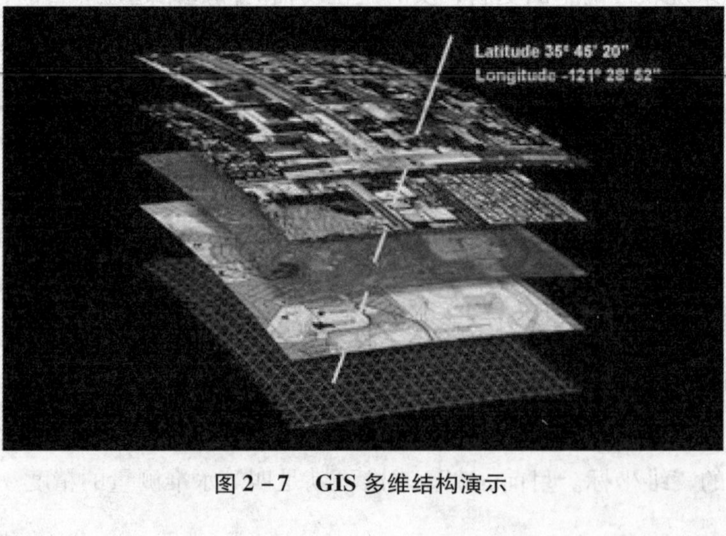

图 2－7　GIS 多维结构演示

③地理信息的时序特征十分明显。可以按照时间尺度将地理信息划分为超短期的（如台风、地震）、短期的（如江河洪水、寒潮）、中期的（如土地利用、作物估产）、长期的（如水土流失、城市化）、超长期的（如气候变化、地壳变动）等。

地图是地理环境诸要素按照一定的数学法则，运用符号系统并经过制图综合缩绘于平面上的图形，以传递各种自然和人文现象的数量与质量的空间分布和联系以及随时间的发展变化。

地图是一种符号图形，从地图上可以获得一个区域或整个地球表面的同一时间的空间表象，它是自然世界的一种模型，是制图者对自然世界的认识，是简化和概括的，普遍使用的第二语言。

地图是地理信息的传统数据源，GIS 的查询与分析结果的表示手段主要是地图。因此，地图学理论和地图分析方法是 GIS 的重要学科基础。

信息系统是具有采集、管理、分析和表达数据能力的系统。信息系统是为实现某些特定功能，由人、机器、数据、程序或方法按一定的相关关系联系起来进行工作的集合体，内部要素之间的相互联系通过信息流实现。信息系统由硬件、软件、数据和用户四个主要部分组成。另外，智能化的信息系统还包括知识。

信息系统根据所处理的信息特征可分为空间信息系统和非空间信息系统。

非空间信息系统强调的是数据的记录和操作，如目前流行的人事档案信息系统、图书情报信息系统、企业管理信息系统等。

空间信息系统是一种十分重要而又与其他类型信息系统有显著区别的信息系统，它所采集、管理、处理和更新的是空间信息。因此，这类信息系统在结构上也比一般信息系统复杂得多，功能上也较其他信息系统强得多。

地理信息系统（Geographic Information System，GIS）是在计算机软硬件支持下，对地理环境诸要素进行采集、存储、管理、分析、显示与应用的计算机系统。简单地说，GIS 就是综合处理和分析地理空间数据的一种技术系统，也称为土地资源信息系统，在我国有时也称为资源与环境信息系统。目前，国内外已研制了一批 GIS 工具软件，如美国环境系统研究所研制的 ARC/INFO 系统、中国地质大学研制的微机地理信息系统工具 MAPGIS 等。

（2）GIS 的特征

GIS 具有以下特征：

①公共的地理定位基础。所有的地理要素，要按地理坐标或者特定的坐标系统进行严格的空间定位，才能使具有时序性、多维性、区域性特征的空间要素进行复合和分解，将隐含其中的信息进行显示表达，形成空间和时间上连续分布的综合信息基础，支持空间问题的处理与决策。

②具有采集、管理、分析和输出多种地理空间信息的能力。

③系统以分析模型驱动，具有极强的空间综合分析和动态预测能力，并能产生高层次的地理信息。

④以提供地理信息服务为目的，是一个人机交互式的空间决策支持系统。GIS的外观表现为计算机软硬件系统，其内涵是由计算机程序和地理数据组成的地理空间信息模型，一个逻辑缩小的、高度信息化的地理系统，从视觉、计量和逻辑上对地理系统进行模拟，信息的流动及信息流动的结果，完全由计算机程序的运行和数据的变换来仿真，也可以快速地模拟自然过程的演变和思维过程，取得地理预测和实验的结果，选择优化方案，避免错误的决策。

2. GIS的分类

GIS按内容可分为应用型地理信息系统和地理信息系统工具两大类。

①应用型地理信息系统。应用型地理信息系统具有具体应用目标、特定的数据、特定的规模和特定的服务对象。通常，应用型地理信息系统是在地理信息系统工具的支持下建立起来的，这样可以节省大量的软件开发费用，缩短系统的建立周期，提高系统的技术水平，使开发人员能把精力集中于应用模型的开发，且有利于标准化的实行。

应用型地理信息系统又可以分为专题地理信息系统和区域地理信息系统。

专题地理信息系统：是以某一专业、任务或现象为主要内容的GIS，为特定的专门目的服务，如森林动态监测信息系统、农作物估产信息系统、水土流失信息系统和土地管理信息系统等。

区域地理信息系统：主要以区域综合研究和全面信息服务为目标。区域可以是行政区，如国家级、省级、市级和县级等区域信息系统；也可以是自然区域，如黄土高原区、黄淮海平原区和黄河流域等区域信息系统；还可以是经济区域，如京津唐区和沪宁杭区等区域信息系统。

②地理信息系统工具。地理信息系统工具是一组包括GIS基本功能的软件包。一般包括图形图像数字化、存储管理、查询检索、分析运算和多种输出等地理信息系统的基本功能，但是没有具体的应用目标，只是供其他系统调用或用户进行二次开发的操作平台。因为，在应用地理信息系统解决实际问题时，有大量软件开发任务，有了工具型GIS，只要在工具型GIS中加入地理空间数据，加上专题模型和界面，就可以开发成为一个应用型的GIS了。GIS工具软件适用于建立专题或区域性实用GIS的支撑软件，也可作教学软件，如ARC/INFO、MAPGIS和CITYSTAR等均属此类。

信息系统的分类如图 2－8 所示。

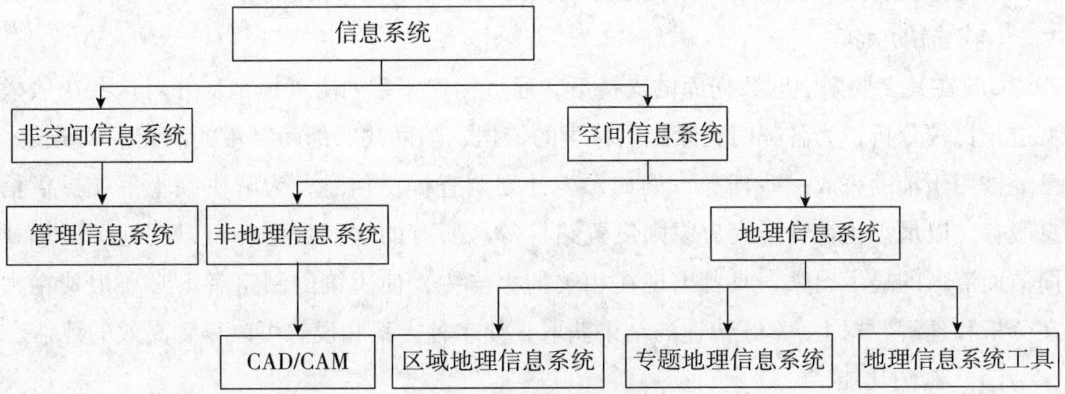

图 2－8　信息系统的分类

3. GIS 的功能

由于 GIS 本身的综合性，决定了它具有广泛的用途。GIS 在各方面的应用主要是通过系统中的多要素空间数据、各种数学模型以及应用软件来实现。概括起来讲，GIS 的主要应用功能如下：

（1）统计与量算

利用 GIS 将多种数据源信息汇集在一起，通过系统的统计和叠置分析功能，按多种边界和属性条件，提供区域多种条件组合形式的资源统计和进行原始数据的快速再现。

GIS 是一种空间信息系统，空间信息的查询和分析是 GIS 的基本功能。不仅能提供静态的查询和检索，还可以进行动态的分析。通过 GIS 的有关应用程序，分别可以在一维、二维和三维空间里实现对各种研究对象的长度、面积和体积的快速量算，为用户提供各种有用的数据。

（2）规划与管理

规划与管理是 GIS 应用的一个重要方面。地理信息系统通过对跨地域的资源数据进行处理、分析，并将空间和信息结合起来，揭示其中隐含的模式，发现其内在的规律和发展趋势，使用户在短时间内对资源数据有一个直观和全面的了解。区域规划和城市规划中涉及诸多方面和众多因素，如人口、交通、经济、文化、教育、金融和基础设施等多个地理变量和大量数据。GIS 技术能够进行多要素分析，它具有为规划部门快速提供大量信息的能力。

（3）监测与预测

在 GIS 中，预测主要采用统计方法，通过分析历史资料和建立数学模型，对事务进行定量分析，并对事务的未来作出判断和预测，例如洪水预报模型。

监测是借助遥感遥测数据的收集，利用 GIS 对环境污染、森林火灾、洪水灾情等进行监视推测，为环境治理和救灾抢险决策提供及时准确的信息。

（4）辅助决策

GIS 在其多要素空间数据库的支持下，通过构建一系列决策模型，并对这些决策模型进行比较分析，为各部门决策提供科学的依据，辅助政府部门决策的制定。GIS 技术已经被用于辅助完成一些任务，例如，为计划调查提供信息，为解决领土争端提供信息服务，以最小化视觉干扰为原则设置路标等。所有的这些数据都可以用地图的形式简洁而清晰的显示出来，或者出现在相关的报告中，使决策的制定者不必再浪费精力在分析和理解数据上。GIS 快速的结果获取，使多种方案和设想可以得到高效的评估。

（5）制图功能

制图功能是 GIS 最重要的一种功能，对多数用户来说，也是用得最多的一种功能。GIS 的综合制图功能包括专题地图制作，在地图上显示出地理要素，并赋予数值范围，同时可以放大和缩小以表现不同的细节层次。GIS 不仅可以为用户输出全要素图，而且可以根据用户需要分层输出各种专题地图，以显示不同要素和活动的位置，或有关属性内容。例如，矿产分布图、城市交通图、旅游图等。通常这种含有属性信息的专题地图主要有多边形图、线状图、点状图三种基本形式，也可由这几种基本图形综合组成各种形式和内容的专题图。

总之，GIS 的基本功能一方面是统一支配相关的海量信息，加快信息的处理速度、节约时间、提高效率，快速响应社会需求，直接创造社会财富；另一方面赢得预测、预报的时间，减少损失，间接获得经济效益。随着社会的进步，科技的发展，GIS 的应用将越来越广泛，必将产生巨大的经济效益和社会效益。

2.1.5　ZigBee 技术

ZigBee 技术是一种近距离、低复杂度、低功耗、低速率、低成本的双向无线通信技术。主要用于距离短、功耗低且传输速率不高的各种电子设备之间进行数据传输以及典型的有周期性数据、间歇性数据和低反应时间数据传输的应用。

简单地说，ZigBee 是一种高可靠的无线数传网络，类似于 CDMA 和 GSM 网络。ZigBee 数传模块类似于移动网络基站，通信距离从标准的 75m 到几百米、几千米，并且支持无限扩展。

ZigBee 是一个由可多到 65000 个无线数传模块组成的无线数传网络平台，在整个网络范围内，每一个 ZigBee 网络数传模块之间可以相互通信，每个网络节点间的距离可以从标准的 75m 无限扩展。

与移动通信的 CDMA 网或 GSM 网不同的是，ZigBee 网络主要是为工业现场自动化控制数据传输而建立，因而，它必须具有简单、使用方便、工作可靠、价格低的特点。而移动通信网主要是为语音通信而建立，每个基站价值一般都在百万元人民币以上，而每个 ZigBee“基站”却不到1000 元人民币。每个 ZigBee 网络节点不仅本身可以作为监控对象，例如其所连接的传感器直接进行数据采集和监控，还可以自动中转别的网络节点传过来的数据资料。除此之外，每一个 ZigBee 网络节点（FFD）还可在自己信号覆盖的范围内，和多个不承担网络信息中转任务的孤立的子节点（RFD）无线连接。

ZigBee 技术具有如下主要特点：

（1）低功耗。由于 ZigBee 的传输速率低，发射功率仅为 1mW，而且采用了休眠模式，功耗低，因此 ZigBee 设备非常省电。据估算，ZigBee 设备仅靠两节 5 号电池就可以维持长达 6 个月到 2 年左右的使用时间，这是其他无线设备望尘莫及的。

（2）成本低。ZigBee 模块的初始成本在 6 美元左右，估计很快就能降到 1.5 ~ 2.5 美元，并且 ZigBee 协议是免专利费的。低成本对于 ZigBee 也是一个关键的因素。

（3）时延短。通信时延和从休眠状态激活的时延都非常短，典型的搜索设备时延是 30ms，休眠激活的时延是 15ms，活动设备信道接入的时延为 15ms。因此 ZigBee 技术适用于对时延要求苛刻的无线控制（如工业控制场合等）。

（4）网络容量大。一个星形结构的 ZigBee 网络最多可以容纳 254 个从设备和一个主设备，一个区域内可以同时存在最多 100 个 ZigBee 网络，而且网络组成灵活。

（5）可靠。采取了碰撞避免策略，同时为需要固定带宽的通信业务预留了专用时隙，避开了发送数据的竞争和冲突。MAC 层采用了完全确认的数据传输模式，每个发送的数据包都必须等待接收方的确认信息。如果传输过程中出现问题可以进行重发。

（6）安全。ZigBee 提供了基于循环冗余校验（CRC）的数据包完整性检查功能，支持鉴权和认证，采用了 AES－128 的加密算法，各个应用可以灵活确定其安全属性。

ZigBee 技术与其他技术的比较如表 2－1 所示。

表 2－1　　ZigBee 技术与其他技术的比较

	GPRS/CDMA	WiMAX（802.16）	Wi－Fi（802.11）	Bluetooth（802.15.1）	ZigBee（802.15.3）
应用重点	语音/数据	无线城域/广域网	Web/E－mail/Media	电缆替代品	监控
系统资源	16MB +		1MB +	250KB +	4－32KB +
终端功耗	较高	高	较高	较高	小
网络规模	无限制	大	较小	点对点	65000 点
宽带	14.4K 以上	可达 1G	11M 以上	720K	250K

续　表

	GPRS/CDMA	WiMAX（802.16）	Wi-Fi（802.11）	Bluetooth（802.15.1）	ZigBee（802.15.3）
传输距离	无限制	几十千米	几百米到几千米	小于10米	几百米到几千米
优势	覆盖范围大质量保障	覆盖范围大，带宽，投资成本低	速度，灵活	价格低，方便	可靠，低功耗，灵活

ZigBee技术有其技术优势，也有其不足之处。作为低速率短距离无线通信技术的一种，ZigBee技术有其自身的特点，因此应该有其特有的应用。下面就来简单看看ZigBee可能的一些应用，包括智能家庭、工业控制、自动抄表、医疗监护、传感器网络应用和电信应用。

（1）智能家庭。家里可能都有很多电器和电子设备，如电灯、电视机、冰箱、洗衣机、电脑、空调等，可能还有烟雾感应、报警器和摄像头等设备，以前最多可能就做到点对点的控制，但如果使用了ZigBee技术，可以把这些电子电器设备都联系起来，组成一个网络，甚至可以通过网关连接到Internet，这样用户就可以方便地在任何地方监控自己家里的情况，并且省去了在家里布线的烦恼。

（2）工业控制。工厂环境当中有大量的传感器和控制器，可以利用ZigBee技术把它们连接成一个网络进行监控，加强作业管理，降低成本。

（3）自动抄表。抄表可能是大家比较熟悉的事情，像煤气表、电表、水表等，每个月或每个季度可能都要统计一下读数，报给煤气、电力或者供水公司，然后根据读数来收费。现在在大多数地方还是使用人工的方式来进行抄表，逐家逐户地敲门，很不方便。而ZigBee可以用于这个领域，利用传感器把表的读数转化为数字信号，通过ZigBee网络把读数直接发送到提供煤气或水电的公司。使用ZigBee进行抄表还可以带来其他好处，比如煤气或水电公司可以直接把一些信息发送给用户，或者和节能相结合，当发现能源使用过快的时候可以自动降低使用速度。

（4）医疗监护。电子医疗监护是最近的一个研究热点。在人体身上安装很多传感器，如测量脉搏、血压，监测健康状况，还有在人体周围环境放置一些监视器和报警器，如在病房环境，这样可以随时对人的身体状况进行监测，一旦发生问题，可以及时做出反应，比如通知医院的值班人员。这些传感器、监视器和报警器，可以通过ZigBee技术组成一个监测的网络，由于是无线技术，传感器之间不需要有线连接，被监护的人也可以比较自由的行动，非常方便。

（5）传感器网络应用。传感器网络也是最近的一个研究热点，像货物跟踪、建筑物监测、环境保护等方面都有很好的应用前景。传感器网络要求节点低成本、低功耗，并且能够自动组网、易于维护、可靠性高。ZigBee 在组网和低功耗方面的优势使得它成为传感器网络应用的一个很好的技术选择。

（6）电信应用。在 2006 年年初的时候，意大利电信就宣布研发了一种集成了 ZigBee 技术的 SIM 卡，并命名为“ZSIM”。其实这种 SIM 卡只是把 ZigBee 集成在了电信终端上。而 ZigBee 联盟也在 2007 年 4 月发布新闻，说联盟的成员在开发电信相关的应用。如果 ZigBee 技术真的可以在电信领域开展起来，那么将来用户就可以利用手机来进行移动支付，并且在热点地区可以获得一些感兴趣的信息，如新闻、折扣信息，用户也可以通过定位服务获知自己的位置。虽然现在的 GPS 定位服务已经做得很好，但却很难支持室内的定位，而 ZigPee 的定位功能正好弥补了这一缺陷。

2.1.6 智能手机

作为一项新兴技术，CDMA、CDMA2000 正迅速风靡全球并已占据 20% 的无线市场。截至 2012 年，全球 CDMA2000 用户已超过 2.56 亿，遍布 70 个国家的 156 家运营商已经使用 3G CDMA 业务。包括高通授权 LICENSE 的安可信通信技术有限公司在内全球有数十家 OEM 厂商推出 EVDO 移动智能终端。2002 年，高通公司芯片销售创历史佳绩；1994 年至今，高通公司已向全球包括中国在内的众多制造商提供了累计超过 75 亿多枚芯片。智能手机也就是在这个大背景下诞生的。

智能手机（Smart Phone），是指“像个人电脑一样，具有独立的操作系统，独立的运行空间，可以由用户自行安装软件、游戏、导航等第三方服务商提供的程序，并可以通过移动通信网络来实现无线网络接入的这样一类手机的总称”。

不同操作系统的手机之间的应用软件互不兼容，而相同系统的手机软件基本通用，使用起来相当的便利。因为可以安装第三方软件，所以智能手机有丰富的扩展功能。

智能手机的诞生，是由掌上电脑（Pocket PC）演变而来的。最早的掌上电脑是不具备手机的通话功能，但是随着用户对于掌上电脑的个人信息处理方面功能的依赖的提升，又不习惯于随时都携带手机和 PPC 两个设备，所以厂商将掌上电脑的系统移植到了手机中，于是才出现了智能手机这个概念。智能手机比传统的手机具有更多的综合性处理能力，比如，Symbian 操作系统的 S60 系列，Symbian 的 S60、Symbian3，以及一些 MeeGo 操作系统的智能手机。然而，就最近的发展来看，这些智能手机的类型有相融合的趋势。

智能手机同传统手机外观和操作方式类似，不仅包含触摸屏也包含非触摸屏数字键盘手机和全尺寸键盘操作的手机。但是传统手机使用的都是生产厂商自行开发的封闭式操作系统，所能实现的功能非常有限，不具备智能手机的扩展性。

“智能手机”这个说法主要是针对“功能手机（Feature Phone）”而来的，本身并不意味着这个手机有多“智能（Smart）”；从另一个角度来讲，所谓的“智能手机”就是一台可以随意安装和卸载应用软件的手机（就像电脑那样）。“功能手机”是不能随意安装卸载软件的，Java 的出现使后来的“功能手机”具备了安装 Java 应用程序的功能，但是 Java 程序的操作友好性，运行效率及对系统资源的操作都比“智能手机”差很多。

世界上第一款智能手机是 IBM 公司 1993 年推出的 Simon，它也是世界上第一款使用触摸屏的智能手机，使用 Zaurus 操作系统，只有一款名为《DispatchIt》第三方应用软件。它为以后的智能手机处理器奠定了基础，有着里程碑的意义。

第一代 iPhone 于 2007 年发布，2008 年 7 月 11 日，苹果公司推出 iPhone 3G。自此，智能手机的发展开启了新的时代，iPhone 成为了引领业界的标杆产品。

多任务功能和复制粘贴被认为是智能手机的标志之一，Symbian 和 MeeGo 操作系统都能很好地支持多任务切换以及程序后台运行，但是苹果需要达到 iOS4 固件才支持多任务功能，而 Windows Phone 于 2011 年 2 月 15 日宣布将支持多任务运行。安卓手机以其自由开放源代码的特点而成为最热门的智能手机。智能手机处理器 = CPU（数据处理芯片） + GPU（图形处理芯片） + 其他。智能手机处理器架构的底层都是 ARM 的，就像我们说的 PC 的架构是 X86 的道理相同；ARM 同时还是一个公司，提供各种嵌入式系统架构给一些厂商，比如流行的 Cortex - A8 架构就是 ARM 公司推出的，很多高端旗舰智能机的处理器都是基于这个架构的。常见的智能手机处理芯片厂商主要有德州仪器、苹果、三星、高通。

智能手机具有五大特点：

（1）具备无线接入互联网的能力：即需要支持 GSM 网络下的 GPRS 或者 CDMA 网络的 CDMA1X 或 3G（WCDMA、CDMA 2000、TD - SCDMA）网络，甚至 4G（HSPA +、FDD - LTE、TDD - LTE）。

（2）具有 PDA 的功能：包括 PIM（个人信息管理）、日程记事、任务安排、多媒体应用、浏览网页。

（3）具有开放性的操作系统：拥有独立的核心处理器（CPU）和内存，可以安装更多的应用程序，使智能手机的功能可以得到无限扩展。

（4）人性化：可以根据个人需要扩展机器功能。根据个人需要，实时扩展机器内置功能，以及软件升级，智能识别软件兼容性，实现了软件市场同步的人性化功能。

（5）功能强大：扩展性能强，第三方软件支持多。随着智能手机和 iPad 等移动终端设备的普及，人们逐渐习惯了使用 APP 客户端上网的方式。社交、购物、旅游、阅读等事件均可通过智能机来完成。就以阅读为例，现今可以在智能手机上直接阅读到当日的热门新闻，而不需要去线下商店购买报纸和杂志，这便是智能手机端的应用之

——手机杂志（如 viva、悦无线等）。

2.1.7　传感技术

传感技术同计算机技术与通信技术一起被称为信息技术的三大支柱。从仿生学观点，如果把计算机看成处理和识别信息的“大脑”，把通信系统看成传递信息的“神经系统”的话，那么传感器就是“感觉器官”。传感技术是关于从自然信源获取信息，并对之进行处理（变换）和识别的一门多学科交叉的现代科学与工程技术，它涉及传感器（又称换能器）、信息处理和识别的规划设计、开发、制/建造、测试、应用及评价改进等活动。

在物联网中传感器主要负责接收物品“讲话”的内容。传感器技术是从自然信源获取信息并对获取的信息进行处理、变换、识别的一门多学科交叉的现代科学与工程技术，它涉及传感器、信息处理和识别的规划设计、开发、制造、测试、应用及评价改进活动等内容。

物联网终端就是由各种传感器组成的，用来感知环境中的可用信号。传感器（Transducer/Sensor）是一种检测装置，能感受到被测量的信息，并能将检测感受到的信息，按一定规律变换成为电信号或其他所需形式的信息输出，以满足信息的传输、处理、存储、显示、记录和控制等要求。它是实现自动检测和自动控制的首要环节。随着社会的不断进步，在我们生活的周围，各种各样的传感器已经得到普遍的使用，如电冰箱、微波炉、空调机有温度传感器；电视机有红外传感器；录像机有湿度传感器、光电传感器；汽车有速度、压力、湿度、流量、氧气等多种传感器。这些传感器的共同特点是利用各种物理、化学、生物效应等实现对被检测量的测量。

在物联网系统中，传感器就是对各种参量进行信息采集和简单加工处理的设备。传感器可以独立存在，也可以与其他设备以一体方式呈现，但无论哪种方式，它都是物联网中的感知和输入部分。

在物联网中，传感器用来进行各种数据信息的采集和简单的加工处理，并通过固有协议，将数据信息传送给物联网终端处理。如通过 RFID 进行标签号码的读取，通过 GPS 得到物体位置信息，通过图像感知器得到图片或图像，通过环境传感器取得环境温湿度等参数。传感器属于物联网中的传感网络层，处于研究对象与检测系统的接口位置，是感知、获取与检测信息的窗口，并提供物联网系统赖以进行决策和处理所必需的原始数据。它作为物联网的最基本一层，具有十分重要的作用，它好比人的眼睛和耳朵，去看、去听世界上需要被监测的信息。因此，传感网络层中传感器的精度是应用中重点考虑的一个实际参数。

2.2 软件开发技术

2.2.1 .NET 介绍

1. .NET 概述

.NET 是 Microsoft XML Web Services 平台。XML Web Services 允许应用程序通过 Internet 进行通信和共享数据，而不管所采用的是哪种操作系统、设备或编程语言。Microsoft. NET 平台提供创建 XML Web Services 并将这些服务集成在一起之所需。对个人用户的好处是无缝的、吸引人的体验。

.NET 就是微软用来实现 XML、Web Services、SOA（Service – Oriented Architecture，面向服务的体系结构）和敏捷性的技术。对技术人员，想真正了解什么是 .NET，必须先了解 .NET 技术出现的原因和它想解决的问题，必须先了解为什么需要 XML、Web Services 和 SOA。技术人员一般将微软看成一个平台厂商。微软搭建技术平台，而技术人员在这个技术平台之上创建应用系统。从这个角度，.NET 也可以这样来定义：.NET 是微软的新一代技术平台，为敏捷商务构建互联互通的应用系统，这些系统是基于标准的、联通的、适应变化的、稳定的和高性能的。从技术的角度，一个 .NET 应用是一个运行于 .NET Framework 之上的应用程序。更精确地说，一个 .NET 应用是一个使用 .NET Framework 类库来编写，并运行于公共语言运行（Common Language Runtime）之上的应用程序。如果一个应用程序跟 .NET Framework 无关，它就不能叫作 .NET 程序。比如，仅仅使用了 XML 并不是 .NET 应用，仅仅使用 SOAP SDK 调用一个 Web Service 也不是 .NET 应用。.NET 是基于 Windows 操作系统运行的操作平台，应用于互联网的分布式。

2. 组成 .NET 软件技术的组件

（1）客户端应用

“智能”客户端应用软件和操作系统包括 PC、PA、手机或其他移动设备，通过互联网、借助 Web Services 技术，用户能够在任何时间、任何地点得到需要的信息和服务。例如，可以在手机上阅读新闻、订购机票、浏览在线相册等。现在我们假设一种场景，如公司内使用的 CRM 系统，应用了 .NET 的解决方案后所有的业务人员便可以通过手机或 PDA 直接访问客户信息了。

（2）Web Services

Web Services 是智能终端软件的基础，微软为用户创建智能终端提供了一整套丰富的解决方案，包括：

①. NET Framework——智能终端实现跨平台（设备无关性）的执行环境。

②Visual Studio. NET——建立并集成 Web Services 和应用程序的快速开发工具。

③Microsoft Windows Server 2003——新一代的企业服务器，用于提供建立和发布各种解决方案。

④Microsoft Office Professional Edition 2003——内建的工具集也能帮助开发智能终端。

Web Services 是 . NET 的核心技术。那什么是 Web Services 呢？正如 Web 是新一代的用户与应用交互的途径，XML 是新一代的程序之间通信的途径一样，Web Services 是新一代的计算机与计算机之间一种通用的数据传输格式，可让不同运算系统更容易进行数据交换。Web Services 有以下几个特性：Web Services 允许应用之间共享数据；Web Services 分散了代码单元；基于 XML 这种 Internet 数据交换的通用语言，实现了跨平台、跨操作系统、跨语言。那微软的 ASP 和 Web Services 究竟有什么不同呢？ASP 仍然是一个集中式计算模型的产物，只不过是披着一层互联网的外衣。但 Web Services 却是一个迥然不同的精灵，它秉承“软件就是服务”的箴言，同时顺应分布式计算模式的潮流。而它的存在形式又与以往软件不同。这种组件模式，小巧、单一，对于开发人员来讲，开发成本较低。

在这里指出 Web Services 不是微软发明的，同样也不属于微软专有。Web Services 是一个开放的标准，和 HTTP、XML、SOAP 一样。它们是一个工业标准而非微软标准，WS - I 是为了促进 Web Services 互通性的联盟组织，最初是由 IBM 和微软所发起，其他的成员包括 BEA System、惠普计算机（HP）、甲骨文（Oracle）、英特尔（Intel）和 SUN 计算机（Sun Microsystem）。如今网络上存在的大多 Web Services 其实没有使用 . NET构架，Web Services 具有互操作属性，你同样可以使用 Windows 开发客户端来调用运行于 Linux 上面的 Web Services 的方法。

（3）接口规范

先前 Microsoft. NET 提到的接口规范问题，在 . NET 中，Web Service 接口通常使用 Web Services Description Language（WSDL）描述。WSDL 使用 XML 来定义这种接口操作标准及输入输出参数，看起来很像 COM 和 CORBA 的接口定义语言（Interface Definition Languages，IDLS）。接口定义后就必须使用一些协议调用接口，如 SOAP 协议，SOAP 源于一种叫作 XML RPC（Remote Procedure Calling，远程进程调用）的协议，而 Java 则根据 XML - RPC 发展了自己的 JAX - RPC 协议用来调用 Web Services。发布和访问 Web Services 的接口就用到 UDDI 了，这里我们只需要知道 WSDL 使用 XML 定义 Web Services 接口，通过 SOAP 访问 Web Services，在 Internet 上寻找 Web Services 使用 UDDI 就行了。服务器架构——Microsoft Windows Server System Microsoft 提供了最佳的服务器构

架，便于发布、配置、管理、编排 Web Services。为了满足分布式计算的需要微软构造了一系列的服务器系统，这些内建安全技术的系统全部支持 XML，这样加速了系统、应用程序以及同样使用 Web Services 的伙伴应用之间的集成。

（4）CLR 与 CIL

.NET 的 NET Framework 环境初级组成是 CIL 和 CLR。CIL 是一套运作环境说明，包括一般系统、基础类库和与机器无关的中间代码，全称为通用中间语言。CLR 则是确认操作密码符合 CIL 的平台。在 CIL 执行前，CLR 必须将指令及时编译转换成原始机械码。

所有 CIL（通用中间语言）都可经由 .NET 自我表述。CLR 检查元资料以确保正确的方法被调用。元资料通常是由语言编译器生成的，但开发人员也可以通过使用客户属性创建他们自己的元资料。

如果一种语言实现生成了 CIL，它也可以通过使用 CLR 被调用，这样它就可以与任何其他 .NET 语言生成的资料相交互。CLR 也被设计为作业系统无关性。

当一个汇编体被载入时，CLR 执行各种各样的测试。其中的两个测试是确认与核查。在确认的时候，CLR 检查汇编体是否包含有效的元资料和 CIL，并且检查内部表的正确性。核查则不那么精确。核查机制检查代码是否会执行一些“不安全”的操作。核查所使用的演算法非常保守，导致有时一些“安全”的代码也通不过核查。不安全的代码只有在汇编体拥有“跳过核查”许可的情况下才会被执行，通常这意味着代码是安装在本机上的。

通过 .NET，你可以用 SOAP 和不同的 Web Services 进行交互。

2.2.2 C#概述

C#与 C++很相似，还借鉴了 Java 的许多特点。但是 C#比 C++更安全、比 Java 更高效，特别适合于 Windows 环境下的 .NET 编程。

眼看 Java 占领了利润丰厚的服务器端编程的大部分市场，微软公司心有不甘。为了与 Sun 公司的 Java 和 J2EE 竞争，1996 年 Bill Gates 用重金从 Borland 公司挖来 Anders Hejlsberg（Turbo Pascal 和 Delphi 的开发者，丹麦人）。Hejlsberg 转到微软后，先后主持开发和设计了 Visual J++(1997）和 .NET 框架中的 CLI 和 C#语言（2000）。

C#（C Sharp）语言源自 C++(数字符#Sharp 升半音符，可以视为由 4 个加号组成，相当于（C++）++)，模仿了 Java（微软不承认这点）。C#的很多内容都与 Java 相似，例如虚拟机、垃圾内存收集、接口、GUI 支持。但是，与 Java 不同的是，C#保留了指针，不过限制了指针的使用。C#还引入了值类型、引用类型、元数据、装箱和拆箱转换等概念（这些概念在最新版本的 Java 中也有，在 C++0x 中也会引入与元数据类似的“概念”)。

C#是一种面向对象的程序设计语言，最初是作为 . NET 的一部分而开发的。换句话说，. NET 是围绕 C#而开发的。C#的面向过程和对象的语法，是基于 C ++ 的，但也包含了另外几种程序设计语言的特征（其中最显著的是 Delphi、Visual Basic 和 Java），C#特别强调简易性（如所需符号比 C ++ 的少、所需修饰比 Java 的少）。

从某种意义上来说，C#是最直接地反映了底层 CLI 的一种程序设计语言，它非常依赖于 . NET 框架，因为它被特地设计成能充分利用 CLI 所提供的特征的一种语言。例如，绝大多数的 C#内置类型，全都对应于 CLI 框架所实现的值类型（Value - Types）。

用 C#编写的应用程序，需要 CLR 的实现才能运行。这与 Java 的虚拟机 JVM 有点相似，但是与 Java 不同的是，CLI 应用程序要被编译 2 遍，第 1 遍由 C#编译器，将 C#源程序编译成平台抽象字节码，即 IL（Intermediate Language，中间语言）代码，存放在 PE（Portable Executable，可移植的可执行）文件中（类似 Java 的 . class）；第 2 遍，在应用程序首次运行时，由 CLR 的 JIT（Just In Time，即时/实时）编译器，将 IL 代码编译成本地客户端的机器代码（. exe）。

Visual C# 1. 0 是随 . NET 框架 1. 0 和 Visual Studio. NET2002 一起推出的；Visual C# 1. 1，是随 . NET 框架 1. 1 和 Visual Studio. NET 2003 一起推出的；Visual C# 2. 0 是随 . NET框架 2. 0 和 Visual Studio 2005 一起推出的；Visual C#3. 0 是随 . NET 框架 3. 5 和 Visual Studio 2008 一起推出的。

C#语言，已于 2001 年 12 月成为欧洲标准：ECMA - 334 C# Language Specification（C#语言规范），2002 年 12 月、2005 年 6 月和 2006 年 6 月又分别推出 ECMA - 334 的第 2 版、第 3 版和第 4 版。2003 年 4 月 C#成为国际标准：ISO/IEC 23270：2003 Information Technology——C# Language Specification（信息技术——C#语言规范），2006 年 9 月又推出第 2 版 ISO/IEC 23270：2006。

1. 设计目标

C#语言的设计目标是：

（1）C#被确定为一种简单、现代、通用、面向对象的编程语言。

（2）该语言及其实现应该为强类型检查、数组界限检查、发现使用未初始化变量、自动垃圾回收等软件工程原则提供支持。

（3）该语言适用于分布式环境中的软件组件开发。

（4）源代码的可移植性是非常重要的，程序员的转移也同样重要，特别是对那些已经非常熟悉 C 和 C ++ 的程序员。

（5）支持国际化是非常重要的。

（6）C#适用于为主机和嵌入式系统编写应用程序，范围从非常大的复杂操作系统，到非常小的专用功能。

（7）虽然C#应用程序致力于在内存和处理能力需求上是经济的，但是该语言并不想与C或汇编语言在性能和大小方面进行直接竞争。

2. 特点

C#具有如下主要特点：

（1）简单

相对于复杂的C++，C#的语言简单，开发高效。例如，在安全上下文中，C#没有指针，不许直接存取内存。用统一的“.”操作符，代替了C++中的“::”“.”和“->”操作符。使用统一的类型系统，抛弃了C++的多变类型系统（如int的字节数、0/1转布尔值等）。

（2）现代

很大程度上由.NET框架体现，如支持组件编程、泛型编程、分布式计算、XML处理和B/S应用等。

（3）面向对象

C#全面支持面向对象的功能。与C++相比，C#没有全局变量和全局函数等，所有的代码都必须封装在类中（甚至包括入口函数Main），不能重写非虚拟的方法，增加了访问修饰符internal，不支持多重类继承（类似Java，用多重接口实现来代替）。

（4）类型安全

C#实施严格类型安全，如取消了不安全的类型转换，不允许使用未初始化的变量，进行边界检查（如不让数组越界）。

3. 优势

用C#进行托管代码编程，具有如下优点：完全面向对象设计；非常强的类型安全；很好地融合了VB和C++的强大功能；垃圾内存回收、类似于C++的语法和关键字；用委托取代函数指针增强了类型安全；为程序员提供版本处理技术可解决老版本的程序不能在新DLL下运行的“动态链接库地狱”（DLL Hell）问题。

4. 版本与功能

Visual C#随.NET的开发工具Visual Studio一起推出，有如下几个版本：

（1）1.0——随Visual Studio. NET 2002于2002年2月13日发布。

（2）1.5——随Visual Studio. NET 2003于2003年5月20日发布。

（3）2.0——随Visual Studio 2005于2005年11月7日发布。

（4）3.0——随Visual Studio 2008于2007年11月16日发布。

（5）4.0——随Visual Studio 2010于2010年3月发布。

本书采用4.0最新版本进行编写。下面罗列Visual C#的各个主要版本新增的特点和功能。

（1）C# 1.0 的特征

与 C 和 C++比较，C#在许多方面有所限制和增强，包括：

①指针。C#是真正支持指针，但是其指针只能在非安全作用域中使用，而只有具有适当权限的程序，才可以执行标记为非安全的代码。绝大多数对象的访问是通过安全的引用（References）来进行，而引用是不会造成无效的，而且大多数算法都是要进行溢出检查。一个非安全指针，不仅可以指向值类型，还可以指向子类和 System. Object。也可以使用指针（System. IntPtr）来编写安全代码。

②托管。在 C#中，托管内存不能显式释放，取而代之的是（没有内存的引用存在时）垃圾收集。但是，引用非托管资源的对象，例如 HBRUSH，是可以通过标准的 IDisposable 接口的指示来释放指定内存的。

③多重继承。在 C#中多重继承被禁止（尽管一个类可以实现任意数目的接口，这点似 Java），这样做的目的是为了避免复杂性和“依存地狱”，也是为了简化对 CLI 的结构需求。

④转换。C#比 C++更类型安全，唯一的默认隐式转换也是安全转换，例如加宽整数和从一个派生类型转换到一个基类（这是在 JIT 编译期间间接强制进行的）。在布尔和整数之间、枚举和整数之间都不存在隐式转换，而且任何用户定义的隐式转换，都必须显式地标出。

⑤数组声明。和 C/C++的数组声明的语法不同，C#中用“int [ ] a = new int [5];”代替了 C/C++的“int a [5];”。

⑥枚举。C#中的枚举被放入它们自己的命名空间。

⑦特性。在 C#中可以使用特性（properties，属性集），访问类似于 C++中成员域，与 VB 相似。

⑧类型反射与发现。在 C#中可以使用完整的类型反射与发现，这些都会用到元数据所提供的信息。

⑨模板。为了简单性，C#1.0 中不支持模板等泛型编程技术。

（2）C# 1.5 的特征

/* * */文档注释符、#line hidden 预处理指令、/nowarn 和/nostdlib 编译指令、Web 窗体、XML Web 服务、ADO. NET、可用 Windows 窗体和框架创建分布式应用程序的表示层、可创建各种 Windows 和 ASP. NET Web 应用程序和控件的项目模板、可使用非可视组件和相关功能，将消息队列、事件日志和性能计时器等资源合并到应用程序中，通过组件设计器和框架类为创建组件提供 RAD 支持。

（3）C# 2.0 的特征

①部分类：一个类可分开到多个文件中实现。

②泛型：C#从2.0起，开始支持泛型或参数类型。C#还支持一些C++模板不支持的特性，例如对泛型参数的类型约束。另外，C#的表达式不能用作泛型参数，而这在C++中却是允许的。C#的参数化的类型为虚拟机的首个类对象，允许优化和保存类型信息，这一点与Java不同。

③关键字yield：迭代器的一种新形式，可通过功能类型的关键字yield，来使用协同例程。

④匿名委托：提供了闭包功能。

⑤结合运算符：返回表中的第一个非空值，例如：

```
object nullObj = null;
object obj = new Object ();
return nullObj ?? obj // returns obj。
```

⑥可空值类型：可空值类型由问号？来标记（例如，int? i = null;），它可以改善与SQL数据库的交互。

（4）C# 3.0的特征

①LINQ（Language Integrated Query，语言集成查询）——“from，where，select”上下文敏感的关键字，允许在SQL、XML、集合等之间进行查询。

②对象初始化：如Customer c = new Customer ()；c. Name = “James”；可被写成Customer c = new Customer { Name = “James”}；。

③集合初始化：如MyList list = new MyList ()；list. Add (1)；list. Add (2)；可被写成MyList list = new MyList { 1，2 }；。

④匿名类型：如var x = new { Name = “James”}；。

⑤局部变量类型推论：如var x = “hello”；等价于string x = “hello”；该特性在匿名类型变量的声明中需要。

⑥隐含类型的数组：数组的类型现在可以省略，所以int [ ] arr = new int [ ] { 1，2，3 }；现在可以写成var arr = new [ ] { 1，2，3 }；。

⑦λ表达式：如listOfFoo. Where (delegate (Foo x) { return x. Size > 10；}) 可被写成listOfFoo. Where (x => x. Size > 10)；。

⑧编译器推断：翻译λ表达式到强类型函数或强类型表达式树。

⑨自动属性：编译器会自动生成一个私有实例变量，而且给出适当的获取器和设置器代码，例如public string Name { get；private set；}；。

⑩扩展方法：通过在另一个静态类的一个方法的首个参数中包含this关键字，来将方法添加到类中。如：

```
public static class IntExtensions {
```

```
    public static void PrintPlusOne (this int x) {
        Console.WriteLine (x + 1);
    }
}
int foo = 0;
foo.PrintPlusOne ( )。
```

⑪部分方法：允许代码生成器生成方法的声明作为扩展点，如果有人在另一个部分类中实际实现它，则其只被包含在源代码编译中。

（5）C# 4.0 的新特征

①动态支持：通过引进新类型 Dynamic 来提供对动态类型延迟绑定的支持。

②Office 可编程性：通过添加命名和可选的参数、Dynamic 类型、索引属性和可选的 ref 修饰符，大大增强了访问（包括 Office 自动化 API 在内）COM 接口的能力。

③类型等价支持：可配置应用程序的内置类型信息，以代替从 PIA（Primary Interop Assembly，主互操作程序集）导入的类型信息。

④协变与逆变：协变（covariance）是你能够使用更多的派生类型而不是由泛型参数指定，而逆变（contravariance）则让你使用更少的派生类型。

C# 与 C++ 很相似，还借鉴了 Java 的许多特点。但是 C# 比 C++ 更安全、比 Java 更高效，特别适合于 Windows 环境下的 .NET 编程。

2.2.3 Java 语言概述

1. Java 语言的产生

Java 语言来源于 Sun Microsystems 公司的 Green 项目，该项目最初的目的是为家用消费电子产品开发一个分布式代码系统，以便用户将 E-mail 发送给电冰箱、电视机、烤箱等家用电器，对它们进行控制，并和它们进行信息交换。在项目研制初始阶段，项目组成员准备采用 C++ 语言开发该系统，但是 C++ 遇到了前所未有的挑战，因为它太复杂而且安全性差。所以最后项目组成员基于 C++ 开发了一种新的语言——Oak（橡树），这就是 Java 语言的前身。

Oak 是一种用于网络的精巧而又安全的语言，Sun 公司曾依此投标了一个交互式电视节目，但结果被 SGI 打败。正当 Oak 无家可归之时，Mark Ardreesen 开发的 Mosaic 和 Netscape 启发了 Oak 项目组成员，他们用 Java 编制了 HotJava 浏览器，并得到了 Sun 公司首席执行官 Scott McNealy 的支持，开启了 Java 进军 Internet 的契机。

1994 年，Internet 的迅猛发展和 WWW 的快速增长，促进了 Java 语言研制的进展，使得它逐渐成为 Internet 上受欢迎的开发与编程语言。1995 年 5 月 Sun 公司正式发布

Java 的第一个办公版本。

Java 作为新一代的面向对象的程序设计语言，其平台无关性直接威胁到 Wintel 的垄断地位。一些著名的计算机公司纷纷购买了 Java 语言的使用权，如 IBM、Netscape、Novell、Apple、DEC、SGI、Oracle 等，甚至包括最不情愿的 Microsoft，都购买了 Java 的使用权。

Java 语言被美国的著名杂志 PC Magazine 评为 1995 年十大优秀科技产品（计算机类就此一项入选）。微软公司总裁 Bill Gates 感慨地说："Java 是长时间以来最卓越的程序设计语言。" Sun 公司的总裁 Scott McNealy 认为，Java 为 Internet 和 WWW 开辟了一个崭新的时代。万维网（WWW）的创始人 Berners－Lee 说："计算机事业发展的下一个浪潮就是 Java，并且将很快会发生。" 甚至有人预言：Java 将是网络上的"世界语"，今后所有的用其他语言编写的软件统统要用 Java 语言来改写。

注：Java 是印度尼西亚的一个重要的盛产咖啡的岛屿，中文名叫爪哇，开发人员为这种新的语言起名为 Java，其寓意是为世人端上一杯热咖啡。

2. Java 语言的特点及优势

Java 是一个广泛使用的网络编程语言，是一种新的计算概念。

首先，作为一种程序设计语言，它简单、面向对象、不依赖于机器的结构，具有可移植性、健壮性、安全性，并且提供了并发的机制，具有很高的性能。

其次，它最大限度地利用了网络，Java 的 Applet 小应用程序可在网络上传输而不受 CPU 和环境的限制。

另外，Java 还提供了丰富的类库，使程序设计者可以很方便地建立自己的系统。

（1）简单性

Java 语言是一种面向对象的语言，它通过提供最基本的方法来完成指定的任务，只需理解一些基本的概念，就可以用它编写出适合于各种情况的应用程序。

Java 略去了运算符重载、多重继承等模糊的概念，并且通过实现自动无用信息回收，大大简化了程序设计者的内存管理工作。

另外，Java 也适合于在小型机上运行，它的基本解释器及类的支持只有 40KB 左右，加上标准类库和线程的支持也只有 215KB 左右。

（2）面向对象

Java 语言的设计集中于对象及其接口，它提供了简单的类机制以及动态的接口模型。对象中封装了它的状态变量以及相应的方法，实现了模块化和信息隐藏；而类则提供了一类对象的原型，并且通过继承机制，子类可以使用父类所提供的方法，实现了代码的复用。

（3）分布性

Java 是面向网络的语言。通过它提供的类库可以处理 TCP/IP 协议，用户可以通过

URL 地址在网络上很方便地访问其他对象。

（4）健壮性

Java 在编译和运行程序时，都要对可能出现的问题进行检查，以消除错误的产生。

它提供自动无用信息收集来进行内存管理，防止程序员在管理内存时容易产生的错误。通过集成的面向对象的异常（Exception）处理机制，在编译时，Java 揭示出可能出现但未被处理的异常，帮助程序员正确地进行选择，以防止系统的崩溃。

另外，Java 在编译时还可捕获类型声明中的许多常见错误，防止动态运行时不匹配问题的出现。

（5）安全性

用于网络、分布环境下的 Java 必须要防止病毒的入侵。Java 不支持指针，一切对内存的访问都必须通过对象的实例变量来实现，这样就防止程序员使用特洛伊木马等欺骗手段访问对象的私有成员，同时也避免了指针操作中容易产生的错误。

（6）体系结构中立

Java 解释器生成与体系结构无关的字节码指令，只要安装了 Java 运行系统，Java 程序就可在任意的处理器上运行。这些字节码指令对应于 Java 虚拟机中的表示，Java 解释器得到字节码后，对它进行转换，使之能够在不同的平台运行。

（7）可移植性

与平台无关的特性使 Java 程序可以方便地被移植到网络上的不同机器。同时，Java 的类库中也实现了与不同平台的接口，使这些类库可以移植。

另外，Java 编译器是由 Java 语言实现的，Java 运行时系统由标准 C 实现，这使得 Java 系统本身也具有可移植性。

（8）解释执行

Java 解释器直接对 Java 字节码进行解释执行。字节码本身携带了许多编译时信息，使得连接过程更加简单。

（9）高性能

和其他解释执行的语言如 BASIC、TCL 不同，Java 字节码的设计使之能很容易地直接转换成对应于特定 CPU 的机器码，从而得到较高的性能。

（10）多线程

多线程机制使应用程序能够并行执行，而且同步机制保证了对共享数据的正确操作。通过使用多线程，程序设计者可以分别用不同的线程完成特定的行为，而不需要采用全局的事件循环机制，这样就很容易地实现网络上的实时交互行为。

（11）动态性

Java 的设计使它适合于一个不断发展的环境。在类库中可以自由地加入新的方法和实例变量而不会影响用户程序的执行。并且 Java 通过接口来支持多重继承，使之比严格的类继承具有更灵活的方式和扩展性。

总之，Java 是一种编程语言、一种开发环境、一种应用环境、一种部署环境、一种广泛使用的网络编程语言、一种全新的计算概念。

2. 2. 4　PHP 开发语言概述

PHP 独特的语法混合了 C、Java、Perl 以及 PHP 自创新的语法。它可以比 CGI 或者 Perl 更快速地执行动态网页。用 PHP 做出的动态页面与其他的编程语言相比，PHP 是将程序嵌入到 HTML 文档中去执行，执行效率比完全生成 HTML 标记的 CGI 要高许多；PHP 还可以执行编译后代码，编译可以达到加密和优化代码运行，使代码运行更快。PHP 具有非常强大的功能，所有的 CGI 的功能 PHP 都能实现，而且支持几乎所有流行的数据库以及操作系统。

PHP 于 1994 年由 Rasmus Lerdorf 创建，刚刚开始只是一个简单的用 Perl 语言编写的程序，用来统计他自己网站的访问者。后来又用 C 语言重新编写，包括可以访问数据库。在 1995 年以 Personal Home Page Tools（PHP Tools）开始对外发表第一个版本，Lerdorf 写了一些介绍此程序的文档，并且发布了 PHP1. 0。在这早期的版本中，提供了访客留言本、访客计数器等简单的功能。以后越来越多的网站使用了 PHP，并且强烈要求增加一些特性，比如循环语句和数组变量等，在新的成员加入开发行列之后，在 1995 年中，PHP2. 0 发布了。第二版定名为 PHP/FI（Form Interpreter）。PHP/FI 加入了对 mySQL 的支持，从此确立了 PHP 在动态网页开发上的地位。到了 1996 年年底，有 15000 个网站使用 PHP/FI；1997 年，使用 PHP/FI 的网站超过 5 万个。并且在 1997 年，开始了第三版的开发计划，开发小组加入了 Zeev Suraski 及 Andi Gutmans，第三版就定名为 PHP 3。2000 年，PHP4. 0 问世，其中增加了许多新的特性。

PHP 的简称原本为 Personal Home Page，是 Rasmus Lerdorf 为了维护个人网页，而用 C 语言开发的一些 CGI 工具程序集，来取代原先使用的 Perl 程序。最初这些工具程序用来显示 Rasmus Lerdorf 的个人履历，以及统计网页流量。他将这些程序和一些表单直译器整合起来，称为 PHP/FI。PHP/FI 可以和数据库连接，产生简单的动态网页程序。Rasmus Lerdorf 在 1995 年 6 月 8 日将 PHP/FI 公开释出，希望可以通过社群来加速程序开发与寻找错误。这个释出的版本命名为 PHP 2，已经有今日 PHP 的一些雏形，像是类似 Perl 的变量命名方式、表单处理功能以及嵌入到 HTML 中执行的能力。程序语法上也类似 Perl，有较多的限制，不过更简单、更有弹性。

1997 年，任职于 Technion IIT 公司的两个以色列程序设计师 Zeev Suraski 和 Andi Gutmans，重写了 PHP 的剖析器，成为 PHP 3 的基础，而 PHP 也在这个时候改称为

PHP：Hypertext Preprocessor。经过几个月的测试，开发团队在 1997 年 11 月释出了 PHP/FI 2，随后就开始 PHP 3 的开放测试，最后在 1998 年 6 月正式释出 PHP 3。Zeev Suraski 和 Andi Gutmans 在 PHP 3 释出后开始改写 PHP 的核心，这个在 1999 年释出的剖析器称为 Zend Engine，他们也在以色列的 Ramat Gan 成立了 Zend Technologies 来管理 PHP 的开发。

2000 年 5 月 22 日，以 Zend Engine 1.0 为基础的 PHP 4 正式释出，2004 年 7 月 13 日则释出了 PHP 5，PHP 5 则使用了第二代的 Zend Engine。PHP 包含了许多新特色，像是强化的面向对象功能、引入 PDO（PHP Data Objects，一个存取数据库的延伸函数库）以及许多效能上的增强。目前，PHP 4 已经不会继续更新，以鼓励用户转移到 PHP 5。

2008 年，PHP 5 成为了 PHP 唯一的有在开发的 PHP 版本。将来的 PHP 5.3 将会加入 Late Static Binding 和一些其他的功能强化。PHP 6 的开发也正在进行中，主要的改进有移除 register_ globals、magic quotes 和 Safe mode 的功能。

PHP 主要有以下特点：

（1）开放的源代码：所有的 PHP 源代码事实上都可以得到。

（2）PHP 是免费的：和其他技术相比，PHP 本身免费。

（3）PHP 的快捷性：程序开发快，运行快，技术本身学习快。

（4）嵌入 HTML：因为 PHP 可以嵌入 HTML 语言，它相对于其他语言，编辑简单，实用性强，更适合初学者。

（5）跨平台性强：由于 PHP 是运行在服务器端的脚本，可以运行在 Unix、Linux、Windows 操作系统下。

（6）效率高：PHP 消耗相当少的系统资源。

（7）图像处理：用 PHP 动态创建图像。

（8）面向对象：在 PHP 4、PHP 5 中，面向对象方面都有了很大的改进，现在 PHP 完全可以用来开发大型商业程序。

（9）专业专注：PHP 支持脚本语言为主，同为类 C 语言。

2.3 数据库技术

2.3.1 数据库概念

数据库（Database，DB）是一个储存数据的“仓库”，其中不但有数据，而且数据被分门别类、有条不紊地保存。可以这样定义数据库：数据库是保存在磁盘等外存介质上的数据集合，它能被各类用户所共享；数据的冗余被降到最低，数据之间有紧密的联系；用户通过数据库管理系统对其进行访问。一个完整的数据库系统由 3 部分组成：数据库、数据库管理系统和数据库应用。三者的关系如图 2－9 所示。

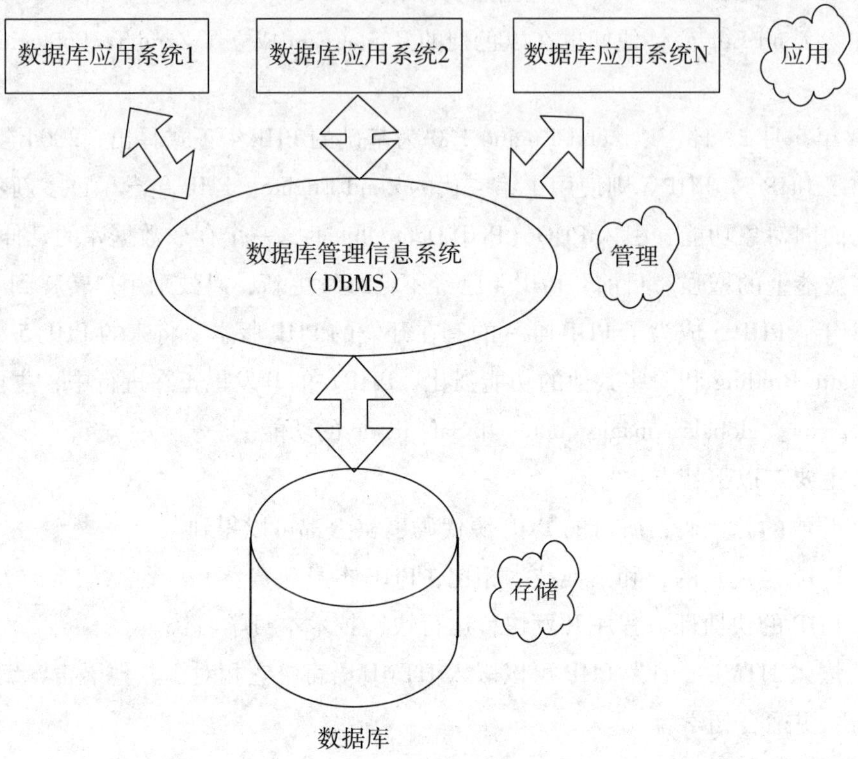

图 2－9　数据库系统组成部分

1. 数据库

数据以表的形式保存在数据库中。数据表的结构保证了表中数据是有组织、有条理的，每个数据都有其确切的含义。在目前流行的数据库系统中，用户一般无法得知数据的真实物理地址，必须通过数据库管理系统访问数据库。

2. 数据库管理系统

一个实际运行中的数据库有复杂的结构和存储方式，用户如果直接访问数据库中的数据是很困难的。数据库管理系统（Database Management System，DBMS）是一个商业软件，它如同一座桥梁，一端连接面向用户的数据库应用，另一端连接数据库。这样 DBMS 将数据库复杂的物理结构和存储格式封装起来，用户访问数据库时只需发出简单的指令，这些指令由 DBMS 自动译成机器代码并执行，用户不必关心数据的存储方式、物理位置和执行过程，使得数据库系统的运行效率和空间资源得到充分的、合理的使用。

3. 数据库应用

数据库应用系指用户对数据库的各种操作，其方式有多种，包括通过交互式命令、各类向导和视图、SQL 命令以及为非计算机专业用户开发的应用程序，这些程序可以用数据库管理系统内嵌的程序设计语言编写，也可以用其他程序语言编写。

2.3.2 数据库模型

从数据库的逻辑结构角度，可以对数据库中的实体类型、实体间关系以及数据的约束规则进行抽象，归纳出 3 种数据模型，分别是层次模型、网状模型和关系模型。

1. 层次模型

在层次模型中，实体间的关系形同一棵根在上的倒挂树，上一层实体与下一层实体间的联系形式为一对多。现实世界中的组织机构设置、行政区划关系等都是层次结构应用的实例。基于层次模型的数据库系统存在天生的缺陷，它访问过程复杂，软件设计的工作量较大，现已较少使用。

2. 网状模型

网状数据模型也称网络数据模型，它较容易实现普遍存在的“多对多”关系，数据存取方式要优于层次模型，但网状结构过于复杂，难以实现数据结构的独立，即数据结构的描述保存在程序中，改变结构就要改变程序，因此目前已不再是流行的数据模型。

3. 关系模型

关系模型自 1970 年被提出后，迅速取代层次模型和网状模型成为流行的数据模型。它的原理比较简单，其特征是基于二维表格形式的实体集，即关系模型数据库中的数据均以表格的形式存在，其中表完全是一个逻辑结构，用户和程序员不必了解一个表的物理细节和存储方式；表的结构由数据库管理系统（DBMS）自动管理，表结构的改变一般不涉及应用程序，在数据库技术中称为数据独立性。

例如，“导师”表中“姓名”字段原来可以容纳 3 个字符（在 Unicode 编码中，一个字符既可以表示一个英文字符，也可以表示一个汉字），随着外籍教师的引进，原来的“姓名”显然无法容纳一个西文的名字，于是将其扩展到 20 个字符，但相应的数据库应用程序却无须作任何改动。

基于关系数据模型的数据库系统称为关系数据库系统，所有的数据分散保存在若干个独立存储的表中，表与表之间通过公共属性实现“松散”的联系，当部分表的存储位置、数据内容发生变化时，表间的关系并不改变。这种联系方式可以将数据冗余（即数据的重复）降到最低。目前流行的关系数据库 DBMS 产品包括 Access、SQL Server、FoxPro、Oracle 等。

2.3.3 SQL 语言基础

结构化查询语言简称“SQL”，最早是由圣约瑟研究实验室为其关系数据库管理系统 SYSTEM R 开发的一种查询语言。现今的数据库，无论是大型的数据库，如 Oracle、Sybase、Informix、SQL Server，还是 Visual Foxpro、PowerBuilder 这些微机上常用的数据库开发系统，都支持 SQL 语言作为查询语言。

SQL 是高级的非过程化编程语言，允许用户在高层数据结构上工作，它不要求用户指定对数据的存放方法，也不需要用户了解具体的数据存放方式，所以具有完全不同的底层结构的不同数据库系统都可以使用相同的 SQL 语言作为数据输入与管理的接口。它以记录集作为操作对象，所有 SQL 语句接受集合作为输入，返回集合作为输出，这种集合特性允许一条 SQL 语句的输出作为另一条 SQL 语句的输入，所以 SQL 语言可以嵌套，这也使 SQL 语句具有极大的灵活性和强大的功能。在多数情况下，在其他语言中需要一大段程序实现的一个单独事件只需要一个 SQL 语句就可以达到目的，这也意味着用 SQL 语言可以写出非常复杂的语句。下面给出一组例子来演示 SQL 语句的使用方法。

（1）查询表中所有记录。通过使用 select 关键字进行查询，示例代码如下所示：

```
SELECT * FROM NEWS
```

（2）带条件的查询语句。通过使用 where 语句进行带条件的查询，示例代码如下所示：

```
SELECT * FROM NEWS WHERE TITLE = ‘新闻’
```

（3）使用函数。语句中也可以使用内置函数，示例代码如下所示：

```
SELECT COUNT（*）AS MYCOUNT FROM NEWS
```

（4）插入数据语句。通过使用 insert 进行插入数据库操作，示例代码如下所示：

```
INSERT INTO NEWS VALUES（‘新闻’，‘2008/9/9’，‘新闻内容’）
```

（5）删除数据语句。通过使用 delete 关键字删除数据库中的数据，示例代码如下所示：

```
DELETE FROM NEWS WHERE ID =1
```

注意：当 delete 后面的条件没有限定时，则会删除该表的所有数据。

（6）更新数据语句。通过使用 update 关键字更新数据，示例代码如下所示：

```
UPDATE NEWS SET TITLE = ‘新闻标题’WHERE ID = ‘1’
```

注意：SQL 并不区分大小写，但是推荐使用大写来书写 SQL 语句，这样能够在应用程序中清晰的辨认。

2.3.4 常用的数据库

1. SQL Server 2008 数据库

Microsoft SQL Server 是一个提供了联机事务处理、数据仓库、电子商务应用的数据库和数据分析的平台。体系架构是描述系统组成要素和要素之间关系的方式。Microsoft SQL Server 系统的体系结构是对 Microsoft SQL Server 的主要组成部分和这些组成部分之间关系的描述。

Microsoft SQL Server 2008 系统由 4 个主要部分组成。这 4 个部分被称为 4 个服务，分别是数据库引擎、分析服务、报表服务和集成服务。这些服务之间相互存在和相互应用，它们的关系示意如图 2 - 10 所示。

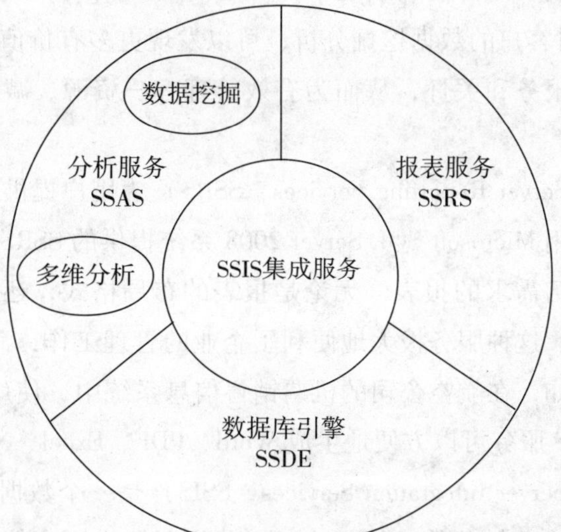

图 2 - 10　Microsoft SQL Server 系统的体系结构示意

数据库引擎（SQL Server Database Engine，SSDE）是 Microsoft SQL Server 2008 系统的核心服务，负责完成业务数据的存储、处理、查询和安全管理等操作。例如，创建数据库、创建表、执行各种数据查询、访问数据库等操作，都是由数据库引擎完成的。在大多数情况下，使用数据库系统实际上就是使用数据库引擎。例如，在某个使用 Microsoft SQL Server 2008 系统作为后台数据库的航空公司机票销售信息系统中，Microsoft SQL Server 2008 系统的数据库引擎服务负责完成机票销售数据的添加、更新、删除、查询及安全控制等操作。

实际上，数据库引擎本身也是一个复杂的系统，它包括了许多功能组件，例如 Service Broker、复制等。Service Broker 提供了异步通信机制，可以用于存储、传递消息。复制是指在不同的数据库之间对数据和数据库对象进行复制和分发，保证数据库之间同步和数据一致性的技术。复制经常用于物理位置不同的服务器之间的数据分发，它可以通过局域网、广域网、拨号连接、无线连接和 Internet 分发到不同位置的远程或移动用户。

分析服务（SQL Server Analysis Services，SSAS）提供了多维分析和数据挖掘功能，可以支持用户建立数据仓库和进行商业智能分析。相对多维分析（有时也称为 OLAP，即 Online Analysis Processing，联机分析处理）来说，OLTP（Online Transaction Processing，联机事务处理）是由数据库引擎负责完成的。使用 SSAS 服务，可以设计、创建和管理包含来自于其他数据源数据的多维结构，通过对多维数据进行多个角度的分析，可以支持管理人员对业务数据的更全面的理解。另外，通过使用 SSAS 服务，用户可以完成数据挖掘模型的构造和应用，实现知识发现、知识表示、知识管理和知识共享。例如，在航空公司的机票销售信息系统中，可以使用 Microsoft SQL Server 2008 系统提供的 SSAS 服务完成对客户的数据挖掘分析，可以发现更多有价值的信息和知识，为客户提供更全面满意的服务和关怀，从而为有效管理客户资源、减少客户流失、提高客户管理水平提供支持。

报表服务（SQL Server Reporting Services，SSRS）为用户提供了支持 Web 的企业级的报表功能。通过使用 Microsoft SQL Server 2008 系统提供的 SSRS 服务，用户可以方便地定义和发布满足自己需求的报表。无论是报表的布局格式，还是报表的数据源，用户都可以轻松地实现。这种服务极大地便利了企业的管理工作，满足了管理人员高效、规范的管理需求。例如，在航空公司的机票销售信息系统中，使用 Microsoft SQL Server 2008 系统提供的 SSRS 服务可以方便地生成 Word、PDF、Excel、XML 等格式的报表。

集成服务（SQL Server Integration Services，SSIS）是一个数据集成平台，可以完成有关数据的提取、转换、加载等。例如，对于分析服务来说，数据库引擎是一个重要的数据源，如何将数据源中的数据经过适当地处理加载到分析服务中以便进行各种分析处理，这正是 SSIS 服务所要解决的问题。重要的是，SSIS 服务可以高效地处理各种各样的数据源，除了 Microsoft SQL Server 数据之外，还可以处理 Oracle、Excel、XML 文档、文本文件等数据源中的数据。

SQL Server 2008 功能与特性，作为微软一个重大的产品版本，SQL Server 2008 除了许多新的特性和关键的改进，使得它成为迄今为止最强大和最全面的 SQL Server 版本外，SQL Server 2008 中的新功能也是其一大亮点，其独到之处有：

（1）安装

SQL Server 2008 的设置和安装也有所改进。配置数据和引擎位已经分开了，所以它使创建基本的未配置系统的磁盘图像变得可能了，它使分布到多个服务器变得更容易了。从之前提供的微软 SQL Server 2008 产品下载试用主页也可以找到安装可用的最新更新。另一个特点是有能力把安装 SQL、SP 和补丁做一个单一的步骤进行了。

（2）数据加密

允许加密整个数据库、数据文件或日志文件，无须更改应用程序。这样做的好处包括：同时使用范围和模糊搜索来搜索加密的数据，从未经授权的用户搜索安全的数据，可以不更改现有应用程序的情况下进行数据加密。

（3）添加 CPU

允许 CPU 资源在支持的硬件平台上添加到 SQL Server 2008，以动态调节数据库大小而不强制应用程序宕机。注意，SQL Server 已经支持在线添加内存资源的能力。

（4）审计

除了登录/登出和权限更改的标准审计外，SQL Server 2008 允许监控数据的更改或访问。通过 DDL 创建和管理审计，同时通过提供更全面的数据审计来简化遵从性。

（5）数据压缩

对于 SQL Server 的数据压缩而言，主要的目的是实际的表的尺寸的减小。据微软所说，使用压缩时会轻微的增加 CPU 的使用，整个系统的性能会因为 I/O 的减少而得以提升，更有效地存储数据，并减少数据的存储需求。数据压缩还为大 I/O 边界工作量（例如数据仓库）提供极大的性能提高。

（6）资源管理器

SQL Server 2008 里资源管理器是崭新的。管理器用于限制用户或用户组使用高级别的资源。能够监视的项目包括 CPU 带宽、超时等待、执行时间、阻塞时间和空闲时间。如果达到资源管理器的阈值，系统可以触发一个事件或停止进程。在资源管理器里使用的一系列的步骤将在以后的文章里介绍。

（7）性能数据收集

性能调节和故障诊断对于管理员来说是一项耗时的任务。为了给管理员提供可操作的性能检查，SQL Server 2008 包含更多详尽性能数据的集合，一个用于存储性能数据的集中化的新数据仓库，以及用于报告和监视的新工具。

对于 SQL Server 系统而言，SQL Server 2008 已经不单单是一个数据存储仓库，它可以通过新增的功能逐渐演化成更加智能的数据平台。SQL Server 2008 在设置和安装方面都做了大量的改进，将配置数据和引擎分开，从而使得创建基本的未配置系统的磁盘映像变成可能，将数据分布到多个服务器也变得更加容易。

2. MySQL 数据库

（1）MySQL 介绍

MySQL 是一个精巧的 SQL 数据库管理系统，虽然它不是开放源代码的产品，但在某些情况下你可以自由使用。由于它的强大功能、灵活性、丰富的应用编程接口（API）以及精巧的系统结构，受到了广大自由软件爱好者甚至是商业软件用户的青睐，特别是与 Apache 和 PHP/PERL 结合，为建立基于数据库的动态网站提供了强大动力。

（2）MySQL 的特点与作用

MySQL 是一个真正的多用户、多线程 SQL 数据库服务器。SQL（结构化查询语言）

是世界上最流行的和标准化的数据库语言。MySQL 是以一个客户机/服务器结构的实现，它由一个服务器守护程序 mysqld 和很多不同的客户程序和库组成。

SQL 是一种标准化的语言，它使得存储、更新和存取信息更容易。例如，能用 SQL 语言为一个网站检索产品信息及存储顾客信息，同时 MySQL 也足够快和灵活以允许你存储记录文件和图像。

MySQL 主要目标是快速、健壮和易用。自 1996 年以来，人们一直都在使用 MySQL，其环境有超过 40 个数据库，包含 10000 个表，其中 500 多个表超过 700 万行，这大约有 100 个吉字节（GB）的关键应用数据。

MySQL 数据库的主要功能旨在组织和管理很庞大或复杂的信息和基于 Web 的库存查询请求。不仅仅为客户提供信息，而且还可以为自己使用数据库提供以下功能：

①减少记录编档的时间。

②减少记录检索时间。

③灵活的查找序列。

④灵活的输出格式。

⑤多个用户同时访问记录。

3. ORACLE 数据库介绍

数据库技术产生于 20 世纪 60 年代末 70 年代初，到现在比较知名的大型数据库系统有 ORACLE、Sybase、Informix、DB2（IBM 公司的）、Ingress、RDB、SQL Server 等。在所有这些数据库中，ORACLE 公司的 ORACLE 数据库以其卓越的性能占据龙头位置。ORACLE 数据库一直占全球数据库销售额的 40%，是数据库行业的巨无霸。

（1）ORACLE 数据库的发展与现状

ORACLE 公司于 1979 年，首先推出基于 SQL 标准的关系数据库产品，可在 100 多种硬件平台上运行（包括微机、工作站、小型机、中型机和大型机），支持很多种操作系统；1986 年，ORACLE 推出具有分布式结构的版本 5，可将数据和应用驻留在多台计算机上，而相互间的通信是透明的；1988 年，推出版本 6（V6.0）可带事务处理选项，提高了事务处理的速度；1992 年推出了版本 7，可带过程数据库选项、分布式数据库选项和并行服务器选项，称为 ORACLE7 数据库管理系统，它释放出了开放的关系型系统的真正潜力。目前，应用的版本就是 ORACLE7。ORACLE7 是一种通用叫法，它包括许多更细版本，如 ORACLE7.0、ORACLE7.1、ORACLE7.2.2、ORACLE7.3.3 等。

（2）ORACLE 数据库的特点

ORACLE7 使关系数据库技术迈上了新台阶，根据 IDG（国际数据集团）1992 年全球 UNIX 数据库市场报告，ORACLE 占市场销售额的 50%。它之所以备受用户喜爱是因为它有以下突出的特点：

①支持大容量多用户的事务处理。ORACLE 7 数据库管理系统支持的最大数据容量可达几百千兆。它允许许多用户能同时在其上进行数据操作，使数据争用最小，并保证数据的一致性。它是一个高性能的系统，并不会因为正常的操作或是系统故障而中断数据库的使用，可以在数据库级或子库级控制数据库数据的使用性。

②是一个真正的开放式数据库管理系统。它严格遵守数据存取语言、操作系统、用户接口和网络通信协议的工业标准。经美国标准化和技术研究所（NIST）检验证明，ORACLE 7 Server 100% 与 ANSI/ISO SQL 89 标准的二级相兼容。

③实施安全性和完整性控制。ORACLE 7 为限制和监控存取提供了可靠的安全性，它实施数据完整性，对可接受的数据制定标准，以保证其完整性。

④支持分布式数据库和分布式处理。ORACLE 7 数据库管理系统支持分布式数据库，它通过网络把分布在多个节点上的数据库组合成一个逻辑数据库，供给网上的各个用户存取。分布式数据库与集中式数据库一样具有用户透明性和数据一致性。ORACLE 7 也支持分布式处理，它是一个客户/服务器（Client/Server）结构。数据库及其操作管理被分配在服务器上，应用的执行（除对数据库的操作外）都被分配在客户机上。而且，应用的开发通常也在客户机上。

⑤具有良好的可移植性，兼容性和连接性。ORACLE 7 数据库管理能在多种操作系统上运行。因此，在一个 ORACLE 系统环境上开发的应用只需经过很少的修改或者完全不用修改就可以方便地移植到另一个系统上。由于 ORACLE 7 是一个开放式的数据库管理系统，它与工业标准相兼容，因此，开发出的应用几乎可以在任何系统上运行。ORACLE 7 还允许不同类型的计算机和操作系统通过网络来共享信息。

⑥提供了更强有力的集成开发环境（CDE）。CDE 是一个高效率的，集成化的应用系统开发工具。它支持多种数据存取来源，图形界面，多媒体，民族语言及 CASE；与原来的开发工具相比，它集 Forms、报表生成和菜单等于一体，便于使用。

（3）ORACLE 产品和系统结构

①ORACLE 产品。ORACLE 数据库产品是以 ORACLE 数据库核心（ORACLE RDBMS）为基础，在其上面有众多的基于字符方式和图形方式的开发工具，以及 ORACLE 公司生产的基于某一行业的应用产品。

②ORACLE 体系结构。任何硬件平台或操作系统下的 ORACLE 体系结构是相同的。ORACLE 系统是以数据为中心，建立在各种操作系统之上的。所有 ORACLE 工具要访问数据必须采用 SQL 语言和 PL/SQL 技术（为 SQL 提供过程化的运行环境），经由 ORACLE 核心处理这些 SQL 语句。我们可以用 ORACLE 提供的各种工具，如 SQL * Plus、SQL * Forms、Pro * C、SQL * Menu、SQL * Report Writer 等，来生成应用系统。

ORACLE 产品家族组成如图 2 - 11 所示。

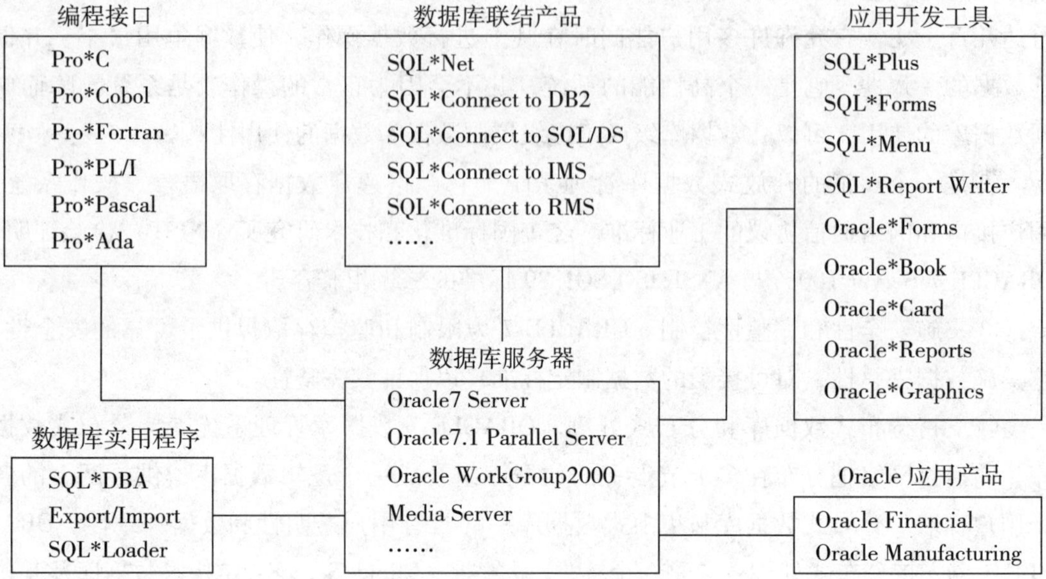

图 2－11　ORACLE 产品家族组成

2.3.5　数据库访问技术

1. 数据库访问技术概述

不论采用什么样的开发平台技术和后台数据库开发的数据应用程序，其步骤都是如图 2－12 所示。

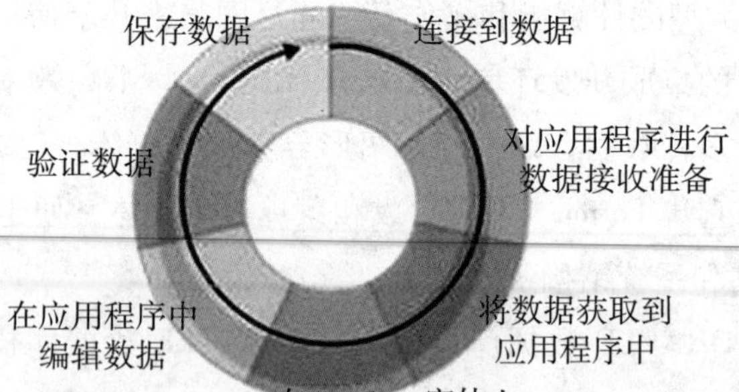

图 2－12　数据应用程序开发思路

让我们还是以将自来水（数据库中的数据）要引入到每个家庭（客户机）中的过程来理解这些开发的步骤。

（1）连接到数据

首先需要在数据源（可以是各种各样的数据库包括关系或非关系数据库或者文件）和客户机之间建立连接，这就好比在自来水工厂和家庭用户之间要铺设自来水管道一样。这些管道相互之间要能够连接需要满足一定的技术参数。

（2）数据接收准备

仅仅有数据管道还不够，要将数据存储在客户机上，还必须有承载数据的容器，我们知道，在没有永久写入物理文件之前，数据都存放在内存中供操作。内存这么多，在哪些部分存储数据，这些都是需要考虑的，这一步称为数据接收准备。

（3）将数据获取到应用程序

接下来就需要将内存中的数据获取到开发的应用程序中，比如 Windows Form、ASP. NET 等。这一步往往是通过执行 Select 语句来完成的，也有通过存储过程来完成的。

（4）在窗体上显示数据

窗体（Form）已经成为目前应用程序的标准界面，用于完成用户和应用程序之间的交互。在窗体上可以部署很多显示数据的控件，开发人员要做的就是将提取出来的数据绑定到这些显示数据的控件上。

（5）查询或者编辑数据

根据应用程序目的的不同，用户通常会选择查询或者编辑数据。

（6）验证数据

这一步不是必需的。仅仅当程序完成数据的编辑操作时才需要对编辑后的数据进行验证，以确保是否允许在数据集中接受更改后的值，以及是否将更改后的值写入数据库。检验这些新值是否符合应用程序要求的过程称为“验证”。

（7）保存数据

修改后的数据通过建立的数据连接管道再次返回到数据源中，写入物理文件中，完成数据的永久修改。

2. 常用的数据库访问技术

在数据应用程序开发过程中，数据访问技术应运而生。所谓数据访问技术，就是访问数据库并把数据取出到应用程序中。现阶段常见的数据库访问技术有：ODBC，DAO，RDO，OLE DB，ADO 和 ADO. NET。

（1）ODBC 简介

ODBC（Open Database Connectivity，开放数据库互连）是由 Microsoft 开发和定义的一种访问数据库的应用程序接口标准，是一组用于访问不同构造数据库的驱动程序。ODBC 分层体系结构如图 2－13 所示。

ODBC 技术为访问异类的 SQL 数据库提供了一个共同的接口。它使用 SQL 作为访问数据库的标准。从这里可以看出 ODBC 访问的是关系数据库，而且它使用 SQL 来访问数据库，因为 SQL 是关系数据库的标准，因此它可以访问各种异类的关系数据库。也就是说，不论是 FoxPro、Access 还是 Oracle 数据库，均可用 ODBC API 进行访问。由

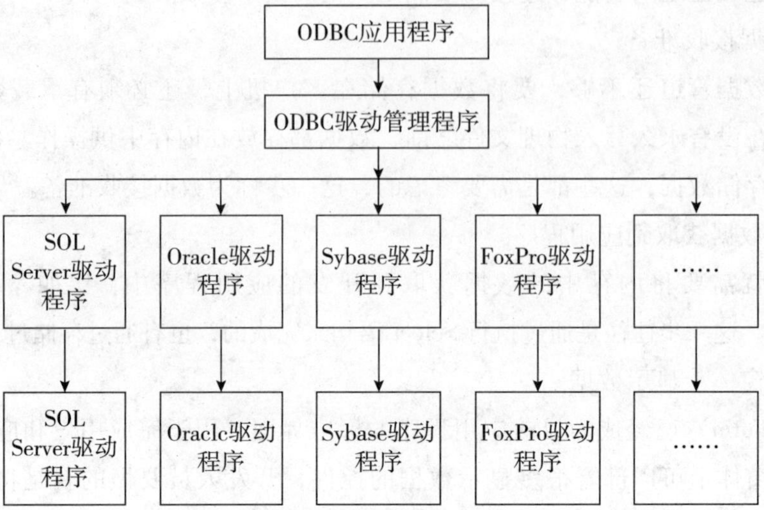

图 2－13　ODBC 分层体系结构

此可见，ODBC 的最大优点是能以统一的方式处理所有的数据库。也就是 ODBC 提供了互操作性，一个应用程序可以通过它访问不同的 SQL 数据库管理系统 DBMS，比如，FoxPro、Access、Oracle、Dbase 等关系数据库 DBMS。例如，可用 DAO 直接访问 ACCESS 数据库，也可由 DAO 使用 ODBC 连接到不同的数据库，如 SQL Server 和 Oracle。ODBC 本身也提供了对 SQL 语言的支持，用户可以直接将 SQL 语句送给 ODBC。一个基于 ODBC 的应用程序对数据库的操作不依赖任何 DBMS，不直接与 DBMS 打交道，所有的数据库操作由对应的 DBMS 的 ODBC 驱动程序完成。

可以说 ODBC 是访问关系数据库的一个统一接口，ODBC 接口包含一系列功能，由每个 DBMS 的驱动程序实现。ODBC 访问数据库示意如图 2－14 所示。当应用程序改变它的 DBMS 时，开发人员只使用新的 DBMS 驱动程序替代旧的驱动程序，并且应用程序可以无须修改代码照常运行。

（2）DAO 简介

DAO（Data Access Object，数据访问接口）是建立在 Microsoft Jet Microsoft Access 的数据库引擎基础之上的。Jet 是第一个连接到 Access 的面向对象的接口。使用 Access 的应用程序可以用 DAO 直接访问数据库。由于 DAO 是严格按照 Access 建模的，因此，使用 DAO 是连接 Access 数据库最快速、最有效的方法。DAO 也可以连接到非 Access 数据库，如 SQL Server 和 Oracle。DAO 使用 ODBC，但是由于 DAO 是专门设计用来与 Jet 引擎对话的，Jet 将解释 DAO 和 ODBC 之间的调用。使用除 Access 之外的数据库时，这种额外的解释步骤导致较慢的连接速度。

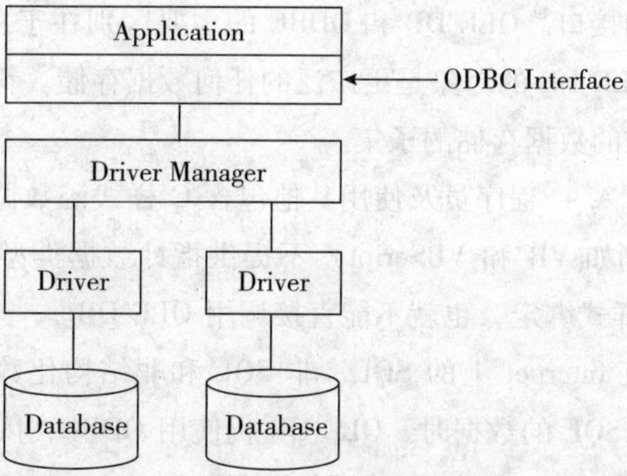

图 2-14　ODBC 访问数据库示意

（3）RDO 简介

RDO（Remote Data Object，远程数据对象）是 Microsoft 创建的。RDO 以 ODBC 为基础，它具备了基本的 ODBC 方法，可以执行大多数 ODBC。API 函数。DAO 是访问 Access 的接口，而 RDO 是访问 ODBC 的接口。RDO 的优势在于其完全被集成到 VB，并可直接访问 SQL Server 存储过程，完全支持 T_ SQL。

Microsoft 创建了 RDO。图 2-15 中“ Application1”显示了 RDO 如何直接访问 ODBC API，而无须通过 Jet 引擎。不久之后，Microsoft 推出了 ODBCDirect，它是 DAO 的扩展，在后台使用 RDO。图 2-15 中“Application2”显示了 ODBCDirect 如何允许现有的 DAO 应用程序访问数据库，而没有 Jet 引擎产生的性能损失。

说明：MFC 支持 DAO，但是在 Visual Studio. Net 中，没有任何 IDE 支持 DAO，虽然没有从 MFC 中去掉 DAO 类，但是如果要在应用程序中使用 DAO，就必须手工完成所有的编码工作。可以明显地看出，Microsoft 准备去掉 DAO。

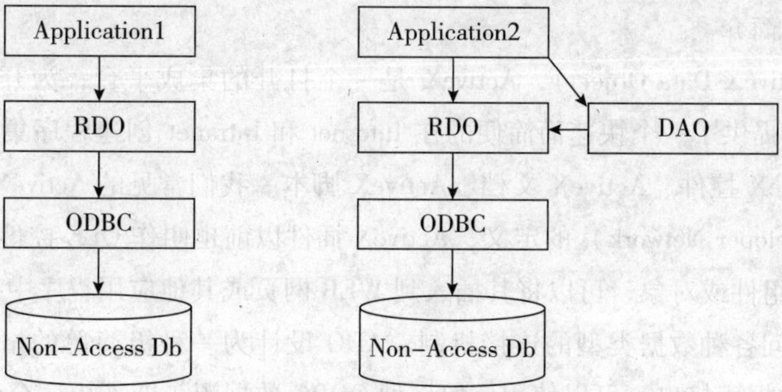

图 2-15　RDO 访问 ODBC API

（4）OLE DB 简介

OLE DB（Object Linking and Embedding Database，对象链接和嵌入数据库）提供了

与一种统一的数据访问接口。OLE DB 和 ODBC 的主要区别在于：ODBC 的对象是基于 SQL 的关系数据源，OLE DB 的对象是更广泛的任何数据存储。符合 ODBC 标准的数据源是符合 OLE DB 标准的数据存储的子集。

OLE DB 为 C 和 C + + 程序员及使用其他包含 C 样式函数调用语言的程序员提供绑定。有一些语言（例如 VB 和 VBScript）不提供指针数据类型（地址变量）。因此，这些语言不能使用 C 样式绑定，也就不能直接调用 OLE DB。

此结构为企业中及 Internet 上的 SQL、非 SQL 和非结构化数据源提供一致的访问（实际上，在访问基于 SQL 的数据时，OLE DB 仍使用 ODBC，因为对于 SQL 它是最优结构）。

OLE DB 由三个组件构成：数据使用者（例如，一个应用程序）、包含并公开数据的数据提供程序以及处理并传输数据的服务组件（例如，查询处理器、游标引擎），如图 2 - 16 所示。OLE DB 是一个针对 SQL 数据源和非 SQL 数据源（例如，邮件和目录）进行操作的 API。

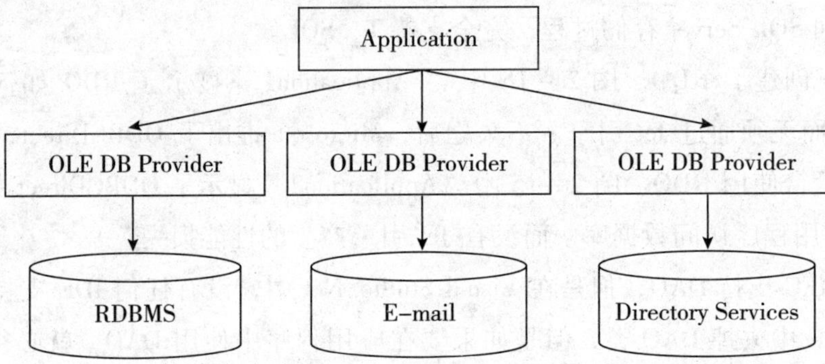

图 2 - 16　OLE DB 组件构成

（5）ADO 简介

ADO（ActiveX Data Object），ActiveX 是一个打开的集成平台，为开发人员、用户和 Web 生产商提供了一个快速而简便的在 Internet 和 Intranet 创建程序集成和内容的方法。包括 ActiveX 控件、ActiveX 文档、ActiveX 脚本。我们常见的 ActiveX 插件：MSDN（Microsoft Developer Network）的定义，ActiveX 插件以前也叫作 OLE 控件或 OCX 控件，它是一些软件组件或对象，可以将其插入到 WEB 网页或其他应用程序中。ADO 实际上是一种提供访问各种数据类型的连接机制。ADO 设计为一种极简单的格式，通过 ODBC 的方法同数据库接口。可以使用任何一种 ODBC 数据源，即不止适合于 SQL Server、Oracle、Access 等数据库应用程序，也适合于 Excel 表格、文本文件、图形文件和无格式的数据文件。ADO 是基于 OLE - DB 之上的技术，因此 ADO 通过其内部的属性和方法提供统一的数据访问接口方法。

Microsoft 推出的 ADO 是 DAO/RDO 的后继产品，它扩展了 DAO 和 RDO 所使用的对象模型。ADO 采用基于 DAO 和 RDO 的对象，并提供比 DAO 和 RDO 更简单的对象模型。ADO 中的对象层次结构比 DAO 中的更平缓。ADO 包含一些简化对数据存储区数据的访问任务的内置对象。

图 2 - 17 显示了应用程序连接到数据库可采取的许多途径。例如，VB 程序员可以使用 ADO 将应用程序连接到 OLE DB 提供程序。如果数据库不支持 OLE DB，应用程序可以通过 ODBC 连接。Visual C++ （VC++） 程序员可以使用 ADO 或直接通过 OLE DB 连接。

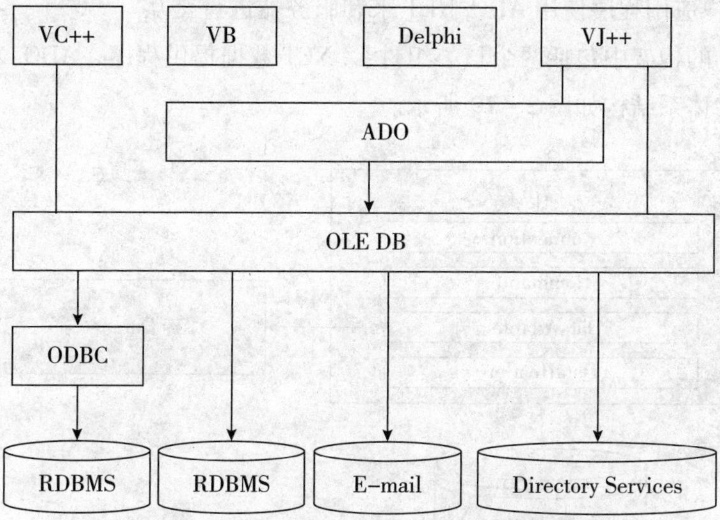

图 2 - 17　应用程序 ADO 连接到数据库

微软出品的开发工具，包括 Visual Basic、Visual C、Visual C++ 以及最新的 . NET 开发平台等都支持利用 ADO 组件来访问数据库。在 Visual Studio 2005 中还可以支持 ADO 技术来开发数据库应用程序，但这已经不再是主流技术。

ADO 对象如图 2 - 18 所示。

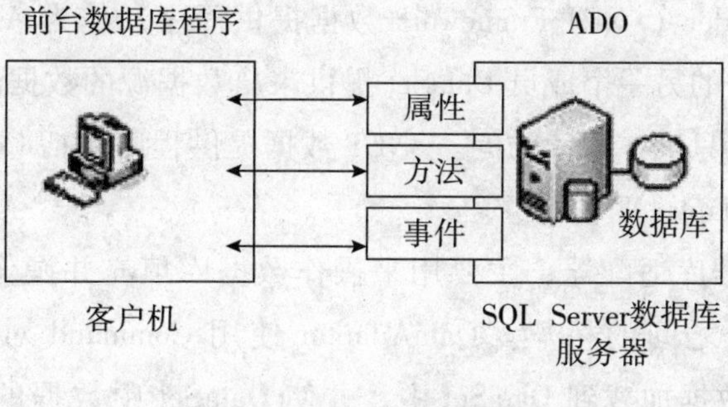

图 2 - 18　ADO 对象

有了ADO之后，程序员只需要了解ADO的属性、方法和事件就可以快速开发出数据库应用程序。我们只需要熟悉ADO控件的属性、方法和事件等各种接口，这些接口和前台数据库程序中的ActiveX控件的接口如何衔接就可以了。目前主流的数据库前台开发工具（如VB、VC、C++、C#等）都支持ADO技术来开发数据库项目。我们在开发数据库系统时就非常简单了，大量的工作在于开发前台应用界面上，然后将界面中显示数据的控件和ADO对象进行衔接就可以了。

（6）ADO. NET简介

上述数据访问技术，尽管仍在使用，但Microsoft已不再积极地开发它们，而是建议所有的新客户应用程序使用ADO. NET来和服务器进行交互。

ADO. NET的构架中包括两个核心组件：. NET数据提供程序，ADO. NET DataSet。

ADO. NET体系结构如图2－19所示。

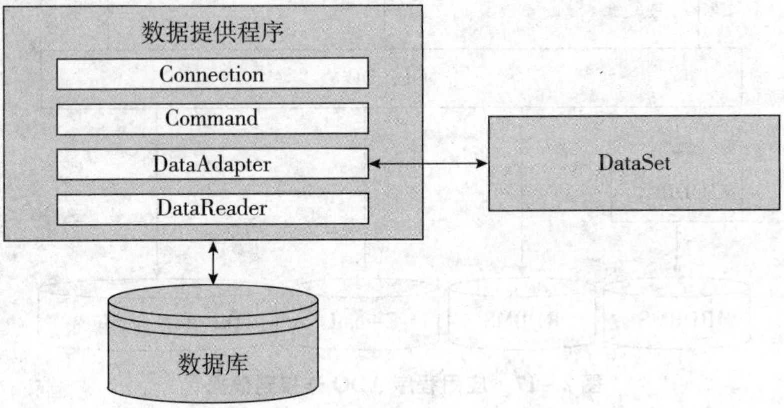

图2－19　ADO. NET体系结构

DataAdapter和DataSet之间的线条包含双向箭头，因为DataAdapter组件不仅可以从数据库中检索数据，填充到DataSet中，还可以从DataSet组件中读取数据，更新数据库。DataAdapter和DataSet操作原理如图2－20所示。

. NET Data Provider（. NET Framework数据提供程序）作为ADO. NET的连接和数据存取层，能够向它的另一个成员DataSet提供来自数据源的数据。它实现了对数据操作和对数据的快速、只进、只读访问。. NET数据提供程序包括Connection、Command、DataReader和DataAdapter四种对象。

DataAdapter数据库适配器，主要用来操作数据库填充并操作DataSet。它是数据库（源）和DataSet之间的桥梁。DataAdapter使用Command对象在数据源中执行SQL命令，以便将数据加载到DataSet中，并使DataSet中数据的更改和数据源保持一致。

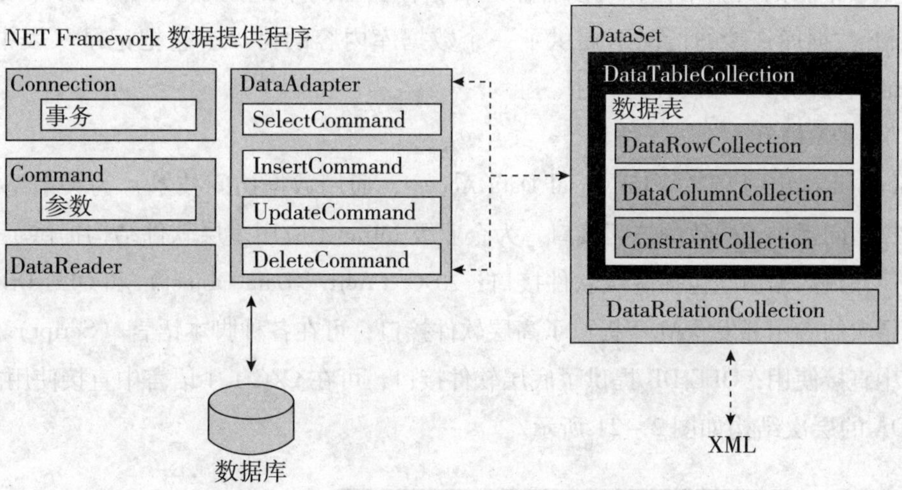

图 2－20　DataAdapter 和 DataSet 操作原理

DataReader 数据库读取器，提供了从服务器高端获取数据的途径，它是在只读和只进的连接模式下从数据源读取数据的，Command 类提供 Sqlcommand、OleDbcommand、OdbcCommand、OracleCommand 几种访问方式，可以直接访问不同种类的数据库。

Connect 类主要提供连接数据库的功能，即提供一个连接。应用程序可通过此连接把数据库的操作指令传送到数据库存储器中。

其他对象如表 2－2 所示。

表 2－2　　　　　　　　　　　　其他对象

对　象	说　明
Transaction	能够在数据源的事务中登记命令
CommandBuilder	帮助器对象将自动生成 DataAdapter 的命令属性或将从存储过程导出参数信息并填充 Command 对象的 Parameters 集合
Parameter	定义命令和存储过程的输入、输出和返回值参数
Exception	在数据源中遇到错误时返回。对于在客户端遇到的错误，. NET 数据提供程序会引发 . NET 框架异常
Error	公开数据源返回的警告或错误中的信息
ClientPermission	为 . NET 数据提供程序代码访问安全属性而提供

DataSet 是 ADO. NET 的数据处理核心，它像数据库一样允许内部存放多个表对象，表由记录和数据字段组成，包含主键、外键，表间也可建立关系，支持多个数据源、XML 数据的存取以及数据集成，是客户端的高性能数据缓存区。在离线状态下，数据集能够独立接受应用程序对数据的增、删、改操作，并可通过 DataAdapter 对象更新数

据库。是一个新的数据结构，可以看作是数据存储器的本地副本。我们可以看出 DataSet 在断开数据库连接的情况下提供了一个数据库内容的拷贝。它把记录从表中取出，以二进制对象的形式存放在内存中。

（7）UDA 简介

Microsoft 推出的 UDA（Universal Data Access，通用数据访问技术）为关系型或非关系型数据访问提供了一致的访问接口，为企业级 Intranet 应用多层软件结构提供了数据接口标准。一致数据访问包括两层软件接口：ADO（Active Data Object）和 OLE DB。对应于不同层次的应用开发，ADO 提供了高层软件接口，可在各种脚本语言（Script）或一些宏语言中直接使用；OLE DB 提供了底层软件接口，可在 C/C++语言中直接使用。

UDA 的层次结构如图 2-21 所示。

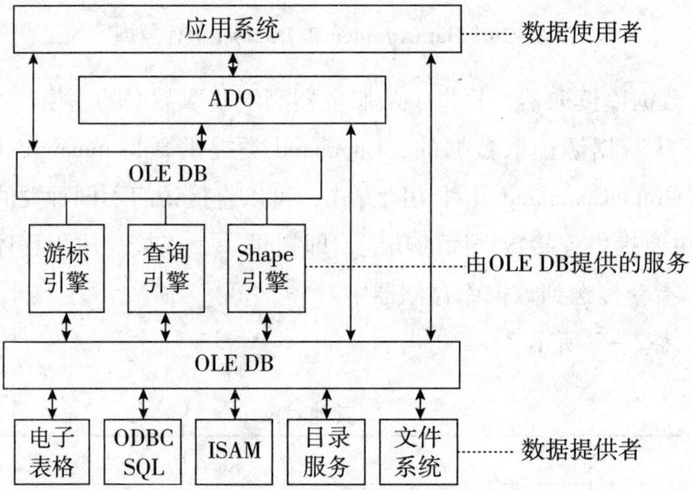

图 2-21　UDA 的层次结构

2.3.6　数据库连接——以 ADO.NET 对象连接 SQLServer 为例

1. 基本概念

.NET Data Provider（.NET Framework，数据提供程序）包含一组数据提供者对象，用于与特定的数据源通信。

.NET 数据提供者被组织在特定的命名空间中，表 2-3 显示了它们的构成。

表 2-3　.NET 数据提供者构成

数据提供者命名空间	说　明
System. Data. SqlClient	支持 SQL Server 7.0 及以上版本
System. Data. OleDb	支持 OLEDB 数据源，如 Microsoft Access 和 SQL Server 7.0 以前版本

续 表

数据提供者命名空间	说 明
System. Data. Odbc	支持直接访问 ODBC 数据源
System. Data. OracleClient	支持 Oracle 提供的 . NET Framwork Beta1 数据提供者

2. Connection 对象（数据库连接对象）

ADO. NET 提供了 4 种数据库连接方式，提供数据源（库）的连接，针对不同的数据库有不同的连接对象：

System. Data. OleDb. OleDbConnection；

System. Data. SqlClient. SqlConnection；

System. Data. Odbc. OdbcConnection；

System. Data. OracleClient. OracleConnection。

可以看出，针对两类数据源分为 SQL 、OLE DB 两组，各有四个对象。下面主要介绍一下 SqlConnection 类。

SqlConnection 类用于创建与 SQL Server 数据源的连接，其构造函数为：

SqlConnection（connectionString As String）

ConnectionString 是用于打开 SQL Server 数据库的连接字符串，也称数据库连接串。

（1）使用当前的 Windows 账户登录数据库方式

Dim connectionString = "server = yjs；Integrated Security = SSPI；database = student"

（2）使用数据库服务器命名的 SQL Server 登录 ID 和密码登录数据库方式

Dim connectionString = "server = yjs；uid = sa；pwd = 1；database = student"

应用数据库连接串创建连接对象的语法示例如下：

Dim MyConnect SqlConnection = New SqlConnection（connectionString）

3. Command 对象

继承于 . NET Framwork 的 IDbCommand 接口，像 Connection 对象一样，对于操作 SQL Server 数据库和支持 ADO Managed Provider 的数据库使用了两个不同的 Command 对象，分别是 SqlCommand 对象和 OleDbCommand 对象，提供存取数据库的命令（SQL 包括 Select 、Insert 、Delete 、Update）。

SqlCommand 的对象用于执行一个 SQL 语句或存储过程，其构造函数为：

SqlCommand（cmdText As String，connection As SqlConnection）

其中：cmdText 是一个 SQL 命令字符串或是已存在的存储过程名；connection 是 SqlCommand 实例使用的连接对象。

例如：

Dim cmdText = “Select Name，Chinese，Arithmetic，English From Grade_ Tab”

Dim MyCom As SqlCommand = New SqlCommand（cmdText，MyConnect）

其中，MyConnect 是一个有效的 SqlConnection 对象。

①常用属性。属性 CommandText，用于获取或设置需要对数据源执行的 SQL 语句或存储过程名。属性 Connection，用于获取或设置当前实例对象使用的 SqlConnection 对象。

②常用方法表。SqlCommand 提供了四个 ADO. NET 中最重要的操作数据库方法，如表 2 –4 所示。

表 2 –4　　ADO. NET 最重要的操作数据库方法

方　法	说　明
ExecuteReader	执行返回行的命令。该方法使用 TransactSQL sp_ execulesql 系统存储过程调用命令
ExecuteNonQuery	执行 INSERT、DELELE、UPDATE 及 SET 等 SQL 语句命令，并可返回影响行数
ExecuteScalar	从数据库中检索单个值（例如一个聚合值）
ExecuteXmlReader	将 CommandText 发送到 Connection 并生成一个 XmlReader 对象

4. DataAdapter 对象

DataAdapter 对象表示用于填充 DataSet 对象和更新数据库的一组数据命令和一个数据库连接，它是 DataSet 对象和数据库之间进行关联的桥梁，可以用于检索和更新数据。

DataAdapter 也称适配器，它用于连接数据源和 DataSet。

（1）对于使用 SQL Server. NET 数据提供者

SqlDataAdapter（SelectText As String SelectConn As SqlConnection）

（2）对于使用 OLEDB. NET 数据提供者

OleDbDataAdapter（SelectText As String SelectConn As OleDbConnection）

SelectText 是将要由该对象的 SelectCommand 属性使用的 SQL Select 语句或存储过程。

SelectConn 表示该对使用的连接对象。

以 yjs 为数据库服务器，并假设 student 数据库中存在 student 表，应用 SQL Server. NET 数据提供者创建一个 DataAdapter 的实例对象 Da：

Dim MyconnStr = “Integrated Security = SSPI；database = student；server = yjs”

Dim cmdText = “Select Name，Chinese，Arithmetic，English From Grade_ Tab”

Dim MyConnect As SqlConnection = New SqlConnection（MyconnStr）

Dim Da As SqlDataAdapter = New SqlDataAdapter（cmdText，MyConnect）

DataAdapter 的常用属性如表 2－5 所示。

表 2－5 **DataAdapter 常用属性**

属　性	说　明
DeleteCommand	获取或设置一个 SQL 语句或存储过程，用于在数据源中删除记录
InsertCommand	获取或设置一个 SQL 语句或存储过程，用于在数据源中插入新记录
SelectCommand	获取或设置一个 SQL 语句或存储过程，用于在数据源中选择记录
UpdateCommand	获取或设置一个 SQL 语句或存储过程，用于更新数据源中的记录

5. DataReader 对象

SqlDataReader 用于创建一个连续的、表的记录行流，通过它的类方法可依序读取各记录的字段值，是获取数据库数据的主要方法。创建该对象使用 SqlCommand 类的 ExecuteReader 方法。例如：

Dim MyReader As SqlDataReader = MyCom. ExecuteReader（）

注：MyCom 是一个有效的 SqlCommand 实例对象。

（1）SqlDataReader 的常用属性（如表 2－6 所示）

表 2－6 **SqlDataReader 常用属性**

属　性	说　明
HasRows	获取一个 Int32 型值，该值指示当前 SqlDataReader 包含多少行数据
FieldCount	获取当前行中的列数
Item	在给定从零开始的索引号情况下，获取指定列的值

（2）SqlDataReader 的常用方法（如表 2－7 所示）

表 2－7 **SqlDataReader 常用方法**

方　法	说　明
GetFieldType	在给定从零开始的索引号情况下，获取当前列数据对象的类型
GetDecimal	在给定从零开始的索引号情况下，获取指定列的 Decimal 形式的值
GetInt32	在给定从零开始的索引号情况下，获取指定列的 32 位有符号整数形式的值
GetString	在给定从零开始的索引号情况下，获取指定列的字符串形式的值
GetName	在给定从零开始的索引号情况下，获取指定列的名称
Read	使流的读取位置前进到下一记录。流的初始位置在第一条记录前面，若流存在可读行，Read 返回 True；否则返回 False。它可用于控制连续读取流的操作

3 常用物联网基础设备

3.1 条码识读与打印设备

一套完整的条码设备，不仅包括硬件设备，还应该包含软件支持。通常我们所说的条码设备就是硬件设备，包括条码识读设备和条码打印设备。所谓的软件支持就是有相应的软件，通过数据库来存储物品上的条码信息。读取商品条码或者打印相关凭条的时候，可以从数据库中找到该商品的基本信息。

3.1.1 条码识读设备

条码识读设备，也可以说是条码的识别设备，它可以通过扫描条码来读取条码信息，区分商品。条码识读设备一般是不用装驱动的，接上后就可以直接使用，就像我们常用的键鼠一样，如扫描枪等。当然这也不是绝对的，有些条码识读设备需要安装过驱动后才能正常读取条码。所以，我们在购买条码识读设备的时候一定要问清楚卖家是否需要相关的驱动支持。条码识读设备就是通过前置的光学装置读取条码条空信息，将其转译成相应的数据信息。

条码在商品零售行业是最常见的，而这类条码多为一维码，大多数的条码设备就是用来识别这种条码的。在零售业中，不管是收货、入库、出库、盘点，还是销售等环节，都会用到相应的条码识读设备。比如收货、入库、出库这些环节，由于点货量多而杂，负责人选用手持移动终端，如 PDA 等，查价的时候就比较麻烦，不仅要点移动终端，还要带有小型的条码打印机。如果通过主机的数据连通，在移动终端上发现货价不对或有所变动，要及时用小型条码打印机打印更改后的全新条码贴于货架或者商品上。下面介绍一些常用的条码识读设备。

1. 手持式条码设备

（1）霍尼韦尔 3200 手持一维 CCD 条码扫描枪（如图 3－1 所示）

技术参数：

光源：630NM 红光

图 3-1 手持一维 CCD 条码扫描枪

接收装置：2048 单元的线性图像器件

阅读距离：中密度码 1.3~25cm

阅读宽度：15mil，宽度为 11cm 的条码，阅读景深为 9cm

分辨率：4mil（10cm 处）

偏斜角：±55°

倾斜角：±55°

最低对比度：30%

扫描速度：200 次/秒

机电参数/尺寸：

尺寸 9.5cm（L）×15.2cm（H）×6.8cm（W）

重量：143g

外壳：UL94 VO 级别

电源要求：5Vdc±10%（扫描枪）

电流（最大值）：输入 5V；扫描 245mA；待机 86mA

环境参数：

工作温度：0℃ ~ +50℃

存储温度：-20℃ ~ +60℃

湿度：0~95%，无凝结

抗摔强度：从 1.2m 跌落到水泥地 25 次仍能正常使用

环境光：0~70000lux

防静电保护：符合 CE EN55024 标准

防振动性：经受从 22~300Hz 的 5g 峰值振动测试

（2）手持激光条码扫描枪——捷宝 HR109（如图 3-2 所示）

技术参数：

重量：140g

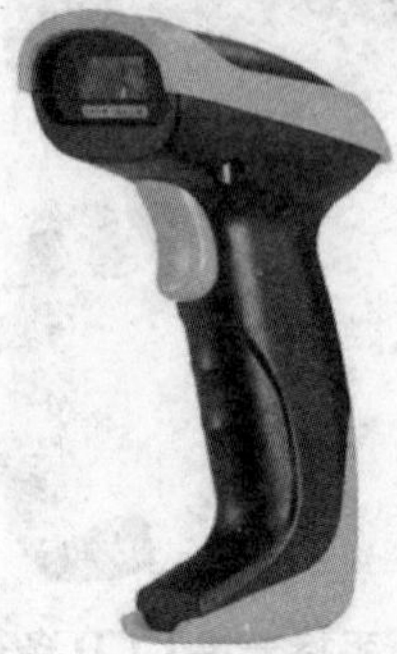

图 3－2　手持激光条码扫描枪

外形尺寸：手柄 28mm；头部 67. 5mm

解码能力：可扫描 EAN －8、EAN －13、UPC －A、UPC －E、Code39、Code93、Code128、EAN128、Codaber、中国邮政码等多种条码，读码性能达到 350 次/秒

多种工作模式：可进行双向扫描，多角度扫描（转角 30°、仰角 55°、偏角 65°等）；可进行手动触发、连续扫描等扫描方式

高性能：p54 防护等级设计，可承受 1. 5m 自由落体至水泥地面，仍能正常工作；抗光性强，在室外阳光照射下可正常工作

分辨率高：可识别印刷对比度，最低 30% 的发射差

2. 台式条码扫描设备

（1）固定式 CCD 一维条码扫描器（如图 3－3 所示）

图 3－3　固定式 CCD 一维条码扫描器

技术参数：

每秒扫描次数：最多 220 次

读取范围：17. 7 ~345. 4mm

供电：5V 低电压

封装：IP54 封装

型号：MS －2

（2）LS9208 通用台式激光条码扫描器（如图 3－4 所示）

图 3－4　台式激光条码扫描器

技术参数：

电压和电流：15. 0 VDC　+／－ 10%，390mA

扫描模式：全向，单行

解码能力：1D

支持的接口：USB、IBM、键盘仿真、RS－232、Wand、Synapse

前后摆动：全向 －50°～＋50°，单扫描线 －60°～＋60°

扫描场深度：对于 13mil（100% UPC/EAN）为 0～22. 9cm

旋转（倾斜）：全向 360°，单扫描线 －40°～＋40°

3. 1. 2　条码打印设备

条码打印设备主要是用于条码标签的打印，它是一种打印输出设备。条码打印设备有两种，一种是我们常用的条码打印机，另一种就是价格相对比较高的激光打印机。条码打印机想必不用多做介绍大家都了解。常见的就是一些生产型的企业，在制作条码时，所连接的条码打印机设备。还有就是在超市中称一些散卖商品时用的电子秤上，就带有条码打印机的功能。称过商品后会出来一张带有价格的条码，营业员会将其贴在商品袋上，供扫码结账用。

实际上这两种条码打印机的用法都离不开软件的支持。制作打印条码时，用的是条码打印软件，是一种打印输出软件，专门用来设计条码，并能批量打印的软件，典型代表是领跑条码标签打印软件。而第二种，前台结账，用的是管理软件的一种，如商品 POS 收银系统。将商品信息储存在软件的数据库，扫描后从数据库中匹配出相应的商品信息，显示在显示器上。

激光打印机是一种精密的打印系统，它的构成及原理更加复杂，在使用过程中，都有专门的控制系统来控制，称为电子显像系统。这种打印机有打印速度快、成像质量高等优点，相对的它们的造价也比较高。

所以说条码设备是在运用条码过程中必不可少的支持设备。不论是在其设计制作过程中，还是在其运用过程中，都少不了条码设备的身影。条码硬件设备的运行需要有相应的软件来支持。所以说条码打印软件设备和条码硬件设备，是一对最佳组合，谁也离不开谁。下面介绍常见的条码打印设备。

（1）Intermec PF8t 桌面条码打印机（如图 3 -5 所示）

图 3 -5　桌面条码打印机

技术参数：

最大标签宽度：118mm

最大标签长度：203dpi——1727mm；300dpi——900mm

打印分辨率：8dots/mm（203 dpi）或 12dots/mm（300dpi）

打印宽度：203dpi——最大 104mm；300dpi——最大 106mm（4. 2in）

电源：独立电源

输入：100 ~240V，AC/50 ~60Hz，1. 9A

输出：24V，DC，3. 0A

内存：4MB 闪存，8MB DRAM

选件：1GB 闪存卡（PF8t）

接口：RS -232C、USB v. 2. 0 和并口

协议：XON/XOFF、RTS/CTS

（2）M6039 手持条码打印机（如图 3 -6 所示）

技术参数：

打印速度：每秒最快 102mm

最大打印区域：48mm ×97mm

处理器：Intel XscaleXA270C

存储器：32MB RAM，64MB 闪存，可选 256/512MB SD 记忆卡

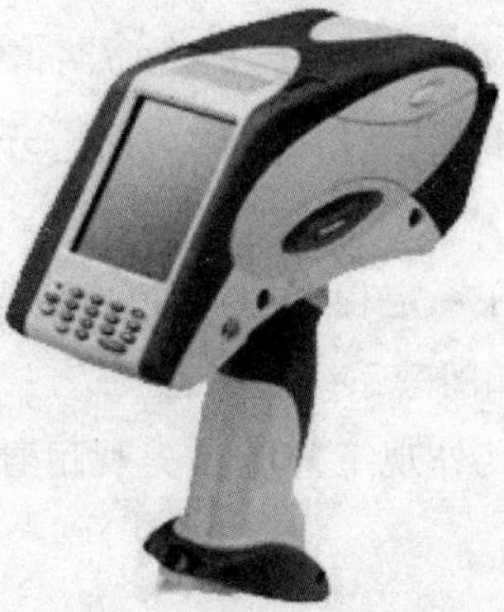

图 3－6　手持条码打印机

操作系统：Microsoft Windows CE

连接：USB 和串行接口，可选用 802.11b CF 无线网卡

标签种类：TUFF MARK 标签、收据纸、普通标签

标签宽度：26～51mm

标签长度：14～102mm

标签卷长度：10.7～14.7m

标签厚度：2.4mil

3.1.3　条码设备选择的要点

条码设备选择的自由度相对比较大。使用光笔、CCD、卡槽、激光枪有时不易判别。另外条码编码种类也较多，在一定程度上加大了工作量。选择什么样的设备一定要根据具体情况具体分析。从编码角度看，在无特定要求时，条码一般选 39 码。

此外，在经济允许的条件下一定要选择相对先进的新产品，因为国外早已停产的旧机型较难得到配件补充，其可维护性大大打了折扣。可能出现用于购买旧机型配件的费用高于购买新机型的情况，这一点必须引起重视。例如，很多旧式译码器加上光笔扫描器的价格甚至高于 CCD 的价格。从发展情况看 CCD 的价格在下降，品质在提高，市场占有率相对光笔而言在提高。考察这类问题也不能太片面，一味追求高档先进，例如很多工况条件恶劣、人员素质较低的场合光笔就比 CCD 更有生命力。同类产品不同厂商也差别较大，从外观工艺到内部品质，最明显的是标定产品的两大指标——首读率、误码率也相差甚远。因此使用者选购同类产品一定要认真辨别，不能仅从价位上判断。价高质差者有之，价廉物劣者亦有之。

条码设备选型要点：

（1）适用性：选择的设备应该是最适于特定现场的产品。可以参照几项指标加以考虑。

（2）耐久性：选择的设备应该符合一定的寿命期，在一定时间内应符合可维护性。

（3）先进性：选择的设备不是已经淘汰的产品，并应在一定时间内保持它的技术领先性。

（4）安全性：选择的设备在一定程度能向使用者提供相对的技术保密性，不致使用户有保密要求的资料散失，如门禁系统等场合。

（5）美观性：选择的设备其外观工艺应该美观耐看。外观工艺粗糙多少也反映了生产厂家的技术可信度。

3.2 RFID 设备介绍

RFID 是射频识别的英文“Radio Frequency Identification”的缩写。射频识别技术是20 世纪 90 年代开始兴起的一种自动识别技术，它利用无线射频方式在阅读器和射频卡之间进行非接触双向数据传输，以达到目标识别和数据交换的目的。

射频识别技术的基本原理是电磁理论，它由标签专用芯片和标签天线组成。其主要核心部件是一个直径仅为 2mm 不到的电子标签，通过相距几厘米到几米距离内传感器发射的无线电波，可以读取电子标签内储存的信息，识别电子标签代表的物品、人和器具的身份。RFID 的存储容量是 2^{96} 以上，理论上看，世界上每一件商品都可以用唯一的代码表示。以往使用条码，由于长度的限制，人们只能给每一类产品定义一个类码，而无法通过代码获得每一件具体产品的信息。智能标签彻底摆脱了这种限制，使每一件商品都可以享受独一无二的 ID。况且，贴上这种电子标签之后的商品，从它在工厂的流水线上开始，到被摆上商场的货架，再到消费者购买后结账，甚至到标签最后被回收的整个过程都能够被追踪管理。

RFID 的硬件设备包括 RFID 识读设备、标签、天线。

3.2.1 RFID 识读设备

由于标签的非接触性质，必须借助于位于应用系统与标签之间的读写器来实现数据读写功能。读写器主要完成如下功能：

（1）读写器与标签之间的通信功能。

（2）读写器与计算机之间可以通过标准接口如 RS232 等进行通信。

（3）能够在读写区内实现多标签的同时识读，具备防冲突功能。

（4）适用于固定标签和移动标签的识读。

（5）能够校验读写过程中的错误信息。

（6）对于有源电子标签，能够标识电池相关信息，如电量等。

读写器的基本功能是触发作为数据载体的电子标签，与电子标签建立通信联系，并在应用软件和电子标签之间传输数据。这种通信的一系列任务包括通信的建立、防冲撞和身份验证，均由读写器进行处理。

根据应用系统的功能需求，读写器具有不同形式的结构与外观形式。由天线和读写器是否分离，可以分为分离式读写器和集成式读写器；由读写器的应用场合，可以分为固定式读写器、OEM 模块、工业读写器以及手持机和发卡机。射频系统的读写器必须通过天线来发射能量，形成电磁场，通过电磁场对电子标签进行识别，可以说，天线所形成的电磁场范围就是射频系统的可读区范围。任一 RFID 系统至少包含一根天线以发射和接收 RF 信号，有些 RFID 系统是由一根天线同时完成发射和接收的；而另一些 RFID 系统则由一根天线来完成发射而另一根天线负责接收，所采用的天线的形式及数量应由具体应用而定。下面将介绍常见的读写器。

1. 高频读写设备

（1）E9000H 高频手持式读写器/RFID 手持机（如图 3－7 所示）

图 3－7　高频手持式读写器

技术参数：

类型：非接触式读卡

适用类型：二代身份证，校园卡等

感应距离：0～10cm

工作频率：667kHz

存储量：256MB

屏幕尺寸：3.5 寸

机身尺寸：180 mm×76 mm×36mm

操作系统：Windows CE 6.0

（2）RF240R 高频一体式读写器（如图 3－8 所示）

图 3－8　高频一体式读写器

技术参数：

外形尺寸：30mm × 50mm × 30mm

防护等级：P67，焊接外壳

工作温度：－25℃ ＋70℃

三色诊断：ED

读/写范围最大：65mm

（3）IFD997 高频分离式读写器（如图 3－9 所示）

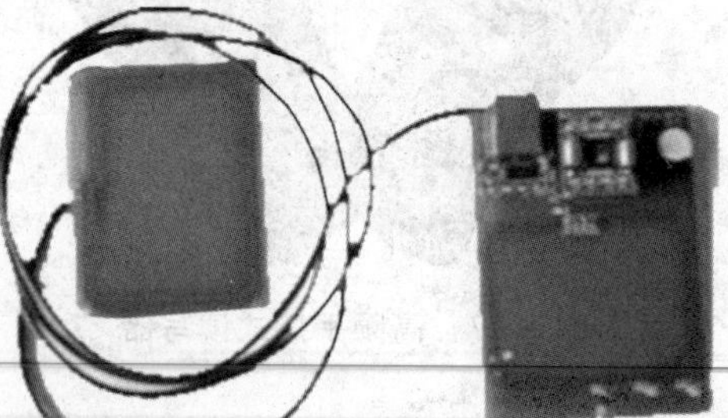

图 3－9　高频分离式读写器

技术参数：

尺寸：120mm × 95mm × 25mm

国际标准：ISO/IEC 14443A，ISO/IEC 14443B，ISO/IEC 15693

支持芯片：ifare One S70，Mifare One UltraLight，Mifare One S50，Mifare Pro，AT88RF020，66CL160S，SR176，SRIX4K（TYPE－B），I－Code2，TI RFID Tag－it HF－I，EM4135，EM4034 等

工作频率：13.56MHz

波特率：600～115200bit/s

消耗电流：＜80mA

读写距离：50～70mm

通信接口：RS232、RS485、USB、TCP/IP

状态指示：1个LED指示，1个蜂鸣器指示

工作温度：－10℃～＋70℃

分离距离：天线和读写器以铜轴电缆连接，可达1.5m

2. 超高频读写设备

（1）JRF500W超高频手持式RFID电子标签阅读器（如图3－10所示）

图3－10　超高频手持式读写器

技术参数：

感应距离：1～600cm

电源功率：1W

工作频率：860～960MHz

存储量：128MB RAM/1GB Flash存储

存储空间扩展：支持最大8G Micro SD（TF）卡

背光：LED背光

按键：31个软硅胶按键

输入方式：标配手写笔，手写、触摸输入或键盘输入

电池容量：可选充电式聚合物电池（3.7V，4000mAh）

扩展插槽：SIM卡、SAM卡、Micro SD（TF）卡

音频：0.5W扬声器

（2）VI－86 超高频一体式读写器（如图 3－11 所示）

图 3－11　超高频一体式读写器

技术参数：

频率范围：902～928MHz（随国家或地区不同可以调整）

调频方式：谱调频（FHSS）或定频，可软件设置

通信接口：AN，RS232，RS485，Wiegand26/34，IEEE 802.11

通信速率：速率 9600～115200bps，RJ45 为 10Mbps

应用软件接口：供 API 开发包及 VC 和 VB、Java 应用例程

读取距离：dBi 天线配置，典型读取距离 6～10m（和标签性能有关）

空中接口协议：PCglobal UHF ISO－18000－6C（EPC G2），ISO－18000－6B

电源：有 220V 交流输入，+9V/3A 直流输出的电源变换器

（3）24DR01A 超高频分离式读写器（如图 3－12 所示）

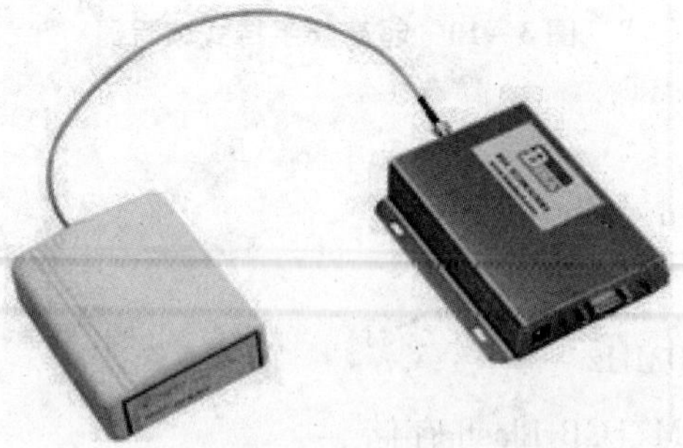

图 3－12　超高频分离式读写器

技术参数：

识别方式：定向识别，按天线设置角度接收射频信号

识别距离：0～100m，可调

工作频率：2.4～2.5GHz，ISM 微波段

射频功率：0dBm

接收灵敏度：－90dBm

工作电流：50mA，9V

调制模式：GFSK

工作模式：直接模式/缓冲模式

缓冲存储：800 个最近的 Tag 数据

通信速率：1Mbps

防冲突性：可同时识别 100 张卡

接口模式：支持多种接口方式，RS232/485，TCP/IP，ZigBee，Wi-Fi

工作温度：-40℃ ~ +80℃

防潮性能：95%（非冷凝）

外壳材料：塑料外壳

外形尺寸：106mm×104mm×28mm

3.2.2　RFID 天线

RFID 标签天线是 RFID 电子标签的应答器天线，是一种通信感应天线。一般与芯片组成完成的 RFID 电子标签应答器。RFID 标签天线由于材质与制造工艺不同，分为金属蚀刻天线、印刷天线、镀铜天线等几种。

RFID 系统天线一般分为电子标签天线设计和读写器天线两大类。不同工作频段的 RFID 系统天线设计各有特点。对于 LF 和 HF 频段，系统采用电感耦合方式工作，电子标签所需的工作能量通过电感耦合方式由读写器的耦合线圈辐射近场获得，一般为无源系统，工作距离较小，不大于 1m。在读写器的近场实际上不涉及电磁波传播的问题，天线设计比较简单。

1. 高频天线

（1）FR600A 开放式通道天线（如图 3-13 所示）

图 3-13　开放式通道天线

技术参数：

工作频率：13.56MHz

支持标准：ISO15693，18000－3

识别距离：60～120cm

通信接口：RS485，RS232，韦根，以太网口

供电：12V，DC

工作温度：－20℃～60℃

相对湿度：5%～8%

（2）RF290R ANT D6 物流专用天线（如图 3－14 所示）

图 3－14　物流专用天线

技术参数：

外形尺寸：580mm×480mm×110mm

温度范围：最大至＋55℃

防护等级：IP65

电缆长度：3.3m（可两端连接）

（3）RF290R ANT D10 服装业专用天线（如图 3－15 所示）

图 3－15　服装业专用天线

技术参数：

尺寸：150mm×365mm×115mm

温度范围：最高至+55℃

防护等级：IP65

电缆长度：3.3m（可两端连接）

2. 超高频天线

(1) 2dBi 天线

①VA-923B 超薄 PCB 天线（如图 3-16 所示）

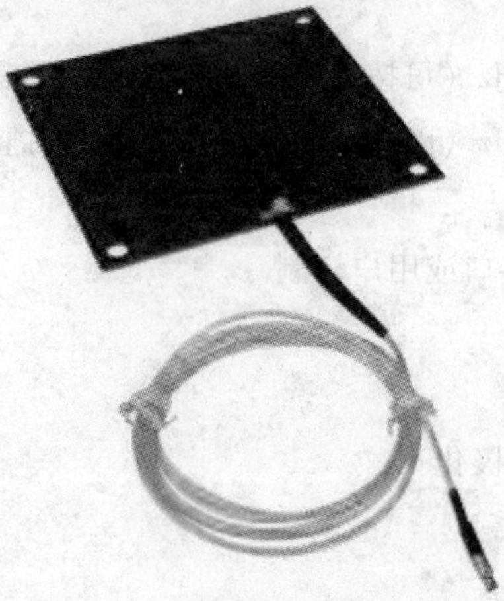

图 3-16 超薄 PCB 天线

技术参数：

工作频率：902~928MHz（可按不同的国家或地区要求调整）

频率范围：806~960MHz（随国家或地区不同可以调整）

输入阻抗：50 欧

天线接口：SMA 天线接口或用户订制

驻波比：≤1.5

极化方式：垂直极化

垂直面波瓣宽度：62°

水平面波瓣宽度：360°

带宽：63MHz

长度：120mm×112mm×1.5mm

重量：110g

②VA－921 吸盘天线（如图 3－17 所示）

图 3－17　吸盘天线

技术参数：

工作频率：902～928MHz（可按不同的国家或地区要求调整）

频率范围：902～928MHz（随国家或地区不同可以调整）

输入阻抗：50 欧

天线接口：SMA 天线接口或用户订制

增益：2dBi

驻波比：≤1.5

极化方式：垂直或水平极化

带宽：70MHz

尺寸：长度 160mm

重量：110g

（2）9dBi 天线

①VA－99 天线（如图 3－18 所示）

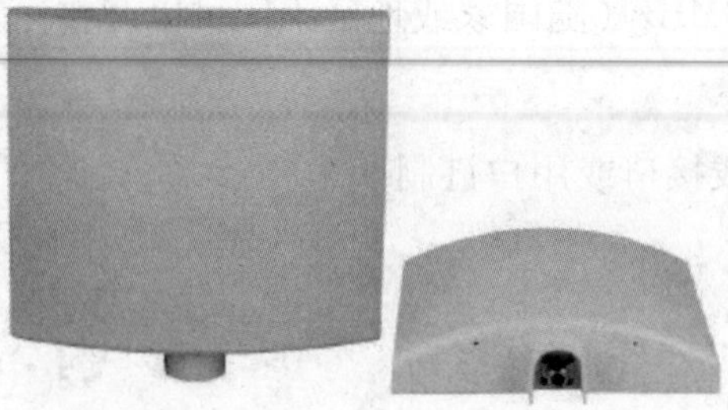

图 3－18　VA－99 天线

技术参数：

频率范围：902～928MHz（随国家或地区不同可以调整）

驻波比：≤1.3

带宽：26MHz

垂直面波瓣宽度：70°

水平面波瓣宽度：70°

尺寸：250mm × 220mm × 60mm

重量：1kg

②2.4GHz 9dBi Wi－Fi 天线（如图 3－19 所示）

图 3－19　Wi－Fi 天线

技术参数：

频率范围：2400～2500MHz

驻波比：≤1.8

极化形式：垂直

辐射：全

额定功率：50W

输入阻抗：50 欧

连接器类型：RP－SMA 公头，SMA 公头，TNC 公头，N 公头，BNC 公头或客户指定

磁性底座尺寸：ϕ 9.6cm

电缆类型：RG174（最佳）100% 铜

电缆长度：3m

外形尺寸：15.5cm × 7.0cm × 1.3cm

重量：271.8g

（3）12dBi 天线

①VA－912 大天线（如图 3－20 所示）

技术参数：

频率范围：902～928MHz 或 865～869MHz

图 3－20　VA－912 大天线

输入阻抗：50 欧

驻波比：≤1.3

带宽：26MHz

前后比：≥18db

垂直面波瓣宽度：35°

水平面波瓣宽度：36°

尺寸：450mm×450mm×40mm

重量：1.8kg

②健博通 12dBi 全向天线

健博通 12dBi 全向天线（如图 3－21 所示）

图 3－21　全向天线

技术参数：

工作带宽：83MHz

频率范围：2400～2483MHz

极化方向：垂直极化

最大功率：100W

工作温度：－45℃～＋80℃

工作湿度：5%～95%

存储温度：－45℃～80℃

存储湿度：5%～95%

3.2.3 RFID 电子标签

电子标签是指由 IC 芯片和无线通信天线组成的无线通信 IC 和天线组成的模块超微型的小标签。标签中一般保存有约定格式的电子数据，在实际应用中，电子标签贴附于待识别的物体。

RFID 技术之所以被重视，关键在于让物品实现真正的自动化管理，不像条码那样需要扫描。在 RFID 的标签中存储着规范可用的信息，通过无线数据通信网络采集到中央信息系统。RFID 无须人工去识别标签，读写器可自动从标签中读出数据。

系统工作时，读写器发出能量信号，电子标签（无源）收到能量信号后，将其一部分整流为直流电源供电子标签内的电路工作，另一部分能量信号被电子标签内保存的数据信息调制后返回读写器，读写器接收反射回的幅度调制信号，从中提取出电子标签中保存的数据信息。在 RFID 应用系统中，标签是易损件，对于大型的应用系统而言，标签的成本决定系统的建设成本。根据标签的技术特征，可将标签进行完整的分类，如下表所示。

标签分类

分类方式	分 类
供电方式	有源/无源
工作方式	主动式/被动式
读写方式	只读型/读写型
工作频率	低频/高频/超高频与微波
作用距离	密耦合/近耦合/疏耦合/远距离

根据 RFID 系统的不同应用场合以及不同的技术性能参数，考虑到应用系统的标签成本、环境要求，可将标签封装成不同厚度、不同大小、不同形状，有圆形、线形、

信用卡型等。根据标签封装材质的不同，可以将标签封装成纸、PP、PET、PVC 等材料作为封装材质的标签，如图 3－22 所示。

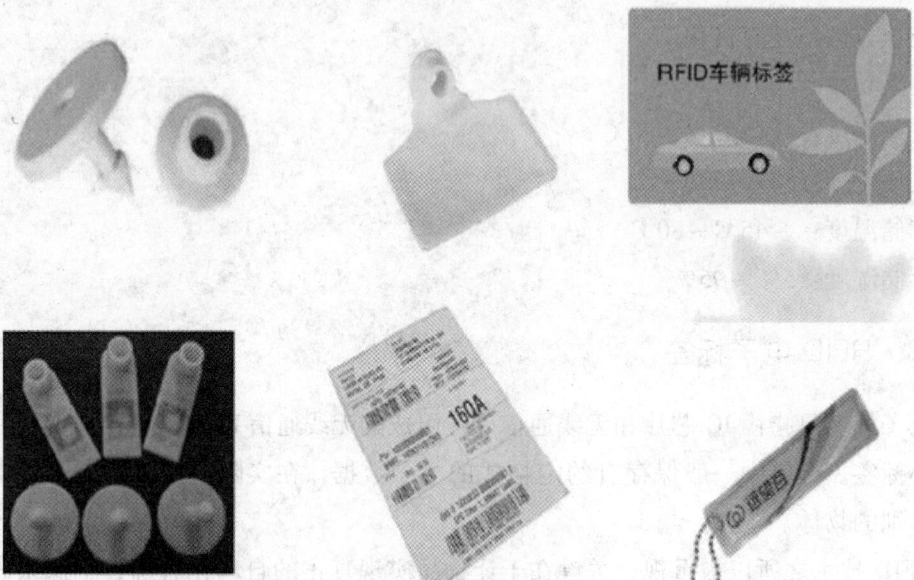

图 3－22　不同样式的 RFID 标签

电子标签的制作主要包括芯片技术、模块和天线封装与标签加工三个方面。目前，国内已经形成了比较成熟的 IC 卡封装。国内部分企业在电子标签的封装形式上进行了新的尝试。

下面介绍几种常用的电子标签。

1. 高频 RFID 电子标签

（1）门禁高频 RFID 电子标签（如图 3－23 所示）

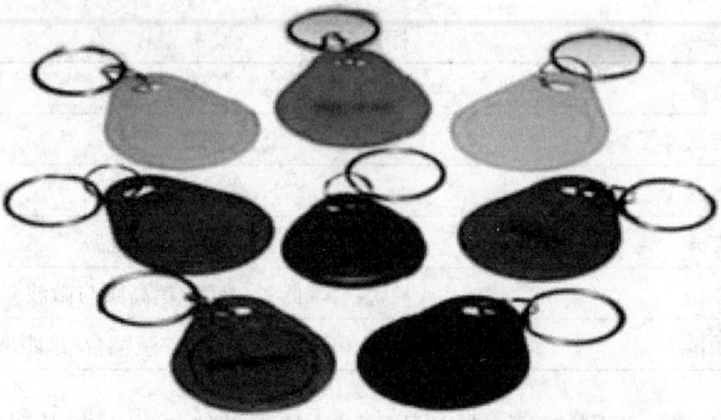

图 3－23　门禁高频 RFID 电子标签

技术参数：

容量：8K 位 EEPROM

工作频率：125kHz，13.56kHz

数据保存期：10 年

擦写次数：10 万次分为 16 个扇区，每个扇区为 4 块，每块 16 个字节，以块为存取位

执行标准：ISO 14443A

（2）狗骨头（Dogbone）标签（如图 3－24 所示）

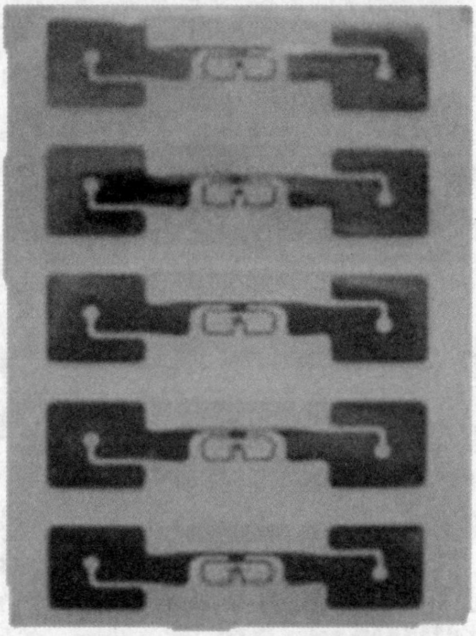

图 3－24 狗骨头标签

技术参数：

标签尺寸：100mm × 30mm

天线尺寸：93mm × 23mm

封装材料：纸制

工作温度：－20℃ ～ ＋85℃

工作频率：860 ～ 960MHz

符合标准：ISO 18000－6C EPC G2 国际标准

芯片：UCODE G2 XL

读取距离：0 ～ 18m，与读写器天线的增益大小或使用环境有关系

工作模式：R/W（可读写）

数据保存时间：>10 年

可重复擦写次数：10 万次

（3）高频 ICODE EPC 纸质 RFID 标签（如图 3-25 所示）

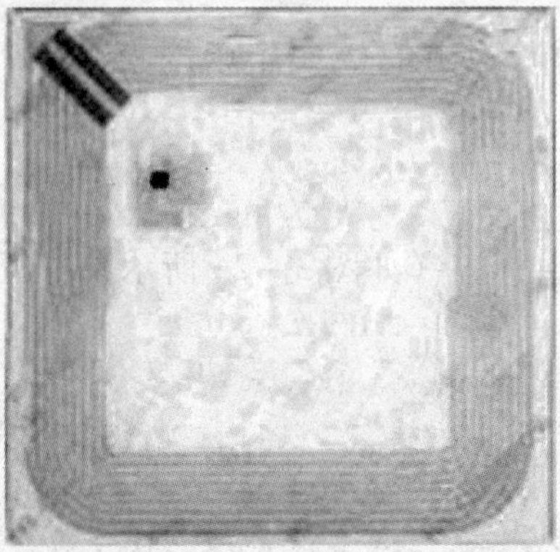

图 3-25　高频 ICODE EPC 纸质 RFID 标签

技术参数：

类型：非接触读/写

工作频率：13.56MHz

芯片容量：96bit EPC

最大读取量：30labels/s

尺寸：25mm×20mm

技术认证：ICODE，SLI

（4）RFID 高频不干胶标签（如图 3-26 所示）

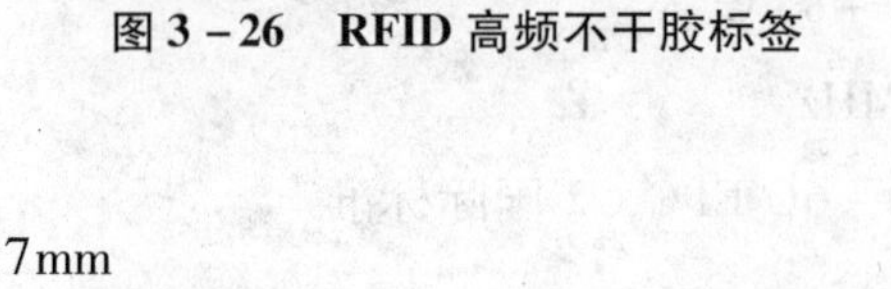

图 3-26　RFID 高频不干胶标签

技术参数：

标签尺寸：55mm×17mm

天线尺寸：52mm×15mm

天线厚度：0.03mm

工作频率：13.56MHz

可擦写次数：10 万次

数据保存时间：10 年

通信速率：106K bits/s

2. 超高频标签

（1）VT－89（6C/6B）抗金属标签（如图 3－27 所示）

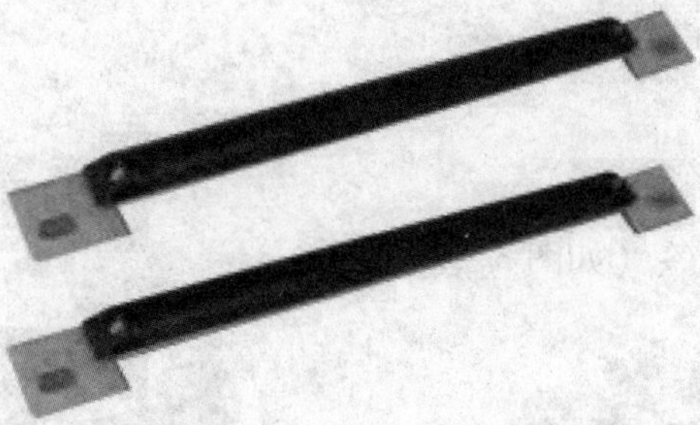

图 3－27 抗金属标签

技术参数：

协议：EPC CLASS1 Gen 2，ISO 18000－6C，ISO 18000－6B

芯片：NXP（SL/XL/XM）芯片

工作频率：840～960MHz

存储容量：96/368/512/880/1024/2048bit

尺寸：244mm×12mm×13mm

工作模式：可读写

存储时间：>10 年

可擦写次数：>100000 次

材质：PCB 材质天线，外壳 ABS 塑料＋铝合金背板

可作产品：可作为车牌标签，安装于车牌位置

（2）VT－A100 动物耳标标签（如图 3－28 所示）

图 3－28 动物耳标标签

技术参数:

协议：ISO 18000 - 6C

芯片：Alian H3

工作频率：860 ~ 960MHz

存储容量：96/368/512/880/1024/2048bit

读取距离：0.5m（手持读写器）

尺寸：30mm × 13mm

存储时间：>5 年

操作温度：-20℃ ~ -85℃

（3）VT - 80 证卡标签（如图 3 - 29 所示）

图 3 - 29　证卡标签

技术参数:

协议：ISO 14443，ISO 15693

芯片：ALIEN 或 impinj、NXP 等

存储容量：96/368/512/880/1024/2048bit

尺寸：84mm × 54mm × 0.8mm

工作模式：可读写

存储时间：>10 年

可擦写次数：>100000 次

（4）VT - 85D 硅胶洗衣标签（如图 3 - 30 所示）

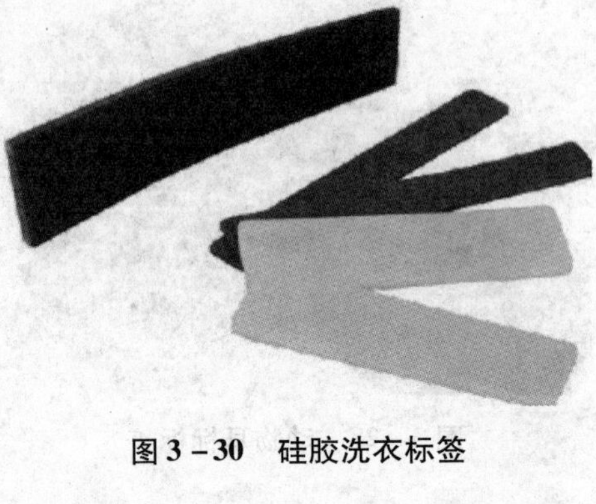

图 3 - 30　硅胶洗衣标签

技术参数：

协议：EPC CLASS1 Gen 2 / ISO 18000 - 6C

芯片：ALIEN 或 impinj 等

工作频率：840 ~ 960MHz

存储容量：96bit

尺寸：56mm × 12mm × 1.8mm

工作模式：可读写

存储时间：>10 年

可擦写次数：>100000 次

工作温度：-20℃ ~ 85℃

3.2.4 RFID 设备选择的要点

购买 RFID 设备的企业除了要了解他们所部署的 RFID 系统对读写器的要求是什么，还要了解通用读写器的特点。当分析了 RFID 的业务需求并确认了 RFID 定能带来不菲的回报以后，下一步就应该考虑购买什么型号的读写器了。

每个企业都要根据自己在供应链中所处的位置，以及安装 RFID 读写器的目的和位置来确定读写器的型号。选择正确的超高频读写器对成功实施其他各项工作具有关键性的作用。如果读写器购买策略选择合理就可以降低不少成本，例如购买读写器时，采用大批量少批次的购买方式就比小批量多批次的购买方式节约开支。

1. 成本预算

购买之前必须计算需要投入的所有成本，除了设备费用外，天线、天线电缆和网络电缆的费用都应该计入安装费中。另外，许多用户为了向读写器供电，还要安装电源。当然，还需要购买对读写器起监控作用的软件。

2. 选用智能读写器还是傻瓜读写器

首先，用户应该在智能读写器和傻瓜读写器之间做出选择，智能读写器可以读取不同频率的标签信息同时具有过滤数据和执行指令的功能，而傻瓜读写器的功能较少但价格便宜。在具体操作中，有时需要多个读写器读取单一型号的标签信息，例如读取传送装置上的标签信息，这时可以选用功能较简单的读写器。但是如果零售商的产品来自不同的供货商，这时，就需要使用智能读写器获取不同标签中的货物信息。

随着处理数据的增多，终端用户使用智能读写器的数量也在增加，有些智能读写器不但可以过滤数据而且还可以储存数据。有些智能读写器具有先进的过滤能力，它将数据处理以后，保留有用的信息。例如，贴有标签的托盘通过读写器时，由于现场拥挤，必须不止一次地让读写器读取标签信息，但读写器向库存管理系统输入标签 ID

号的次数只有一次。

还有些智能读写器具有通过运行应用软件执行过滤命令的功能，例如，有些零售商在收货区装有具有声光报警的读写器，如果读写器读到刚购进的货物上的标签信息，但是这些货物并不在销售货架上，那么读写器就会报警，店员听到报警后就会马上将货物放到销售货架上。

在购买读写器前，必须进行多方面的考虑。毫无疑问，购买傻瓜读写器会节约不少成本，但是随着应用软件的升级，傻瓜读写器却不能在短短的一年半内的时间内被智能读写器所取代。在购买读写器前，还应考虑读写器需要采集哪些数据，考虑所在的供应链上的其他用户采用的 RFID 技术，此外，还要考虑何时购进配有 RFID 标签的货物以及所用的标签采用的协议是哪一种。

3. 不同结构形式的读写器

在智能读写器和傻瓜读写器之间做出了选择，也在单一频率读写器和混合频率读写器之间做出了选择以后，下一步就应该考虑是选择固定式读写器还是手持式读写器了。

固定读写器一般安装在货物流通量较大的地方，许多固定读写器都装在金属盒子里，可以安装在墙上，这些读写器要么是内部有天线要么是内部没有天线但有供外部天线接入的插口。为防止受损，固定天线一般由塑料或金属制品封装起来。

装在盒子里的读写器和天线可以免受叉车的损害和灰尘的污染，读写器制造商还生产了一种专门用在叉车上的读写器。毫无疑问各种各样的读写器扩大了 RFID 的应用范围。

RFID 给人们带来的最大利益是减少了从事标签扫描工作的人员数量，一般来讲，用户多使用手持式读写器，因为手持式读写器比较便宜，例如，Wal - Mart 主要使用手持式读写器在仓库中寻找货箱。

手持式读写器主要有两种形式，一种是带条码扫描器的 RFID 读写器，这种读写器既可以扫描条码也可以读取 RFID 标签；还有一种是安装在 PC 卡上的 RFID 读写器，PC 卡嵌入在手提电脑或掌上电脑的 PCMCIA 中。

4. 频率

超高频（UHF）标签的工作频率是 860 ~ 960MHz，由于其阅读距离较长，所以在供应链中得到广泛的应用。但是由于高频（HF）标签（工作频率是 13.56MHz）在短距离内工作性能较好，水和金属对它的影响也较小，所以非营利性组织 EPCglobal 不但为 UHF 制定了标准，同时还制定了 HF 标签的标准。这样，在购买读写器时还要考虑是否需要购买混合频率的读写器。

如果既要读取 HF 标签的信息又要读取 UHF 标签的信息，那么就需要考虑是既要购买 HF 读写器又要购买 UHF 读写器，还是只购买一种混合频率读写器。尽管很多读写器生产商只生产 UHF 读写器，但是也不难买到混合频率读写器。由于大多数的供应链应用软件都工作在 UHF 频率下，所以购买读写器要以 UHF 读写器为主，必要时再购买 HF 读写器。这样做是因为购买单频率读写器要比购买混合频率读写器便宜。

用户制订部署全球性的 RFID 计划时，要确保所选读写器在全球的不同地区都能工作。因为全球 RFID 的工作频率不完全相同，在欧洲 UHF 读写器的工作频率是 865 ~ 868MHz，在北美是 902 ~ 928MHz，在日本是 950 ~ 956MHz。

5. 天线

需要考虑在固定读写器上安装什么型号的天线以及安装天线的数量，固定读写器上要么具有内部天线，要么具有供安装外部天线的多个天线接口。不同形式天线的读写器可以通用。

具有内部天线的固定读写器的优点是容易安装，另外，信号从读写器到天线的传输过程中衰减也较少。但是在相同的情况下使用内部天线读写器的数量要多于使用外部天线读写器的数量。

6. 网络的选择

大多新装读写器一般通过以太网或 Wi - Fi 与局域网或广域网相连接。无线连接降低了安装难度，同时也节省了安装费用，因为这样不用敷设大量的电缆。手持式读写器要么需要通过有线方式要么通过无线方式将数据下载到 PC 上。

7. 升级为 Gen2

为了使第一代读写器能读取 Gen2 标签的信息，必须对第一代标签的固件升级。为了充分利用 Gen2 标签的优点，最好再对第一代读写器的硬件进行升级。如果想在第二代读写器投放到市场上之前购买读写器，那么就应该询问生产商的硬件能否做必要的升级，固件能否通过网络在远端升级。

8. 输入输出装置

固定读写器与输入输出装置相连接，这些装置的作用要么是控制读写器要么是被读写器控制。例如，电子眼就是一个输入装置，当标签进入读写器的工作区域后电子眼就开启读写器，使其进入工作状态。

3.3 全球定位系统终端设备

3.3.1 全球定位系统终端设备介绍

GPS 系统由三大部分构成：空间部分——GPS 卫星星座，地面控制部分——地面监控系统，用户设备部分——GPS 信号接收机，如图 3－31 所示。其中，空间部分由卫星星座构成；地面控制部分由地面卫星控制中心进行管理；用户部分则由军用和民用研发厂商开发、销售、服务。空间部分和控制部分目前均由美国国防部掌握。GPS 典型应用系统如图 3－32 所示。

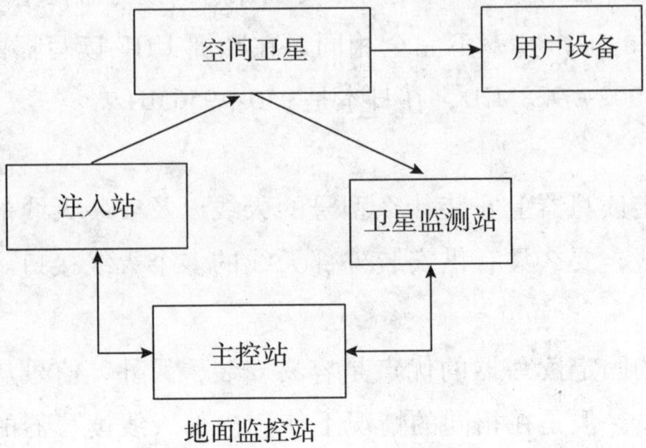

图 3－31　GPS 系统构成

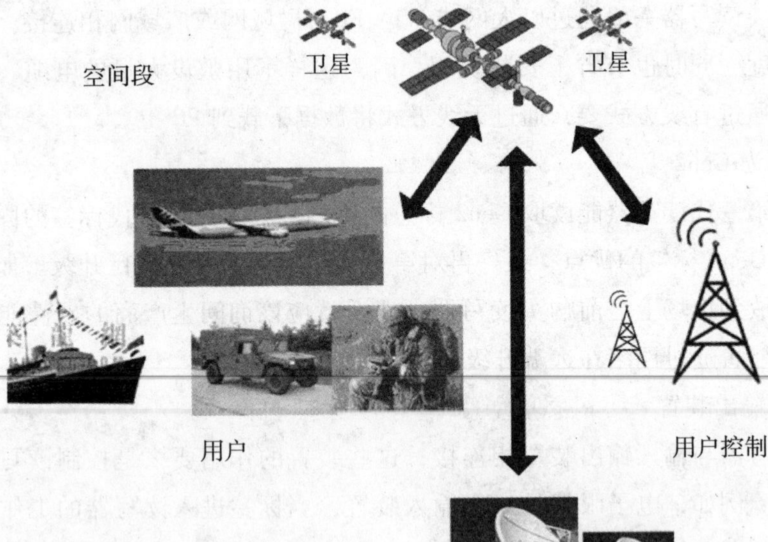

图 3－32　GPS 典型应用系统构成

1. GPS 卫星星座

GPS 卫星空间布局如图 3－33 所示。GPS 空间部分目前共有 30 颗、4 种型号的导航卫星，其中 6 颗为技术试验卫星。24 颗导航卫星位于距地表 20200km 的上空，分布在6个轨道平面内，每个近似圆形的轨道平面内各有4颗卫星均匀分布，可以保证在全球任何地点、任何瞬间至少有4颗卫星同时出现在用户视野中。即每台GPS接收机无论在任何时刻，在地球上任何位置都可以同时接收到最少4颗GPS卫星发送的空间轨道信息。接收机通过对接收到的每颗卫星的定位信息的解算，便可确定该接收机的位置，从而提供高精度的三维（经度、纬度、高度）定位导航及信息，具有在时间上连续的全球导航能力。

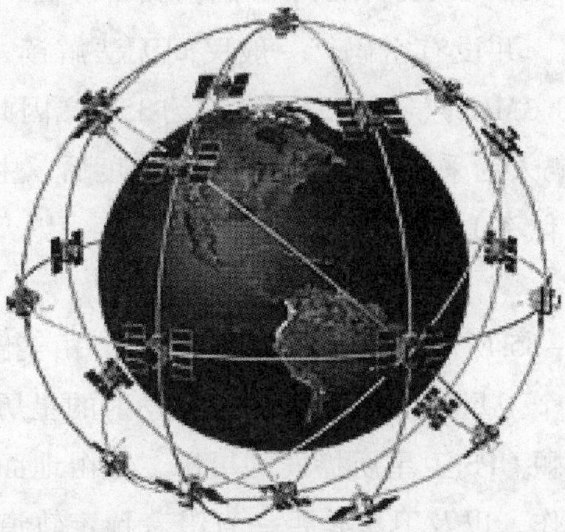

图3－33　GPS卫星空间布局

GPS导航卫星如图3－34所示。GPS卫星是由洛克菲尔国际公司空间部研制的，卫星重774kg，使用寿命为7年。卫星采用蜂窝结构，主体呈柱形，直径为1.5m。卫星两侧装有两块双叶对日定向太阳能电池帆板，全长5.33m，接受日光面积为7.2m^2。对日定向系统控制两翼电池帆板旋转，使板面始终对准太阳，为卫星不断提供电力，并

图3－34　GPS导航卫星

给三组 15Ah 镉镍电池充电，以保证卫星在地球阴影部分仍能正常工作。在星体底部装有 12 个单元的多波束定向天线，能发射张角大约为 30 度的两个 L 波段（19cm 和 24cm 波）的信号。在星体的两端面上装有全向遥测遥控天线，用于与地面监控网的通信。此外卫星还装有姿态控制系统和轨道控制系统，以便使卫星保持在适当的高度和角度，准确对准卫星的可见地面。

GPS 卫星产生两组电码，一组称为 C/A 码（Coarse/Acquisition Code 11023MHz），另一组称为 P 码（Precise Code 10123MHz），P 码因频率较高，不易受干扰，定位精度高，因此受美国军方管制，并设有密码，一般民间无法解读，主要为美国军方服务，每七天重复一次（位率 10.3MHz），卫星发射功率约 35W，因此到达地面的信号强度可达 -105 ~ 125dbm。C/A 码人为采取措施而刻意降低精度后，主要开放给民间使用，C/A 代码每 1ms 重复一次（位率 1.023MHz，L2 上不用）。

2. 地面监控系统

地面监控系统如图 3 - 35 所示，是整个系统的中枢，由美国国防部 JPO 管理。GPS 卫星是一动态已知点，每个卫星的位置是依据卫星发射的星历——描述卫星运动及其轨道的的参数算得的。每颗 GPS 卫星所播发的星历，是由地面监控系统提供的。卫星上的各种设备是否正常工作，以及卫星是否一直沿着预定轨道运行，都要由地面设备进行监测和控制。

地面监控系统的另一重要作用是保持各颗卫星处于同一时间标准——GPS 时间系统。这就需要地面站监测各颗卫星的时间，求出钟差。然后由地面注入站发给卫星，卫星再由导航电文发给用户设备。

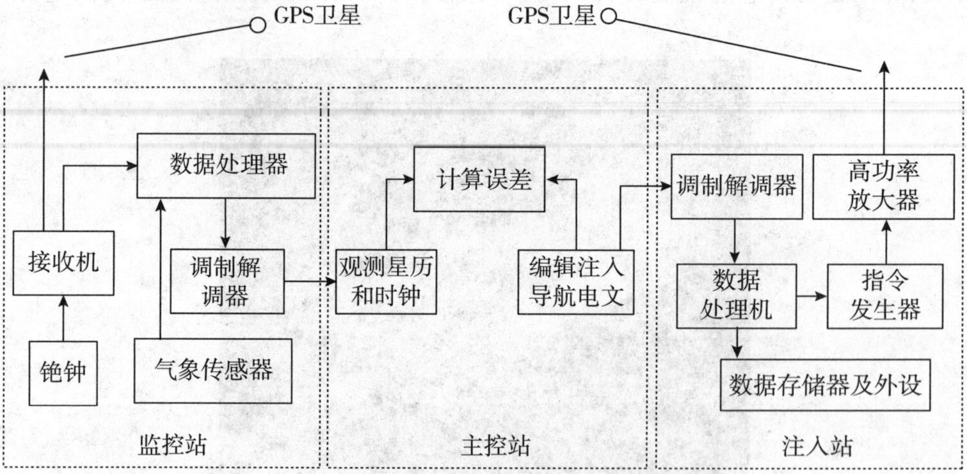

图 3 - 35　GPS 地面监控系统作业原理

GPS 工作卫星的地面监控系统包括 1 个主控站、5 个卫星监测站和 3 个信息注入站。主控站1个，设在美国本土科罗拉多·平士（Colorado Springs）的联合空间执行中心。主控站拥有大型电子计算机，收集各监测站测得的伪距、卫星时钟和工作状态等综合数据，计算各卫星的星历、时钟改正、卫星状态、大气传播改正等，然后将这些数据按一定的格式编写成导航电文，并传送到注入站。卫星监测站是在主控站直接控制下的数据自动采集中心，分别位于夏威夷、亚森欣岛、迪亚哥加西亚、瓜加林岛、科罗拉多泉。这些卫星监测站监控GPS卫星的运作状态及它们在太空中的精确位置，并负责传送卫星瞬时常数（Ephemera's Constant）、时脉偏差（Clock Offsets）的修正量，再由卫星将这些修正量提供给GPS接收器便于定位。信息注入站现有3个，分别设在印度洋、南大西洋和南太平洋。注入站的主要设备包括1台直径为3.6m的天线，1台C波段发射机和1台计算机。主要任务是在主控站的控制下将主控站推算和编制的卫星星历、钟差、导航电文和其他控制指令等注入到相应卫星的存储系统，并检测正确性。

整个GPS的地面监控部分，除主控站外均无人值守。各站间用现代化的通信网络联系起来，在原子钟和计算机的精确控制下，各项工作实现了高度的自动化和标准化。

3. GPS用户设备

GPS用户设备由接收机硬件和机内软件以及GPS数据的后处理软件包组成。GPS接收机硬件一般包括GPS接收机、天线和电源，接收机的主要功能是捕获到按一定卫星截止角所选择的待测卫星，并跟踪这些卫星的运行。当接收机捕获到跟踪的卫星信号后，即可测量出接收天线至卫星的伪距离和距离的变化率，解调出卫星轨道参数等数据。根据这些数据，接收机中的微处理计算机就可按定位解算方法进行定位计算，实时地计算出运动（或静态）载体的位置、速度、高度、运动方向、时间等三维参数。GPS数据处理软件是指各种后处理软件包，其主要作用是对观测数据进行精加工，以便获得精密定位结果。

GPS接收机的结构分为天线单元和接收单元两大部分。对于测地型接收机来说，两个单元一般分成两个独立的部件，观测时将天线单元安置在测站上，接收单元置于测站附近的适当地方，用电缆线将两者连接成一个整机。也有的将天线单元和接收单元制作成一个整体，观测时将其安置在测站点上。GPS接收机一般用蓄电池做电源，同时采用机内、机外两种直流电源。设置机内电池的目的在于更换外电池时不中断连续观测。在用机外电池的过程中，机内电池自动充电。关机后，机内电池为RAM存储器供电，以防止丢失数据。近几年，国内引进了许多种类型的GPS测地型接收机。各种类型的GPS测地型接收机用于精密相对定位时，其双频接收机精度可达5mm + 1PPM. D，单频接收机在一定距离内精度可达10mm + 2PPM. D。用于差分定位其精度可达亚米级至厘米级。

GPS卫星接收机应用广泛，目前商用的GPS接收机主要有精度较高的差分式GPS

和精度较低的手持式 GPS 两种，而且现在手机也开始带有 GPS 功能。GPS 卫星接收机根据用途分为车载式（如图 3 – 36 所示）、全站型、定时型、手持型（如图 3 – 37 所示）、船载式、机载式、星载式、弹载式；根据型号分为测地型（如图 3 – 38 所示）、集成型（如图 3 –39 所示）；按使用环境可分为中低动态接收机和高动态接收机；按所收信号可分为单频 C/A 码接收机和双频 P 码和 Y 码接收机。下面将介绍几种常用的 GPS 终端设备。

图 3 – 36　车载式卫星接收机

图 3 – 37　手持式卫星接收机

图 3 – 38　测地型卫星接收机

图 3 – 39　集成型接收机（相机与 GPS）

（1）GPS 车辆监控定位系统

GPS 车辆监控定位系统具有实时定位、实时跟踪、轨迹查询、断油断电、远程监听、网上查车、上线通知、离线报警、断电报警、防盗报警、超速报警、越界报警、紧急报警等功能。

适合在本地长期运营收取服务费的运营商、集团客户、社会车辆等真正应用 GPS 功能的客户，更适合 GPS 功能使用频率高、要求高等高端客户。

（2）E 车 E 拍行车记录仪（如图 3－40 所示）

图 3－40　E 车 E 拍行车记录仪

随着科学技术的发展，一种名为“E 车 E 拍行车记录仪”的汽车安全设备应运而生。当发生交通事故时，只要将当时的录像调出来回放一下，谁是谁非根本不用交警判断，事故双方都能看得清清楚楚，罚也罚个心服口服、明明白白。一旦发生车辆碰撞、碰瓷儿等意外，高清行车记录仪可以记录下事情发生时的情况，这些视频录像可以作为证据判定事故责任方，避免不必要的争吵纠缠，还原事实真相，避免自己的人身财产权益受到侵害。

（3）E66－驾驶安全预警仪（如图 3－41 所示）

图 3－41　E66－驾驶安全预警仪

主要功能有：提示行车速度、行车方向，实时速度语音播报，二合一 360 度全频段语音预警；高强度外壳材料经过 UV 处理，耐用耐磨损，实现区间预警功能。

（4）GPS 定位监控（如图 3－42 所示）

图 3－42　GPS 定位监控

主要功能：

①实时卫星定位：通过 GPS、GPRS、GIS 实现 24 小时定位，并可通过监控平台查询到车辆的当前状态，如行驶速度、方向、时间和位置；

②电脑查车：具有电子地图动态显示功能，无论是在办公室、家里，还是在外出等，都可以通过电脑登录平台，输入账号和密码即可查看车辆行驶情况。

（5）GPS 个人定位器（如图 3－43 所示）

图 3－43　GPS 个人定位器

主要功能：

①看护小孩、老人；

②网上实时定位查询：在网站上可实现定位、监控、历史轨迹查询等多种操作，提供最新的电子地图、Google 地图、三维卫星地图；

③电子栅栏：限定的移动范围，一旦超出设定的范围，自动报警；

④SOS 紧急呼救：通过 SMS 发送求救信息至预设的手机和直接拨叫所有预设的手机，直到拨叫成功，并且将上报告警信息到监控中心，并在平台上发出警报声与报警图标；

⑤电子围栏：设防状态下，车辆移动超过设定范围，将会触发告警，告警信息自动发送到监控中心及家人手机。

3.3.2　选择 GPS 终端设备的要素

选择 GPS 终端设备考虑的指标主要有：

1. 卫星轨迹

GPS 全球定位导航系统有 24 颗 GPS 卫星沿 6 条轨道绕地球运行（每 4 颗一组），一般不会有超过 12 颗卫星在地球的同一边，大多数 GPS 接收器可以追踪 8 ~ 12 颗卫星。计算 LAT/LONG（2 维）坐标至少需要 3 颗卫星。再加一颗就可以计算三维坐标。对于一个给定的位置，GPS 接收器知道在此时哪些卫星在附近，因为它不停地接收从卫星发来的更新信号。

2. 并行通道

一些消费类 GPS 设备有 2 ~ 5 条并行通道接收卫星信号。因为最多可能有 12 颗卫星是可见的（平均值是 8），这意味着 GPS 接收器必须按顺序访问每一颗卫星来获取每颗卫星的信息。

市面上的 GPS 接收器大多数是 12 并行通道型以及 20 并行通道型（宇达电通 Mio269 等），这允许它们连续追踪每一颗卫星的信息。12 通道接收器的优点包括快速冷启动和初始化卫星的信息，而且在森林地区可以有更好的接收效果。一般 20 通道接收器不需要外置天线，不过在如船舱、车厢等封闭的空间仍然需要外接天线以保证 GPS 信号的准确接收。

3. 定位时间

定位时间指重启动 GPS 接收器时接收器确定现在位置所需的时间。对于 20 通道接收器，如果在最后一次定位位置的附近，冷启动时的定位时间一般为 3 ~ 5 分钟，热启动时为 15 ~ 30 秒。

（1）冷启动：初次使用时；电池耗尽导致星历信息丢失时；关机状态下将接收机移动 1000 千米以上距离。

（2）热启动：距离上次定位的时间小于两个小时的启动。

（3）温启动：距离上次定位的时间超过两个小时的启动。

4. 定位精度

GPS 要 3 颗卫星就可以精确定位，但是由于卫星时钟频率和接收机频率不同（卫星上用的是铷钟和铯钟，精度很高，而 GPS 接收机的时钟精度很低），因此要至少 4 颗卫星才能实现定位。

GPS 是美国为军事目的而建立的，应用分为两方面：军事和民用。单纯从技术的角度来讲，由于技术的进步，GPS 的精度可以达到厘米甚至更高。目前，美国军用的 GPS 可以达到厘米级。

在民用方面，通过 GPS 差分技术使定位精度大大提高。在不受干扰情况下，大多数民用 GPS 卫星定位装置的定位精度在 2.93 ~ 29.3m。

5. DGPS 功能

差分 GPS（DGPS）就是把高精度的 GPS 接收机安装在位置准确测定的地点组成基站。基站接收 GPS 卫星信号所测定的位置和本站已知位置相比较求得位置测定误差或伪距测量误差，并将这些误差作为校正值向四周空间发播。基站附近的 GPS 用户接收机收到来自基站的校正信号，修正自身的 GPS 测量值，从而大大提高定位精度。许多 GPS 设备提供商在一些地区设置了 DGPS 发送机，以供有 DGPS 功能 GPS 接收器客户免费使用。

除此之外，选择 GPS 设备时，用户除了考虑导航性能之外一些物理指标也要考虑在内。随着导航技术的不断发展，尤其是 Sirf 第三代导航芯片的出现，GPS 产品在导航性能上有了进一步提高，以至新一代 GPS 产品在定位导航性能上相差不大。在购买产品时除了看产品定位导航性能之外还要考虑产品大小、重量、显示画面、防水、防震、防尘性能、耐高温、耗电等物理指标。

3.4 ZigBee 设备

3.4.1 ZigBee 设备概述

ZigBee 技术是一种介于无线标记技术和蓝牙技术之间的双向无线通信技术。它此前被称作“HomeRF Lite”或“FireFly”无线技术，主要用于距离短、功耗低且传输速率不高的各种电子设备之间进行数据传输以及典型的有周期性数据、间歇性数据和低反应时间数据传输的应用。ZigBee 数据传输模块类似于移动网络基站，通信距离从标准的 75m 到几百米、几千米，并且支持无限扩展，它有自己的无线电标准，可以在数千个微小的传感器之间相互协调实现通信，以接力的方式通过无线电波将数据从一个传感器传到另一个传感器（如图 3-44 所示），因此它们的通信效率非常高，是一种高可靠的无线数据传输网络。

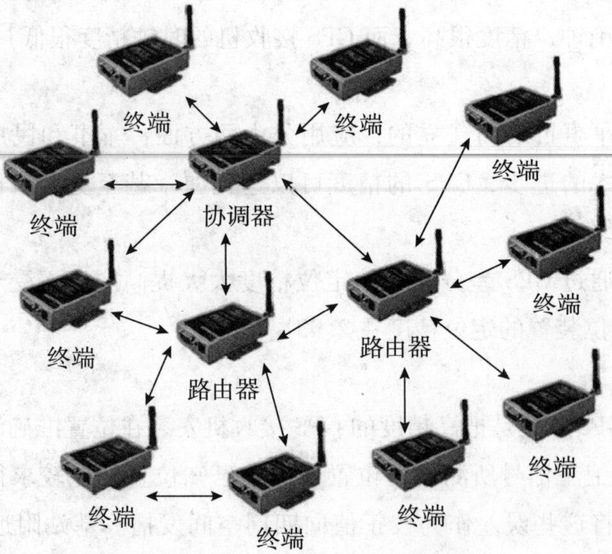

图 3-44 ZigBee 典型组网

ZigBee 网络中包含全功能器件（Full Function Device，FFD）和精简功能器件（Reduce Function Device，RFD）。在整个网络中协调器和路由器必须是全功能器件，RFD 设备只提供部分 FFD 服务，不能充当协调点和路由节点，而只负责将采集的数据信息发送给协调点和路由节点，并不具备数据转发、路由发现和路由维护等功能，因此只能充当终端节点。协调器，也称作 ZigBee 协调点，一个 ZigBee 网络只允许有一个协调器，协调点是一个特殊的 FFD，它具有较强的功能，负责启动整个网络，是整个网络的主要控制者。

ZigBee 设备主要包括三个部分，即协调器、路由器及其终端设备，下面我们分别对每一个部分进行介绍。

1. 协调器

在实际的生产应用中，由于数据量较大、节点较多，为管理巨大数量的无线网络节点，需创建一个树形结构，将来自不同 ZigBee 网络的信息回传到中央控制点。这就需要在一个 ZigBee 网络中，存在一个全功能设备充当整个网络的协调器，即 PAN（Personal Area Network）协调器，ZigBee 中也称作 ZigBee 协调器。借助 PAN，用户可通过中央控制点对系统实施监测和控制。ZigBee PAN 协调器是整个 ZigBee 网络的核心，是一个特殊的 FFD，是整个网络的主要控制者，负责建立新的网络、发送网络信标、管理网络中的节点以及存储网络信息等。ZigBee 中每个协调点最多可连接 255 个节点，一个 ZigBee 网络最多可容纳 65535 个节点。PAN 协调器如图 3－45 所示。

图 3－45　PAN 协调器

ZigBee 中，只有 PAN 协调点可以建立一个新的 ZigBee 网络。当 ZigBee PAN 协调点希望建立一个新网络时，首先扫描信道，寻找网络中的一个空闲信道来建立新的网络。如果找到了合适的信道，ZigBee 协调点会为新网络选择一个 PAN 标识符。一旦选定了 PAN 标识符，就说明已经建立了网络，此后，如果另一个 ZigBee 协调点扫描该信道，这个网络的协调点就会响应并声明它的存在。另外，这个 ZigBee 协调点还会为自己选择一个 16bit 网络地址。ZigBee 网络中的所有节点都有一个 64bit IEEE 扩展地址和一个 16bit 网络地址，其中，16bit 的网络地址在整个网络中是唯一的，也就是 802.15.4 中的 MAC 短地址。ZigBee 协调点选定了网络地址后，就开始接受新的节点加入其网络。当一个节点希望加入该网络时，它首先会通过信道扫描来搜索它周围存在的网络，如果找到了一个网络，它就会进行关联过程加入网络，只有具备路由功能的节点可以允许别的节点通过它关联网络。如果网络中的一个节点与网络失去联系后想要重新加入网络，它可以进行孤立通知过程重新加入网络。网络中每个具备路由器功能的节点都维护一个路由表和一个路由发现表，它可以参与数据包的转发、路由发现和路由维护，以及关联其他节点来扩展网络。协调器在 ZigBee 中的工作示意图如图 3－46 所示。

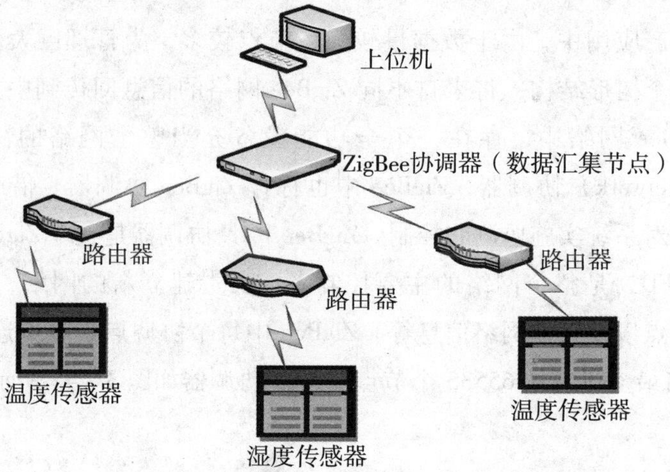

图 3－46　ZigBee 基本组网方式

2. 路由器

路由器的功能主要是：允许其他设备加入网络，多跳路由和协助它自己的由电池供电的终端设备的通信。ZigBee 是一个多跳网络，对于多跳，就需要路由对数据进行中继，如果 ZigBee 网络没有路由，那么组成的网络只能实现单跳的星形网络，可想而知，网络规模就被限制在有限的范围内。而 ZigBee 网络的路由技术和以太网的路由技术有一定的相似性，但存在着差别，相似性指的是两个路由技术从根本上说都是对数据进行中继和转发。差别在于，鉴于 ZigBee 网络节点模块的内存、功耗和处理能力的限制，ZigBee 网络路由相对于以太网路由要简单得多，目前用得比较多的 ZigBee 网络路由是简化的 AODV 路由、WSN 路由等。路由的设定通常有三种模式：禁止路由发现、使能路由发现及强制路由发现。路由过程主要分为以下几个步骤：

（1）一个设备发出路由请求命令帧启动路由发现过程。

（2）对应的接收设备收到该命令后，回复应答命令帧。

（3）对潜在的各条路径花费（跳转次数、延迟时间）进行评估比较。

（4）最佳路由记录添加到此路径上各个设备的路由表中。

以下是实际中常见的 ZigBee 路由器种类，如图 3－47、图 3－48 和图 3－49 所示。

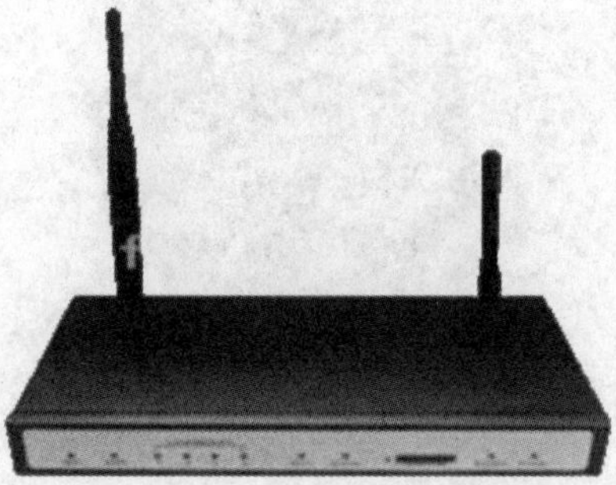

图 3－47　EVDO 四口路由器

图 3－48　CM8350R 单口 3G 路由器

图 3－49　CDMA 无线路由器

3. 终端设备

ZigBee 终端节点是具体执行数据采集传输的设备，它不能转发其他节点的消息，没有特定的维持网络结构的责任，可以睡眠或者唤醒，因为它可以是一个电池供电设备。随着 ZigBee 应用规模的扩大，终端设备呈两级分化现状：一类是高性能的终端设备，另一类是低性能的终端设备。现在，企业生产应用过程中主要是使用高性能终端设备。

3.4.2　常见 ZigBee 设备介绍

（1）F8914 ZigBee 数传终端（如图 3－50 所示）

F8914 ZigBee 终端是一种物联网无线数据终端，利用 ZigBee 网络为用户提供无线数据传输功能。采用高性能的工业级 ZigBee 方案，以嵌入式实时操作系统为软件支撑平台，同时提供 RS232 和 RS485（或 RS422）接口，可直接连接串口设备，实现数据

图 3-50　F8914 ZigBee 数传终端

透明传输功能；低功耗设计，最低功耗小于 1mA；提供 3 路 I/O，可实现数字量输入输出、脉冲输出、模拟量输入、脉冲计数等功能。

主要应用在智能家居应用、仓库温湿度监测远程管理、ZigBee 路灯远程监控管理、ZigBee 无线抄表系统、ZigBee 医疗监控系统、农业大棚监测管理、油田监控管理系统、智能楼宇、ZigBee 智能仓库物流管理系统等领域。

（2）F8913D ZigBee 模块（如图 3-51 所示）

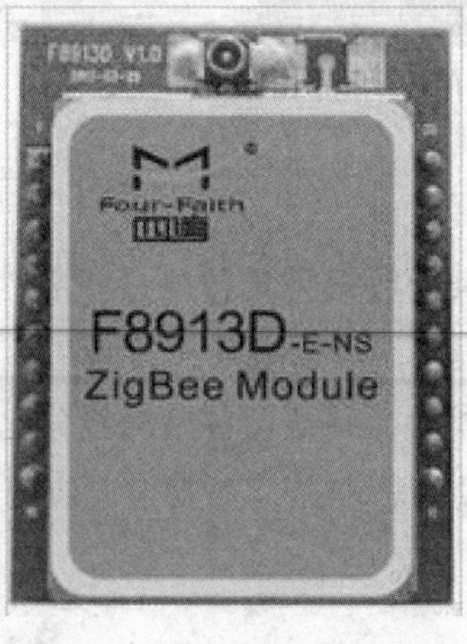

图 3-51　F8913D ZigBee 模块

F8913D ZigBee 模块是一种物联网无线数据终端，利用 ZigBee 网络为用户提供无线数据传输功能。

该产品采用高性能的工业级 ZigBee 方案，提供 SMT 与 DIP 接口，可直接连接 TTL 接口设备，实现数据透明传输功能；低功耗设计，最低功耗小于 1uA；提供 5 路 I/O，可实现数字量输入输出、脉冲输出；其中有 3 路 I/O 还可实现模拟量采集、脉冲计数等功能。

该产品已广泛应用于物联网产业链中的 M2M 行业，如智能电网、智能交通、智能家居、金融、移动 POS 终端、供应链自动化、工业自动化、智能建筑、消防、公共安全、环境保护、气象、数字化医疗、遥感勘测、农业、林业、水务、煤矿、石化等领域。

主要参数指标：

①采用高性能工业级 ZigBee 芯片。

②低功耗设计，支持多级休眠和唤醒模式，最大限度降低功耗。

③电源输入，DC，2.0～3.6V。

④WDT 看门狗设计，保证系统稳定。

⑤提供 UART 串口。

⑥天线接口防雷保护（可选）。

⑦采用 2.0 的 SMA 与 DIP 接口，特别适合于不同用户的应用需求。

⑧提供 TTL 接口可直接连相同电压的 TTL 串口设备。

⑨智能型数据模块，上电即可进入数据传输状态。

⑩使用方便，灵活，多种工作模式选择。

⑪方便的系统配置和维护接口。

⑫支持串口软件升级和远程维护。

⑬支持 ZigBee 无线短距离数据传输功能。

⑭具备中继路由和终端设备功能。

⑮支持点对点、点对多点、对等和 Mesh 网络。

⑯网络容量大：65000 个节点。

⑰节点类型灵活：中心节点、路由节点、终端节点可任意设置。

⑱发送模式灵活：广播发送或目标地址发送模式可选。

⑲通信距离大。

⑳提供 5 路 I/O，可实现 5 路数字量输入输出，兼容 2 路脉冲输出、3 路模拟量输入、3 路脉冲计数功能。

（3）WST2422Z ZigBee 无线数据采集及 IO 控制设备（如图 3－52 所示）

WST2422Z 无线 IO 设备是一款 ZigBee 无线数据采集及 IO 控制设备，具有四路 AD，4 路数字输入和 4 路数字输出，可应用于各种有线改造项目（如替换 PLC 与继电器之间原有的有线连接）、电压电流采集项目（如温湿度等环境参数采集）、智能家居项目（无线控制继电器通断以控制各种家电）等。设备具备最大 22dBm 输出功率，视距传

图 3－52　ZigBee 无线数据采集及 IO 控制设备

输距离可达 2500mm（@5dBi 天线），工作频段 2.380～2.500GHz，除 ZigBee 标准的 16 个通道外，还有 9 个扩展频段，可以有效避开 Wi－Fi、蓝牙等其他 2.4G 信号干扰。

主要参数指标：

①输出功率：－20～＋22dBm。

②供电电压：7～24V。

③接口类型：端子。

④数字接口：UART，GPIO，AD。

⑤AD 接口数目：4 路 8 位 AD，作为电压检测时范围 0～5V，作为电流检测时范围 4～20mA。

⑥数字量输入：4 路，电压范围 0～24V。

⑦数字量输出：4 路，电压范围 0～24V。

⑧工作温度 －40℃～＋85℃。

⑨存储温度：－40℃～＋105℃。

⑩尺 寸：76mm×82mm。

（4）USB2408DZ ZigBee 网关设备（如图 3－53 所示）

图 3－53　ZigBee 网关设备

USB2408DZ是一款ZigBee网络接入卡，具备最大+8dBm输出功率，接收灵敏度为-97dBm，监控网络覆盖范围可达500m（视距@5dBi天线），通过USB接口接入PC，在无线网络结构上，是一个与网络中其他节点一样的ZigBee节点，配合上位机软件，在WLT系列ZigBee网络（除ZigBee的16个标准通道外，还有9个扩展频段）中，实现网络节点搜索、节点信息获取、更新下载固件等功能，是客户开发调试ZigBee网络的有力工具。

USB2408DZ体积小巧，携带方便，非常适合现场调试诊断时使用。

主要参数指标：

①视距监控范围：500m（@5dbi天线）。

②接口形式：USB。

③发送功率：+7.7dBm。

④接收灵敏度：-97dBm。

⑤无线传输速率：250Kbps、500Kbps、1Mbps可选。

⑥工作温度：-25℃~+75℃。

⑦网络搜索：可以实现WLT系列从2.380GHz到2.500GHz共25个通道的ZigBee。

⑧节点搜索：支持无线250Kbps、500Kbps、1Mbps速率搜索。

⑨配置及通信：可以配置本机及网络中的任何WLT系列无线ZigBee设备。

⑩固件升级：通过配置软件，可以升级任意网络节点的应用层固件。

4 物联网系统工程设计与规划

4.1 物联网工程设计与规划基本原则

2005年11月17日，在信息社会世界峰会（WSIS）上，国际电信联盟（ITU）发布了《ITU互联网报告2005：物联网》。报告指出，无所不在的“物联网”通信时代即将来临，世界上所有的物体从轮胎到牙刷、从房屋到纸巾都可以通过互联网主动进行信息交换。射频识别技术（RFID）、传感器技术、纳米技术、智能嵌入技术将得到更加广泛的应用。欧洲智能系统集成技术平台（EPoSS）于2008年在《物联网2020》（《Internet of Things in 2020》）报告中分析预测了未来物联网的发展阶段。物联网工程设计是实现信息交换的载体，其设计原则主要包括以下几个方面。

4.1.1 先进性和实用性原则

物联网工程是计算机应用领域范畴，物联网工程设计的先进性即物联网技术的先进性是指配置与选择的物流技术装备能够反映当前科学技术先进成果，在主要技术性能、自动化程度、结构优化、环境保护、操作条件、现代新技术的应用等方面具有技术上的先进性，并在时效性方面能满足技术发展要求。因而，先进是指在一定条件下、一定时期的先进。物联网技术的先进性是实现智能家居、智能交通甚至是智能城市的基础。但先进性是以物联网技术的实用性为前提，以获取经济效益为目的，绝不是不顾现实条件和脱离现实的实际需要而片面地追求技术上的先进而不适应现代社会发展的实际需要。不过，要防止购置技术上已属落后、被淘汰的机型。

技术先进性的原则要体现在专业性上，要从专业角度考察技术的先进性。脱离了专业性，一味追求最现代化与自动化，会在成本上得不偿失，花很多冤枉钱；一味在规模上求大求全，也会造成很多不必要浪费。

4.1.2 多样性原则

物联网体系结构必须根据物联网节点类型的不同，分成多种类型的体系结构。构建物联网系统的第一步是标识物品，也就是标识世界上所有的物品，需要利用电子标签和传感器技术。世界上所有的物品可以简单分成人造物品和自然物品，人造物品包括食品、纺织品、其他日用品、货物、道路、桥梁、楼房、汽车、飞机、轮船、生产线等。通常在人造物品上贴上电子标签或者传感装置，就可以把人造物品改造成 CPS（Cyber – Physical System）节点。自然物品包括动物、植物、山峰、河流、湖泊等，这些自然物品也可以贴上电子标签或配置传感装置，改造成为 CPS 节点。例如，牛角上贴上电子标签，奶牛也成为一个 CPS 节点，可以智能化管理奶牛的喂养和挤奶等操作；盲人穿着具有电子标签的鞋子，也可以成为一个 CPS 节点，与盲道上的电子标签读写器协同操作，就可以指导盲人的行走。标识物品所用到的核心技术之一是电子标签和传感器的材料技术，这是属于物联网最为基础的技术，其突破将会带来物联网产业的大幅度发展。标识物品的另外一项技术就是世界统一的物品编码技术。目前还没有针对物联网的全球物品编码技术。

4.1.3 时空性原则

物联网体系结构必须能够满足物联网的时间、空间和能源方面的需求。物联网是一个基于互联网、传统电信网等信息承载体，让所有能够被独立寻址的普通物理对象实现互联互通的网络。物联网通过智能感知、识别技术与普适计算、泛在网络的融合应用，被称为继计算机、互联网之后世界信息产业发展的第三次浪潮。由以上对物联网的介绍可以知道，物联网的出现为实现时间与空间的融合提供了可能性甚是必然性。例如，随着社会经济的发展，城市人口逐渐增加，城市规模持续扩张，交通压力日渐突出，城市复杂性和脆弱性凸显，公共安全风险和隐患，火灾，交通事故和群体事件逐步增多。为了更好地服务于城市安全和应急管理，现在随着智慧城市的建设，在各大城市都安装了许多摄像头，从大量的监控摄像头上，可以得到海量的视频资源。但是，海量的视频资源在传统的分镜头模式下，在时间上和空间上是不连续的。首先，它没有办法展现整体的场景，在某个分镜头下，如果交通出现拥堵，至于哪个路段拥堵和哪个方向拥堵，仅仅通过一个分镜头很难判断。基于同样的原因，由于时间和空间的不连续，海量视频中我们缺乏有效的手段，能够识别多个课题，跨镜头、跨区域的协同合作，难以快速连续跟踪可疑目标，缺乏大场景智能报警提示。为了更好地利用这些海量的视频资源，提出了一个城市安全和应急管理的物联网的技术架构。这种技术架构，简单讲就是五个字：感、传、览、知、用。感就是传感器，主要的传感器就是监控摄像机，另外有手机、RFID、GPS、传感器、警务通等，传感器获得大量的数据，可以通过公共安全监测专网，包括 3G 移动网络传输到指挥中心，传输到监控室，在监控室里需要做的是浏览这些传感技术，利用独有的视频融合技术，将在时空和空间上融合在一起，融合在一个场景中，取代了传统的分镜头模式，提出了全景视频浏览和管理平台，从分镜头到全景监控从监控来讲就是质的飞跃，另外，这是一个开放的平台，除了可以融合视频以外，还有三维 GIS 与数据显示，这个平台可以显示视频数据和其他大量的传感器数据，并且通过视频数据的分析，得到一些结果，比如人员密度、车流密度等，也可以显示在三维浏览平台上，等于这个平台是一个物联网基础的浏览平台。对于后台平台，对于大量传感器数据，通过统计分析方法，归纳提炼，归纳出事件、目标和地点，以物为中心，调动其他传感器获取有关物更多的信息，在应用当中，通过云计算、云存储进行资源共享。从纵向的角度讲，国家省市各级指挥中心，都可以接入数据，进行数据共享，各级领导都可以同时远程亲临现场，从横的方向讲，各业务部门之间，包括公安、武警、交通、消防等业务部门，也可以数据共享，分工协作，从而有效提高工作效率。

4.1.4 互联性原则

物联网体系结构必须能够平滑地与互联网连接，在完成物品标识之后，就可以建立、验证和采集被标识物品的物联网节点，即有源 CPS 节点。为了实现有源 CPS 节点，首先，需要设计和实现有源 CPS 节点与无源 CPS 节点、有源 CPS 节点与有源 CPS 节点之间的无线通信机制，以及基于信息编解码技术的物品识别机制；其次，必须设计和实现通信信道复用机制，使得在一条信道上可以同时完成多个无源或者有源 CPS 节点的通信，例如同时识别 100 多个具有 RFID 标签的物品；然后设计和实现通信信道上的可靠传输机制和实时传输机制，满足物联网对可靠性和实时性的要求。前两部分可以构成物联网系统中的联网系统，如图 4 - 1 所示。

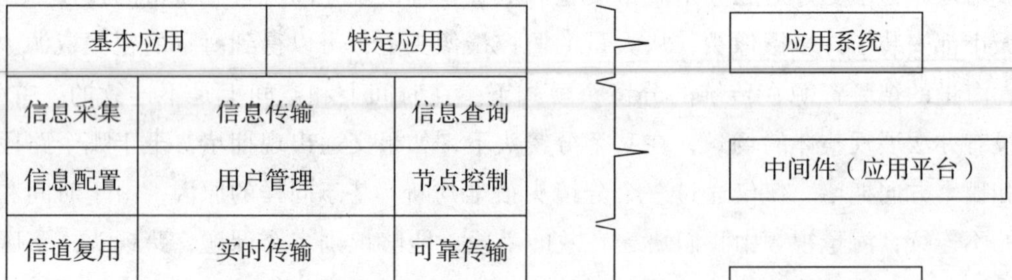

图 4 - 1　有源 CPS 节点实现系统

在建立物联网应用中间件之后，就可以进一步设计和实现物联网应用系统，包括基本应用系统和特定应用系统，如图 4 - 2 所示。基本应用系统包括物品命名管理系统、物品身份真伪验证系统、物联网系统管理等；特定应用系统包括仓储管理系统、楼宇监控系统、环境监测系统等。

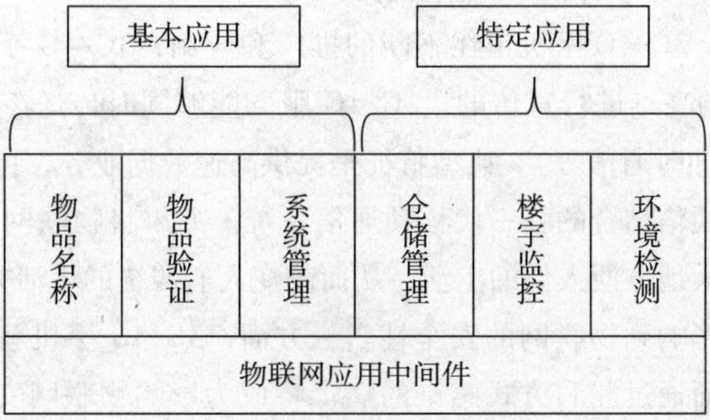

图 4－2 基本应用及特定应用

物联网应用系统需要区分应用系统的物联网端和互联网端，如图 4－3 所示。应用系统物联网端部署在有源 CPS 节点上，可以作为应用系统的客户端（客户机/服务器），也可作为应用系统的对等端应用模式（Peer－to－Peer，P2P，对等），但是必须要求功能简捷可靠；应用系统互联网端部署在互联网 CPS 节点上，可以作为应用系统的服务器端（客户机/服务器），也可以作为应用系统的 P2P 应用模式，但都需要提供较为强大的存储和后端处理能力，满足物联网应用需求。

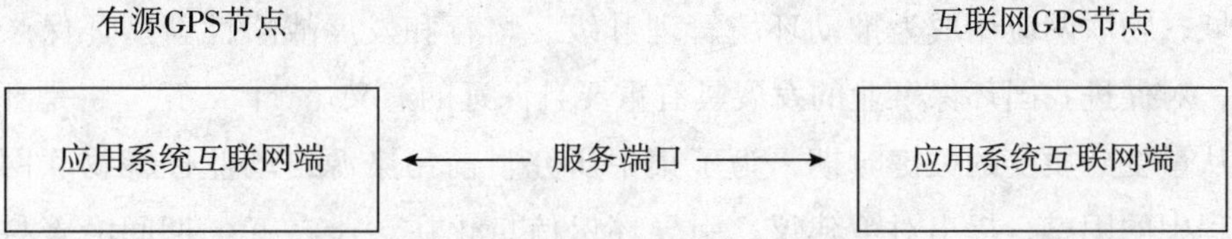

图 4－3 服务端口

4.1.5 安全性、坚固性原则

随着物联网的兴起，个人和国家对物联网的依赖会越来越大，但是如果物联网中相关信号被干扰，对个人和国家相关机构的信息安全会造成威胁。个人通过物联网能够有效地管理自己的生活，尤其是可以智能化地处理一些突发事件，而不需要人为的干涉。但是，如果安置物品上的传感设备信号受到恶意干扰，很容易造成重要物品损失。而且，如果国家一些重要机构依赖物联网，也存在信号被干扰时重要信息被篡改丢失的隐患。物联网建立在互联网的基础上，对互联网的依赖性很高，在互联网中存在的危害信息安全的因素在一定程度上同样也会造成对物联网的危害。随着互联网的发展，病毒攻击、黑客入侵、非法授权访问均会对互联网用户造成损害。与此同时，在物联网环境中互联网传播的病毒、黑客、恶意软件如果绕过了相关安全技术的防范（如防火墙），对物联网的授权管理进行恶意操作，掌握和控制他人的物品，就会造成对物品的侵害，进而对用户隐私权造成侵犯。

目前，在我国，3G/4G手机正在不断的推广和应用，3G/4G手机的上网功能是作为第i代移动通信的亮点进行宣传的。3G/4G服务能够同时传送声音（通话）及数据信息（电子邮件、即时通信等）。典型特征是提供高速数据业务，可以将无线通信与国际互联网等多媒体通信结合的新一代移动通信系统。如果将物联网与3G/4G手机智能结合起来，将会极大地方便人们的生活，从而改变人们传统的生活方式。然而，3G/4G的安全问题会直接影响到物联网的安全性。一方面，3G/4G手机就像计算机一样存在各种各样的漏洞，而通过漏洞方式感染的病毒将成为影响物联网安全的潜在因素。黑客们很有可能通过3G/4G手机，利用一些漏洞或后门程序窃取到物联网中的相关信息，侵犯物联网用户的正当利益。另一方面，3G/4G手机的易携带性很可能造成手机丢失。如果3G/4G手机丢失后被不法分子所利用，通过反汇编等手段进行解码操作，很可能造成用户信息的泄露，进而导致更加严重的后果发生。物联网工程在设计过程中其安全性是一个必须要考虑的因素。

4.1.6 环保性原则

物联网是继互联网之后的又一次信息技术革命，而环境保护是物联网技术应用的典型领域，物联网应用成为推动环境管理升级、培育和发展战略性新型环保产业的重要手段，对促进我国环保事业的发展具有重要且深远的意义。“十二五”将是环保信息化建设从量变到质变的关键时期，为了集中研究目前污染源自动监控等物联网建设与应用过程中的困惑，提出对策建议，引导环保信息化在“十二五”期间沿着科学的路径良性发展，赛迪顾问基于长期对环保信息化的研究积累，经过对地方环保部门典型解决方案供应商的深入调研，邀请来自环保部门、物联网、生态保护等不同领域的多位专家参与其中，并得到《国控重点污染源自动监控能力建设项目》负责人、环境保护部环境监察局管理处杨子江处长以及刘伟博士、高雷利先生的大力支持，最终形成以下研究观点。

（1）物联网应用对中国环保事业具有深远影响：环保物联网应用能够提升环境保护乃至经济与社会发展决策能力，提高环境的民生服务能力、促进社会和谐、促进环境保护管理模式革新与环保效能的倍增。

（2）环保物联网建设与应用在近几年大规模投入的同时呈现四大特点：一是传感器种类多、数据多源异构、技术综合等导致建设和应用的高复杂性与高难度；二是信息服务范围要求打破地域限制，对信息资源整合共享提出高要求；三是业务的特殊性和高度专业性对传感设备与技术提出挑战；四是环保物联网建设与应用需要政企共同投入、社会各方共同参与。

（3）污染源自动监控系统对于物联网在环保领域应用具有重大的突破与创新意义：建立了一整套部、省、市三级上下联通、纵向延伸、横向共享的环保物联网体系，促进了环境管理手段创新，提升了环保部及省、市级环保部门信息化项目管理能力，带动了环保产业大发展和科技创新。但这一全国性项目只是环保物联网应用跨出的第一步，还存在监控范围比较窄，传感器技术不成熟、成本高等诸多问题，后续需要继续加强应用推广，从点源监控扩展到污染面监控。同时，需要继续创新管理机制，提升企业参与积极性，将监控、管理与服务融为一体。

（4）当前环保物联网建设面临诸多困惑与问题：对环保物联网建设的条件、作用及建设与运维模式等认识不足，环保物联网建设缺乏有效的统筹规划，物联网应用范围与环保工作需要有较大差距，管理机制与环保物联网应用需求不匹配，支撑环保物联网应用的产业链建设不成熟，人才质与量都与环保物联网建设与应用需求存在较大差距等。

（5）未来中国环保物联网应用将呈现五大远景：环保物联网应用将以服务为根本理念全面展开；建立起信息共享机制，支撑跨区域协同应用与统筹管理、决策；通过环保与相关领域物联网关联应用，支撑城市环境和经济协调发展；全国各地加强废气、废水等资源的利用，促进循环经济建设；环境监控由点及面、全方位满足环境监测、控制、治理的需要。

（6）环保方面的专家提出了以下几条建议：一是要重视环保物联网应用，将其作为环保发展的基本支撑和关键环节；二是要注重统筹规划与顶层设计，明确环保物联网建设方向与路径；三是要加强数据挖掘、充分发挥数据价值；四是要构建第三方服务体系，支撑环保物联网应用科学健康发展；五是要建立资金保障机制，确保环保物联网应用可持续；六是要明确建设与应用主体，充分发挥各方积极性；七是要立足环保物联网应用，培育壮大相关产业，加强人才储备。

4.2　物联网工程设计与实施过程

物联网工程设计与实施过程主要包括以下几个步骤，如图4-4所示。

1. 业务过程评估重组

业务流程重组（Business Process Reengineering，BPR）是20世纪90年代由美国MIT教授迈克尔·哈默（Michael Hammer）和CSC管理顾问公司董事长钱皮（James Champy）提出的。随着现代物联网技术的快速发展以及“智慧城市”的提出，技术上

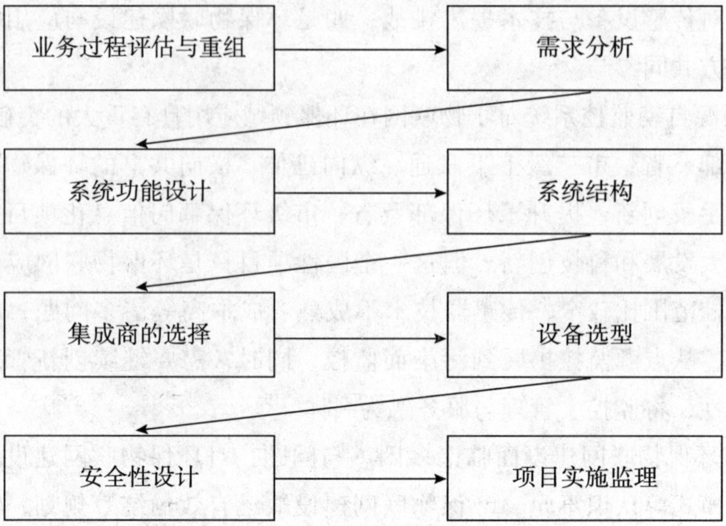

图 4－4　物联网工程设计与实施过程

具有不可分性的团队工作（TNE），个人可完成的工作额度发生变化，这就会使原来的作业流程或者支离破碎增加管理成本，或者核算单位太大造成权责利脱节，并会造成组织机构设计的不合理，形成企业发展的瓶颈。为了适应这种发展，企业必须重新对自己内部结构进行评估甚至是重组，根据自身需要利用新型物联网技术，使自身处于更加有利的竞争位置。

2. 需求分析

需求分析是在可行性研究的基础上，将用户对系统的描述，通过开发人员的分析概括，抽象为完整的需求定义，再形成一系列文档的过程。可行性研究旨在评估目标系统是否值得去开发，问题是否能够解决，而需求分析旨在回答“系统做什么”的问题，确保将来开发出来的产品能够真正满足用户的需要。物联网工程设计的需求分析主要包括三个方面的内容：市场需求分析、技术需求分析、安全需求分析。物联网工程的市场需求是在对市场充分调研后，整理数据发现市场需求，以此作为物联网技术开发以及项目决策依据。技术需求分析就是从系统的可视性、可用性以及安全性三个方面解决物联网工程需要解决的问题。安全需求就是要确保客户数据的绝对安全性、完整性，以及系统本身的抗风险能力。

3. 系统功能设计

物联网的本质概括起来主要体现在三个方面：一是互联网特征，即对需要联网的物一定要能够实现互联互通的互联网络；二是识别与通信特征，即纳入物联网的“物”一定要具备自动识别与物物通信（M2M）的功能；三是智能化特征，即网络系统应具有自动化、自我反馈与智能控制的特点。系统功能设计是进入物联网工程设计主题的

第一部分，根据需求分析中对系统实际的功能要求以及安全要求等进行系统详细的规划，明确选择设备的原则和安全性设计原则，以及设计过程中的关键步骤，确定为实现系统功能所需要的软件硬件配置以及相关标准等。

4. 系统结构

系统结构是从系统目的出发按照一定规律组织起来的、相互关联的系统元素的集合，是系统内部各组成要素之间的相互联系、相互作用的方式或秩序，列和组合的具体形式。系统结构的基本特点包括：稳定性、层次性、开放性、相对性。物联网的整个结构可分为射频识别系统和信息网络系统两部分。射频识别系统主要由标签和读写器组成，两者通过 RFID 空中接口通信。读写器获取产品标识后，通过 Internet 或其他通信方式将产品标识上传至信息网络系统的中间件，然后通过 ONS 解析获取产品的对象名称，继而通过 EPC 信息服务的各种接口获得产品信息的各种相关服务。从应用角度来看，物联网由三部分组成：一是传感网络，即以二维码、RFID、传感器为主，实现对“物”的识别。二是传输网络，即通过现有的互联网、广电网络、通信网络等实现数据的传输与计算。三是应用网络，即输入输出控制终端。在系统分析和系统功能确定之后，针对系统分析所得出的不同实际问题和不同的功能需求，对系统结构进行设计。

5. 集成商的选择

系统集成商（System Integrator），是指能为客户提供系统集成产品与服务的专业机构，通常为法人企业或企业联合。系统集成包括设备系统集成和应用系统集成。因此系统集成商也分为设备系统集成商和应用系统集成商，其中设备系统集成商又称为硬件系统集成商、弱电集成商。系统集成商作为同时掌握特定领域行业知识和供应商提供的先进自动控制平台的集成技能的解决方案提供者，在整个价值增值传递的过程中具有独特的优势。第一，系统集成商最大化地实现了最终用户的投资价值。第二，系统集成商对自动化供应商的自动化系统实现了价值提升。在系统结构确定之后，接下来就是对所确定的目标进行集成商的选择。而集成商的选择又要考虑以下几个主要方面：其是否有经济实力，是否有融资渠道，是否有专业背景，是否有技术实力，是否有信息化建设的全线产品，是否有技术支持实力，是否有咨询能力，是否有服务能力，是否有足够用户数量，是否有具体的实施成功经验和典型用户并提供实地考察等问题。

6. 设备选型

设备选型是指购置设备时，根据生产工艺要求和市场供应情况，按照技术上先进、经济上合理、生产上适用的原则，以及可行性、维修性、操作性和能源供应等要求，进行调查和分析比较，以确定设备的优化方案。设备选型首先应考虑的是生产上适用，只有生产上适用的设备才能发挥其投资效果；其次是技术上先进，技术上先进必须以生产适用为前提，以获得最大经济效益为目的；最后把生产上适用、技术上先进与经济上合理统一起来。一般情况下，技术先进与经济合理是统一的。因为技术上先进的设备不仅具有高的生产效率，而且生产的产品也是高质量的。但是，有时两者也是矛盾的。

设备选择主要包括以下7个原则，如图4－5所示。

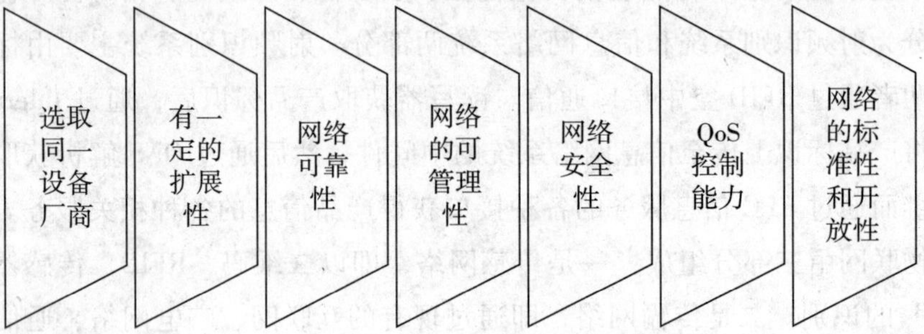

图4－5　设备选择主要原则

7. 安全性设计

软件的系统安全性是一个涉及面广泛而又复杂的课题，其最大难题之一是：总有可能出现与所有已知模式完全不同的新型安全性缺陷。以密码技术为例，构建抵御已知的有效攻击的密码算法相对来说比较容易，困难的是保护系统免受未知攻击。随着技术的发展，还会不断产生大量未知攻击，现在每隔几年就有重大攻击产生。因此，要避免软件不受各种可能类型，包括未知类型的攻击是不切实际的。而物联网作为以信心技术为依靠的一种新兴技术和在未来将要大规模应用的技术，物联网工程的安全性是我们亟待解决的重要问题，在目前情况下，我们可以通过在设计和构建软件时运用合理的系统安全性原则来避免软件陷入容易被攻击的状况。安全性设计的主要原则：保护最薄弱环节原则，纵深防御原则，故障保护原则，最小特权原则，分隔原则。

8. 项目实施监管

项目监管在项目预算中做好规划，在执行项目的过程中要使用必要手段进行检查与记录，在对项目进行监督的过程中尽早发现实际执行时与规划不一致的地方，并及时针对这些情况采取应对措施。像其他项目一样，物联网工程也是一种项目，具有项目所具有的共性，对项目实施监管，避免项目在实施过程中产生的误差，控制预算。

4.3　物联网工程设计与规划制图基础

4.3.1　Microsoft Office Visio

1. Microsoft Office Visio 概述

Office Visio 2010 是便于 IT 和商务专业人员就复杂信息、系统和流程进行可视化处理、分析和交流的软件。使用具有专业外观的 Office Visio 2010 图表，可以促进对系统和流程的了解，深入了解复杂信息并利用这些知识做出更好的业务决策。

Microsoft Office Visio 帮助您创建具有专业外观的图表，以便理解、记录和分析信息、数据、系统和过程。大多数图形软件程序依赖于艺术技能。然而，在您使用 Visio 时，以可视方式传递重要信息就像打开模板、将形状拖放到绘图中以及对即将完成的工作应用主题一样轻松。Office Visio 2010 中的新增功能和增强功能使得创建 Visio 图表更为简单、快捷，令人印象更加深刻。

2. Microsoft Office Visio 教程

(1) 创建简单的流程图

选择并打开一个模板启动 Visio。在“模板类别”下，单击“流程图”。在“流程图”窗口中，双击“基本流程图”，如图 4－6 所示。

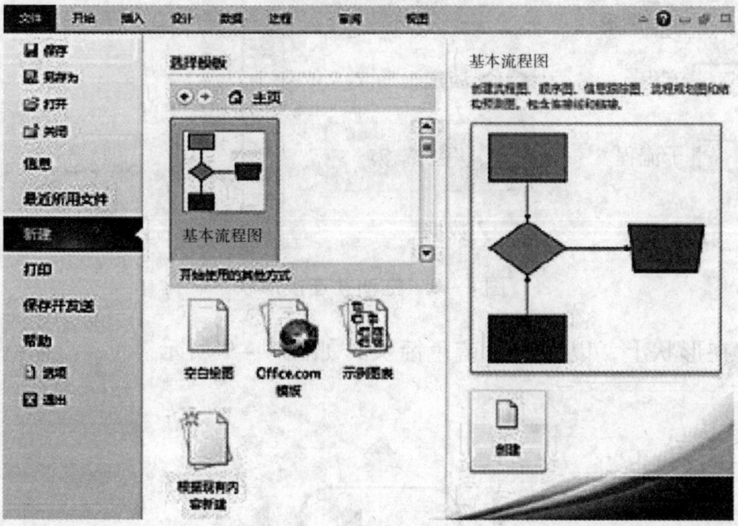

图 4－6　基本流程图界面

模板将相关形状包括在名为模具的集合中。例如，随“基本流程图”模板打开的任何一种模具即“基本流程图形状”，如图 4－7 所示。

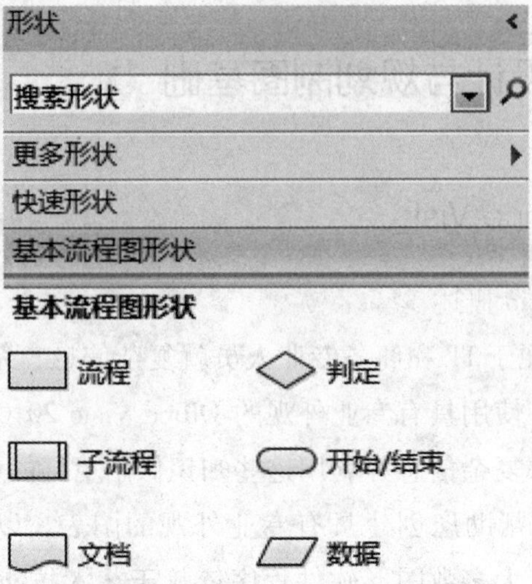

图 4－7　基本流程图形状界面

（2）拖动并连接形状

若要创建图表，请将形状从模具拖至空白页上并将它们相互连接起来。用于连接形状的方法有多种，但是现在使用自动连接功能。

将“开始/结束”形状从“基本流程图形状”模具拖至绘图页上，然后松开鼠标按钮，如图 4－8 所示。

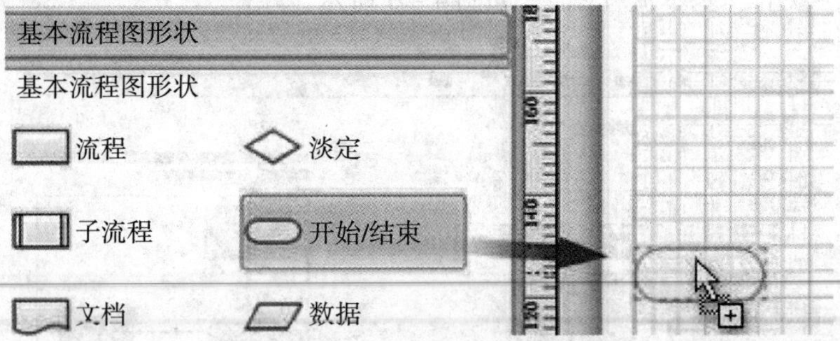

图 4－8　拖动并连接形状

将指针放在形状上，以便显示蓝色箭头，如图 4－9 所示。

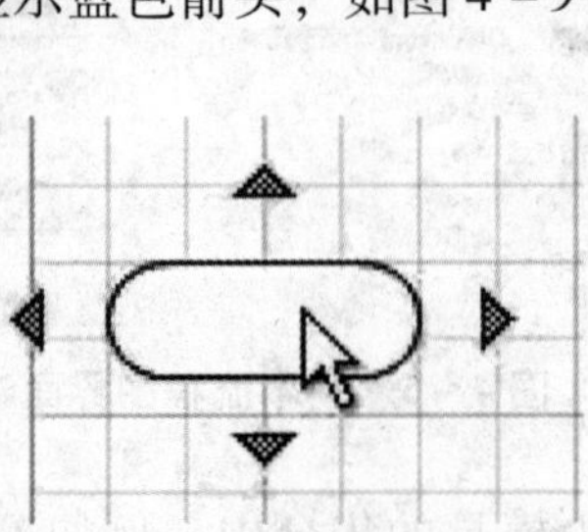
图 4－9　显示蓝色箭头

将指针移到蓝色箭头上，蓝色箭头指向第二个形状的放置位置。此时，将会显示一个浮动工具栏，该工具栏包含模具顶部的一些形状，如图 4 - 10 所示。

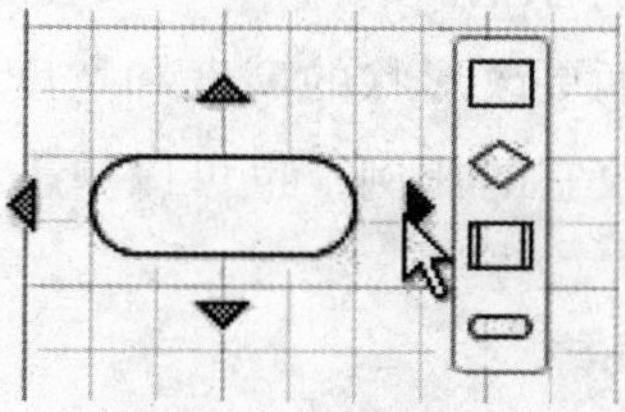

图 4 - 10　浮动工具栏

单击正方形的“流程”形状。

“流程”形状即会添加到图表中，并自动连接到“开始/结束”形状。

如果要添加的形状未出现在浮动工具栏上，则可以将所需形状从“形状”窗口拖放到蓝色箭头上。新形状即会连接到第一个形状，就像您在浮动工具栏上单击了它一样。

（3）向形状添加文本

单击相应的形状并开始键入文本，如图 4 - 11 所示。

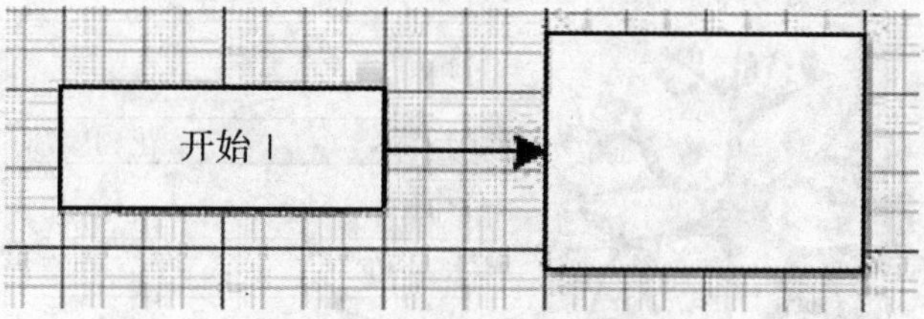

图 4 - 11　向形状添加文本

键入完毕后，单击绘图页的空白区域或按 Esc 键。

（4）Visio 形状、模具和模板的使用

①形状。Visio 形状是指您拖至绘图页上的现成图像，它们是图表的构建基块。将形状从模具拖至绘图页上时，原始形状仍保留在模具上。该原始形状称为主控形状。放置在绘图上的形状是该主控形状的副本，也称为实例。您可以根据需要从中将同一形状的任意数量的实例拖至绘图上。

- 旋转形状和调整形状的大小。

人们对形状进行的最常见的处理涉及形状中内置的功能。可视线索有助于您快速查找和使用这些功能。

- 旋转手柄。

位于形状上方的圆形手柄称为旋转手柄。将旋转手柄向右或向左拖动可旋转形状。

- 自动连接功能的蓝色连接箭头。

借助于浅蓝色连接箭头，可以轻松地将形状相互连接起来，如上一部分所示。

- 用于调整形状大小的选择手柄。

您可以使用正方形选择手柄更改形状的高度和宽度。单击并拖动形状一角上的选择手柄可放大该形状，而不更改它的比例，也可以单击并拖动形状一侧上的选择手柄以使形状变高或变宽。

- Visio 形状的特殊功能。

Visio 形状不仅仅是简单的图像或符号。

- 形状可以包含数据。

通过在“形状数据”窗口中键入数据可以向每个形状添加数据，访问该窗口的方法是：在“视图”选项卡上的“显示”组中，单击“任务窗格”，然后单击“形状数据”。也可以从外部数据源导入数据。

默认情况下，数据不会显示在绘图中。可以通过打开“形状数据”窗口并选择单个形状来查看该形状的数据。

如果要一次显示许多形状的数据，可以使用一项名为数据图形的功能。图 4－12 一次显示了两个树的数据。

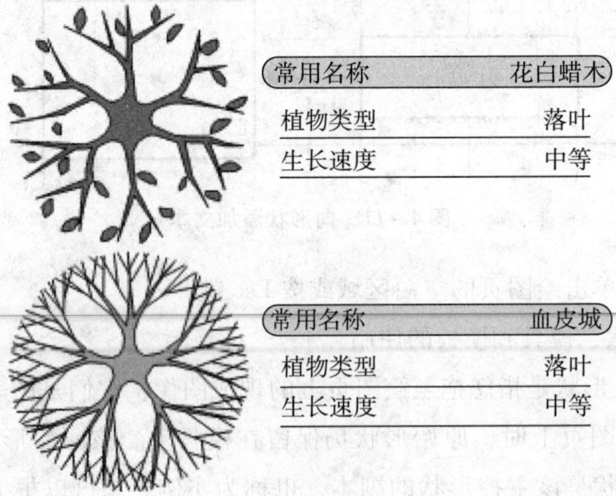

图 4－12　两个树的数据

- 具有特殊行为的形状。

许多 Visio 形状都具有特殊行为，拉伸、右键单击或移动形状上的黄色控制手柄时就会看到这些行为。

例如，拉伸“人员”形状可显示更多人员，拉伸“成长的花朵”形状可指示成长情况，如图 4－13 所示。

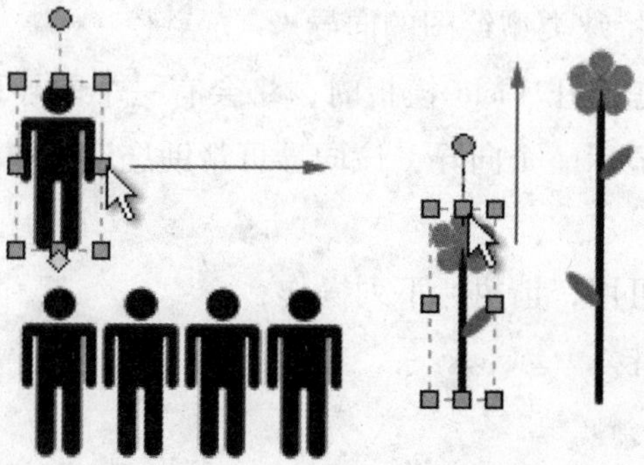

图4－13　成长的花朵

提示：若要了解某个形状可以执行的任务，比较好的方法是右键单击它以查看其快捷菜单上是否有一些特殊命令。

②模具。Visio 模具包含形状的集合。每个模具中的形状都有一些共同点。这些形状可以是创建特定种类图表所需的形状的集合，也可以是同一形状的几个不同的版本。例如，“基本流程图形状”模具仅包含常见的流程图形状。其他专用流程图形状位于其他模具中，如 BPMN 和 TQM 模具。

模具显示在“形状”窗口中。若要查看特定模具上的形状，请单击它的标题栏。

- 打开任意 Visio。

每个模板打开时都会显示一些模具，这些模具是创建特定种类的绘图所需的，但您可以根据需要随时打开其他模具。

在“形状”窗口中，单击“更多形状”，指向所需的类别，然后单击要使用的模具的名称。

③模板。如果要创建某图表，请使用该图表类型（或者，如果没有完全匹配的类型，则从最接近的类型）的模板创建此图表。Visio 模板可帮助您使用正确的设置创建图表：

- 满含创建特殊种类图形所需形状的模具。

例如，“家居规划”模板打开时会显示一些模具，这些模具中满是各种形状，如墙壁、家具、家电、柜子等。

- 适当的网格大小和标尺度量单位。

有些绘图需要使用特殊的刻度。例如，“现场平面图”模板打开时会显示一个 1 英寸代表 10 英尺的工程刻度。

- 特殊选项卡。

有些模板具有一些独特功能，在功能区的特殊选项卡上可以找到这些功能。例如，打开“时间线”模板时，功能区上会显示“时间线”选项卡。您可以使用“时间线”选项卡配置时间线，并将数据在 Visio 和 Microsoft Project 之间导入和导出。

• 用于帮助您创建特殊类型绘图的向导。

在一些情况下，当您打开 Visio 模板时，将会有一个向导帮助您入门。例如，“空间规划”模板打开时会显示一个向导，该向导可帮助您设置空间和房间信息。

• 查看模板示例。

若要弄清哪些模板可用，请执行下列操作：

单击“文件”选项卡。

单击“新建”。

单击各种模板类别，然后单击模板缩略图以查看模板的简短说明。

4.3.2 Google Sketchup

1. Google Sketchup 概述

Google Sketchup 是一套直接面向设计方案创作过程的设计工具，其创作过程不仅能够充分表达设计师的思想，而且完全满足与客户即时交流的需要，它使得设计师可以直接在电脑上进行十分直观的构思，是三维建筑设计方案创作的优秀工具。Google Sketchup 的产品特点有：

（1）独特简洁的界面，可以让设计师短期内掌握。

（2）适用范围广阔，可以应用在建筑、规划、园林、景观、室内以及工业设计等领域。

（3）方便的推拉功能，设计师通过一个图形就可以方便地生成 3D 几何体，无须进行复杂的三维建模。

（4）快速生成任何位置的剖面，使设计者清楚的了解建筑的内部结构，可以随意生成二维剖面图并快速导入 AutoCAD 进行处理。

（5）与 AutoCAD、Revit、3DMAX、PIRANESI 等软件结合使用，快速导入和导出 DWG、DXF、JPG、3DS 格式文件，实现方案构思，效果图与施工图绘制的完美结合，同时提供与 AutoCAD 和 ARCHICAD 等设计工具的插件。

（6）自带大量门、窗、柱、家具等组件库和建筑肌理边线需要的材质库。

（7）轻松制作方案演示视频动画，全方位表达设计师的创作思路。

（8）具有草稿，线稿，透视，渲染等不同显示模式。

（9）准确定位阴影和日照，设计师可以根据建筑物所在地区和时间实时进行阴影和日照分析。

（10）简便地进行空间尺寸和文字的标注，并且标注部分始终面向设计者。

2. Google Sketchup 教程

与其他 Windows 平台的操作软件一样，SketchUp 也是使用“下拉菜单”“工具栏”

进行操作，具体的信息与步骤提示也是通过“状态栏”显示出来。

（1）单一的屏幕视口

SketchUp 的操作界面非常简洁明快，如图 4－14 所示，中间空白处是绘图区，绘制的图形将在此处显示。

图 4－14　SketchUp 操作界面

该软件主要由以下几个部分组成：

A 区：菜单栏。由“文件”“编辑”“查看”“相机”“绘图”“工具”“窗口”和“帮助”8 个主菜单所组成。

B 区：工具栏。由横、纵两个工具栏所组成。

C 区：状态栏。当光标在软件操作界面上移动时，状态栏中会有相应的文字提示，根据这些提示可以帮助使用者更容易地操作软件。

D 区：数值输入框。屏幕右下角的数值输入框可以根据当前的作图情况输入“长度”“距离”“角度”“个数”等相关数值，以起到精确建模之用。

计算机的屏幕是平面的，但是建立的模型是三维的。在建筑制图中常用“平面图”“立面图”“剖面图”组合起来表达设计的三维构思。在 3ds max 这样的三维设计软件中，通常用 3 个平面视口加上一个三维视口来作图，这样的好处是直接明了，但是会消耗大量的系统资源。

SketchUp 只用一个简洁的视口来作图，各视口之间的切换是非常方便的。图 4－15、图 4－16、图 4－17、图 4－18 分别表达了平面图、立面图、剖面图和三维视图（透视图）在 SketchUp 中的显示。

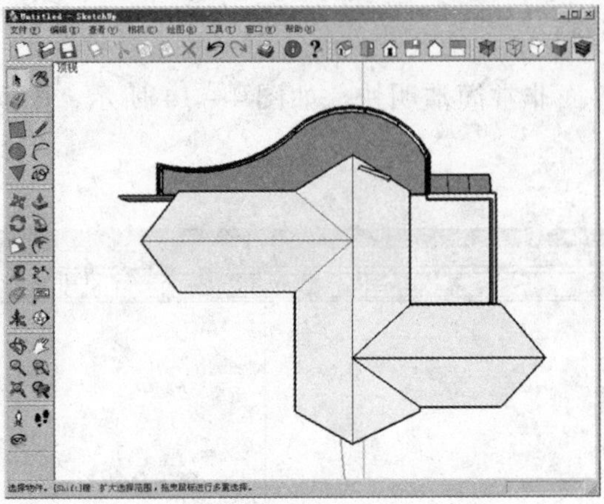

图 4-15　顶视图（平面图）

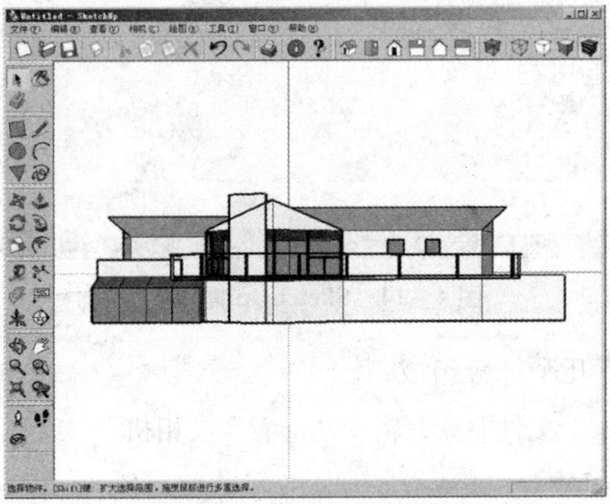

图 4-16　前视图（立面图）

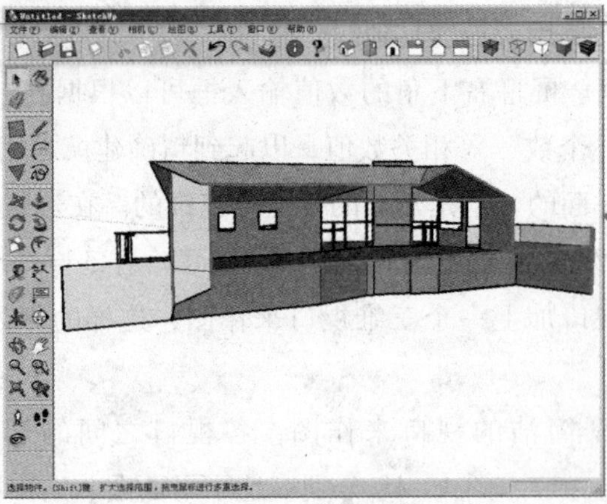

图 4-17　剖面图

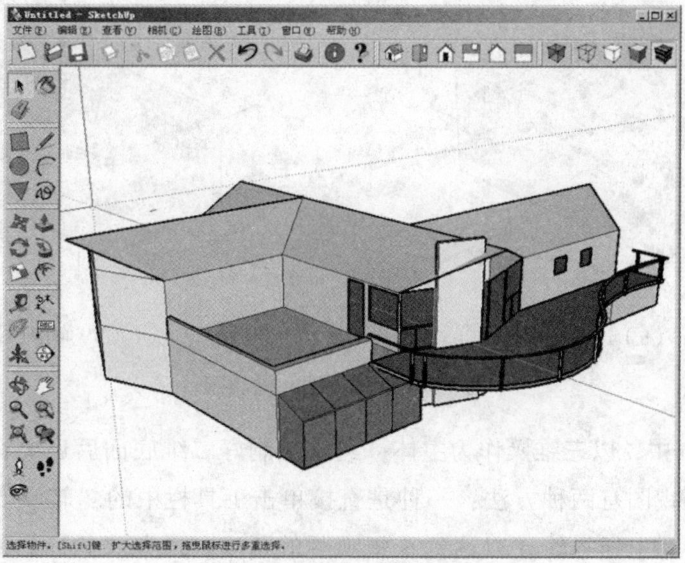

图 4－18 三维视图（透视图）

①切换视图。平面视图有平面视图的作用，三维视图有三维视图的作用，各种平面视图的作用不尽相同。设计师在三维作图时经常要进行视图间的切换。而在 SketchUp 中只用一组工具栏，即“视口”工具栏就能完成，如图 4－19 所示。

图 4－19 “视口”工具栏

“视口”工具栏中有 6 个按钮，从左到右依次是“等角透视”“顶视图”“前视图”“右视图”“后视图”和“左视图”。在作图的过程中，只要单击“视口”工具栏中相应的按钮，SketchUp 将自动切换到对应的视图中。

注意：由于计算机屏幕观察模型的局限性，为了达到三维精确作图的目的，必须转换到最精确的视图来操作。真正的设计师往往会根据需要即时地调整视口到最佳状态，这时对模型的操作才准确。

②旋转三维视图。在三维视图中作图是设计人员绘图的必需步骤。在 SketchUp 中切换到三维视图是非常方便的。在介绍如何切换到三维视图之前，首先介绍有关三维视图的两个类别：透视图与轴测图。

透视图是模拟人的视觉特征，使图形中的物体有“近大远小”的消失关系，如图 4－18 所示。而轴测图虽然是三维视图，但是没有透视图的“近大远小”的关系，距离视点近的物体与距离视点远的物体是一样的大小，如图 4－20 所示。

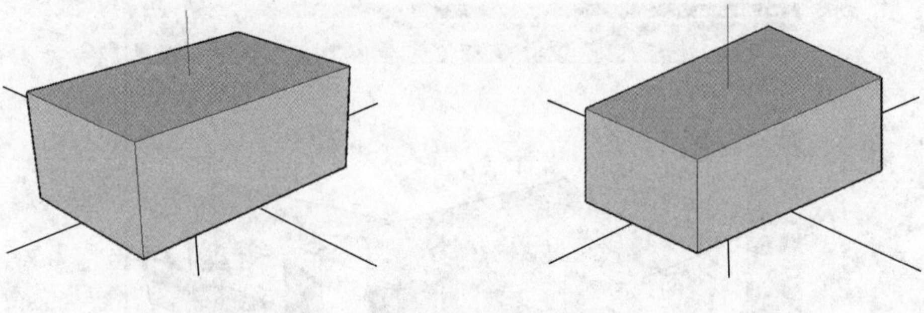

（a）透视图　　　　　　　　　　（b）轴测图

图 4 –20　透视图和轴测图

在 SketchUp 中，以三维操作为主体，经常绘制好二维底面后还要在三维视图中操作。切换到三维视图有两种方法：一种是直接单击工具栏中的“转动”按钮，然后按鼠标左键，在屏幕上任意转动以达到希望观测的角度，再释放鼠标；另一种方法是按住鼠标中键不放，在屏幕上转动以找到需要的观看角度，再释放鼠标。

在 SketchUp 中默认的三维视图是“透视图”。如果想切换到“轴测图”，可以在“相机”菜单中取消选择“透视显示”命令，如图 4 –21 所示。

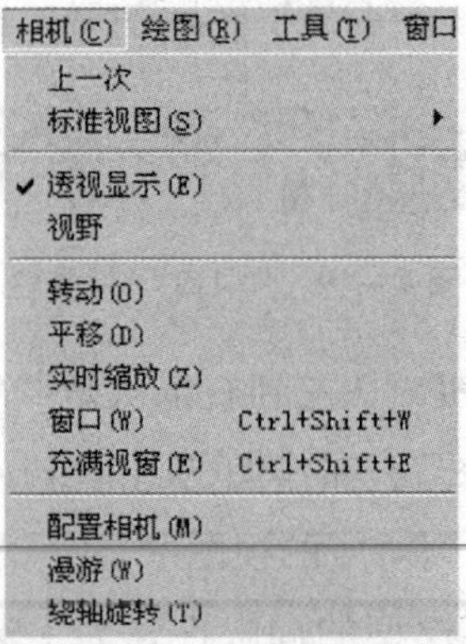

图 4 –21　切换到透视图

注意：在使用“转动”工具调整观测角度时，SketchUp 为保证观测视点的平稳性，将不移动相机机身位置。如果需要观测视点随着鼠标的“转动”而移动机身，可以按住 Ctrl 键不放，再转动。这一点在教学视频中有更加详细的讲解。

③平移。不论是在二维软件中还是在三维软件中绘图，用得最多的两个命令都是“平移视图”与“缩放视图”。

平移视图有两种方法：一是直接单击工具栏中的“平移”按钮；二是按住 Shift 键不放，再单击鼠标中键进行视图的平移。这两种方式都可以实现对屏幕视图的水平方向、垂直方向、倾斜方向的任意平移。具体操作如下：

- 在任意视图下单击工具栏中的“平移”按钮，光标将变成手的形状，如图4－22所示。
- 向任意位置移动鼠标，以达到观测的最佳视图。

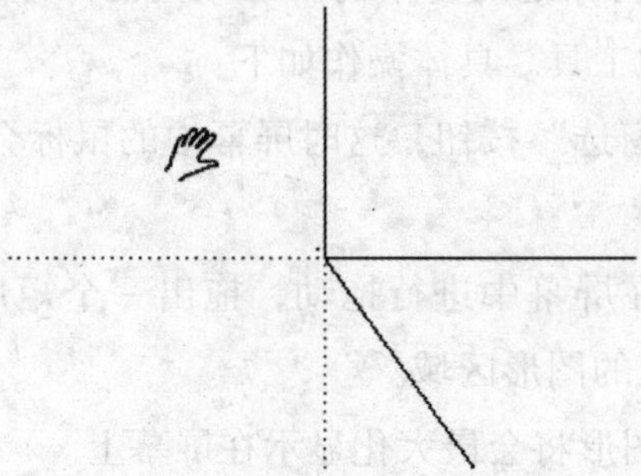

图4－22　“平移”工具

④缩放视图。绘图是一个不断地从局部到整体，再从整体到局部的过程。为了精确绘图，设计师需要放大图形以观察局部的细节；为了进行全局的调整，设计师会缩小图形以查看整体的效果。SketchUp 缩放视图共有 4 个工具，如图 4－23 所示。从左到右 4 个按钮的功能依次是“缩放”、“窗选”、“充满视窗”和“撤销视图变更”。

图4－23　缩放工具

“缩放”工具的作用是将当前视图动态地放大或缩小，能够实时地看到视图的变换过程，以达到设计师作图的要求。具体操作如下：

- 单击工具栏中的“缩放”按钮，此时屏幕中的鼠标会变为如图 4－24 所示的放大镜形状。
- 按住鼠标左键不放，从屏幕上方往下方移动是缩小视图；按住鼠标左键不放，

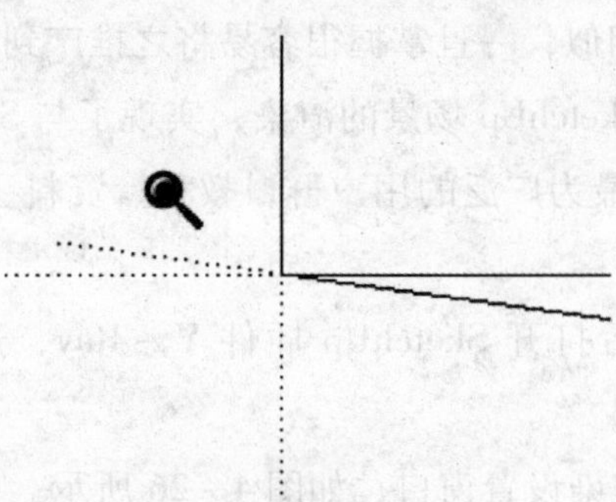

图4－24　“缩放”工具

从屏幕下方往上方移动是扩大视图。

- 当视图放大或缩小到希望达到的范围时，松开鼠标左键完成操作。
- 可以在任何情况下，用上下滑动滚轮鼠标的滚轮来完成缩放功能。滚轮鼠标向下滑动是缩小视图，向上滑动是放大视图。

“窗选”工具的作用是将指定的一个窗口区域内的图形最大化显示于视图屏幕上。这是一个将局部范围扩大的工具。具体操作如下：

- 单击工具栏中的“窗选”按钮，这时屏幕中的鼠标会变成带一个虚线四方形的放大镜。
- 按住鼠标左键不放在屏幕中进行拖动，拖出一个矩形的窗口区域并释放鼠标，这个窗口区域就是需要放大的图形区域。
- 这个窗口区域中的图形将会最大化显示在屏幕上。

“充满视窗”工具的作用是将整个可见的模型以屏幕的中心为中心最大化地显示于视图之上。其操作步骤非常简单，单击工具栏中的“充满视窗”按钮即可完成。

“撤销视图变更”工具的作用是恢复显示上一次视图。单击工具栏中的“撤销视图变更”按钮即可完成。

注意：当今的计算机大多数都配带滚轮的鼠标，滚轮鼠标可以上下滑动，也可以将滚轮当中键使用。为了加快 SketchUp 作图的速度，对视图进行操作时应该最大限度地发挥鼠标的如下功能：

- 按住中键不放并移动鼠标实现“转动”功能。
- 按住 Shift 键不放加鼠标中键实现“平移”功能。
- 将滚轮鼠标上下滑动实现“缩放”功能。

（2）渲染效果

现在 SketchUp 也相应地出了一系列的渲染工具和相应的软件，成为基本可以独立出效果图纸，渲染结果最终图的软件。其中，V－Ray 作为最为强大渲染器和高质的渲染效果，支持室外、室内及产品渲。V－Ray 还支持其他主要三维软件，如 3ds Max、Maya，其使用方式及界面相似，一旦掌握很容易将之推广到其他平台。

以插件的方式实现对 SketchUp 场景的渲染，实现了与 SketchUp 的无缝整合，使用起来最为方便。V－Ray 有最为广泛的用户群，教程、资料、素材最为丰富，遇到困难很容易通过网络找到答案。

安装 V－Ray 渲染器后打开 SketchUp 插件 V－Ray，选择相关功能选项，如图 4－25所示。

选择渲染设置，弹出渲染设置窗口，如图 4－26 所示。

调整相关设置，如图片输出大小，如图 4－27 所示。

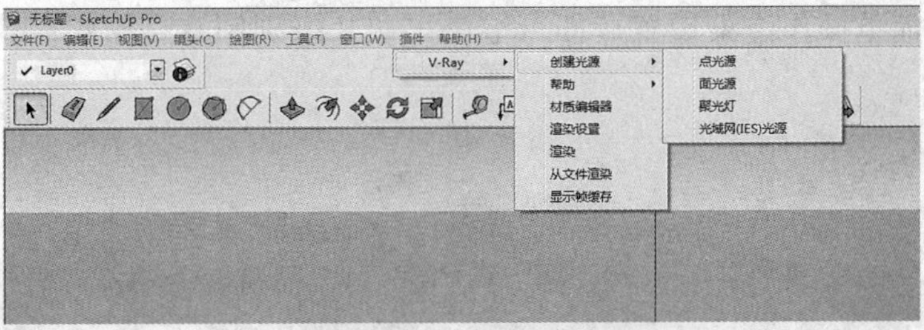

图 4－25　打开 V－Ray 插件

图 4－26　渲染设置窗口

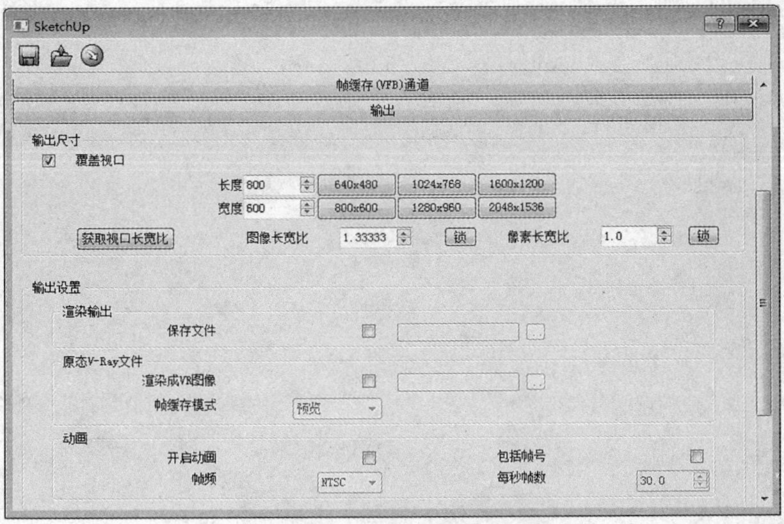

图 4－27　图片输出设置

根据需求简单操作渲染设置后即可渲染出照片级别图片，图 4 - 28 为渲染后的效果。

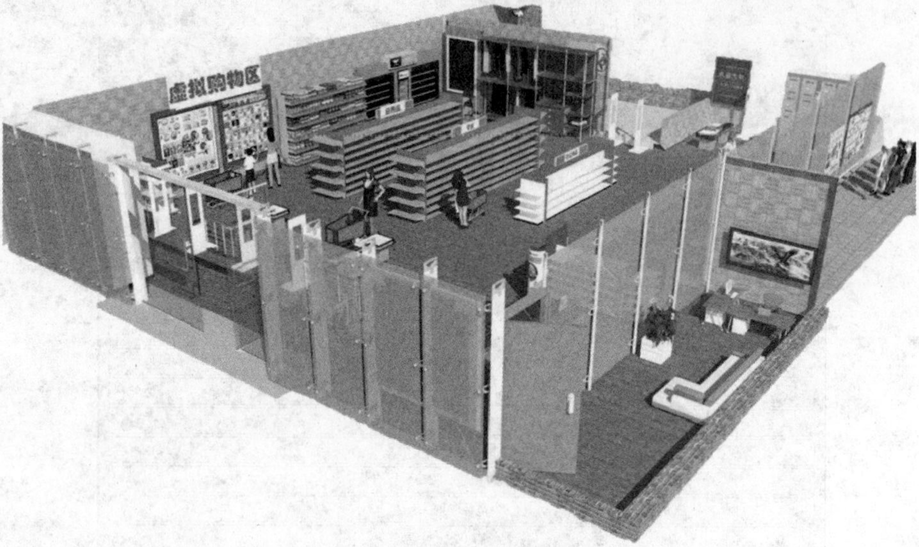

图 4 - 28　渲染后的效果

5　典型物联网工程系统构建

5.1　基于超高频 RFID 技术的智能货架系统设计与实施

5.1.1　系统设计

智能货架的设计思路是为货架上存放的每一件货物都贴附一个电子标签，标签上的信息可包含货物的生产厂家、生产日期、货物的存放位置及货物的存储情况等各种信息，阅读器可无接触地读取并识别电子标签中所保存的电子数据，然后通过计算机及网络实现对货物识别信息的采集、处理及远程传送等管理功能，随时监控库存。

要想实现信息流畅通，首先得保证各功能模块在业务逻辑上的衔接有序，设计货架上的业务流程需要以实体作为流通单元，达到在各个业务流程中物畅其流的目的。整个业务信息逻辑处理以货架业务操作事件为起点，信息感知数据为基础，无线网络为媒介，智能货架管理系统为信息处理和指令控制中心。为了整个货架上的功能模块信息流串联起来，借助了 RFID 技术和无线网络，实现了无须人工干预的信息传递和信息审核比对、判定，使信息的流通更加及时、准确和畅通。

智能货架子系统要能够实现对在架货物的实时监控和上架下架过程中信息的实时更新。单纯考虑读取效果的情况下，其设计是在常规货架的每个货格中放 1 个读写器天线，每 4 个天线通过 1 个天线转接器与读写器相连接。根据不同货品摆放的需要，可将天线布局在货格中的底面、上面。通过使用 1 个读写器连接 8 个天线的方案，减少读写器的个数，从而降低读写器的部署成本。主控制器通过控制天线的工作状态来检测不同货格中的物品放置个数、是否放入货格、是否从货格中拿出等状态信息，做到自动化的检测货格中货物的状态以及自动化库存管理的功能。智能货架示意如图 5－1所示。

考虑成本问题，每个货格放一个读写器天线，成本太高，造成管理复杂性提高，进行了一定的改进，充分考虑到了智能货架硬件结构部署中货架本身空间和感知设备部署位置以及能耗和读取效率、信息采集广泛程度。货架系统采用超高频的 915MHz 远

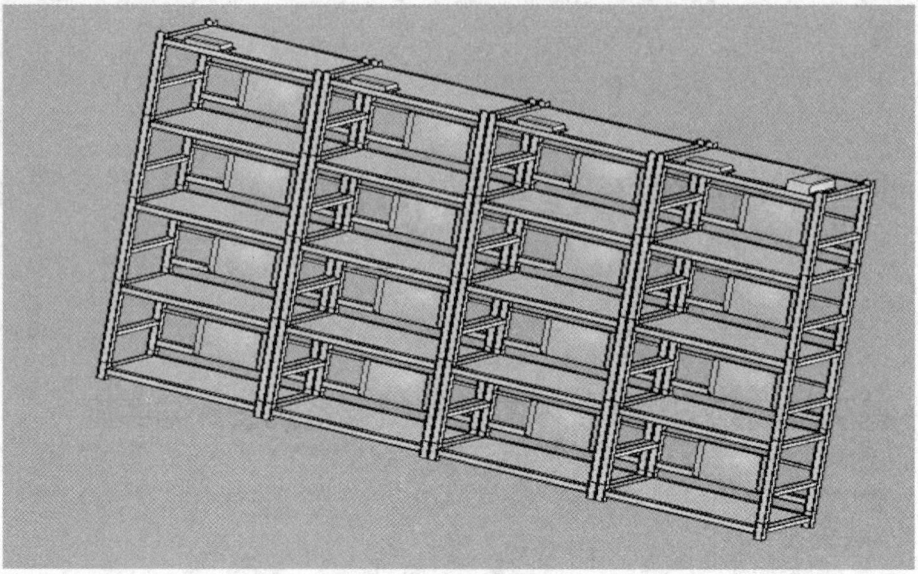

图 5－1　智能货架示意

距离读写器和无源标签，读写器天线部署于每一层货架的底部，既实现可以读取单个的标签，又可以一次性读取多个标签，能够实现对货物的单个管理或者批量管理。读写器由分支器进行管理，分支器可接 8 个读写器，每一个读写器最多可接 8 根天线，实现了天线的集中式管理和信息的集中传输。

为了解决读写器读取的实际距离有限以及标签之间存在的相互干扰的问题，以确保货物标签数量和环境数据的读取精度，实现货物精确定位和货物状态监控，智能货架层与层之间距离保持在 23～30cm，天线需要定制并且将天线安置在货架的承重板上并实时开启数据接收状态，以保证天线读取货物的时效性。每层的天线下面设有信号屏蔽板。以屏蔽不同层的射频信号，综合考虑屏蔽效果、安装方便和成本三者之间最优。信号屏蔽板采用铝制屏蔽板。智能货架结构如图 5－2 所示。

智能货架与上位机之间的数据通信的设计基于网络通信中的 UDP 方式，智能货架中的读写器采用支持 UDP 通信协议的 VF547 型号的超高频 RFID 读写器，实现底层的数据采集过程，采集的原始数据经过上位机程序的解析与过虑处理后，实现智能货架的前端功能模块。

智能货架系统设备的前端模块应具有以下功能：

（1）智能货架终端设备能够显示仓库货架上每个货位所存货物的名称、属性、数量。

（2）作业者从货位取货，每取一个单位数量的货物，智能货架终端设备自动感知作业者取货状态。

（3）作业者向货位补货，每补充一个单位数量的货物，智能货架终端设备自动感

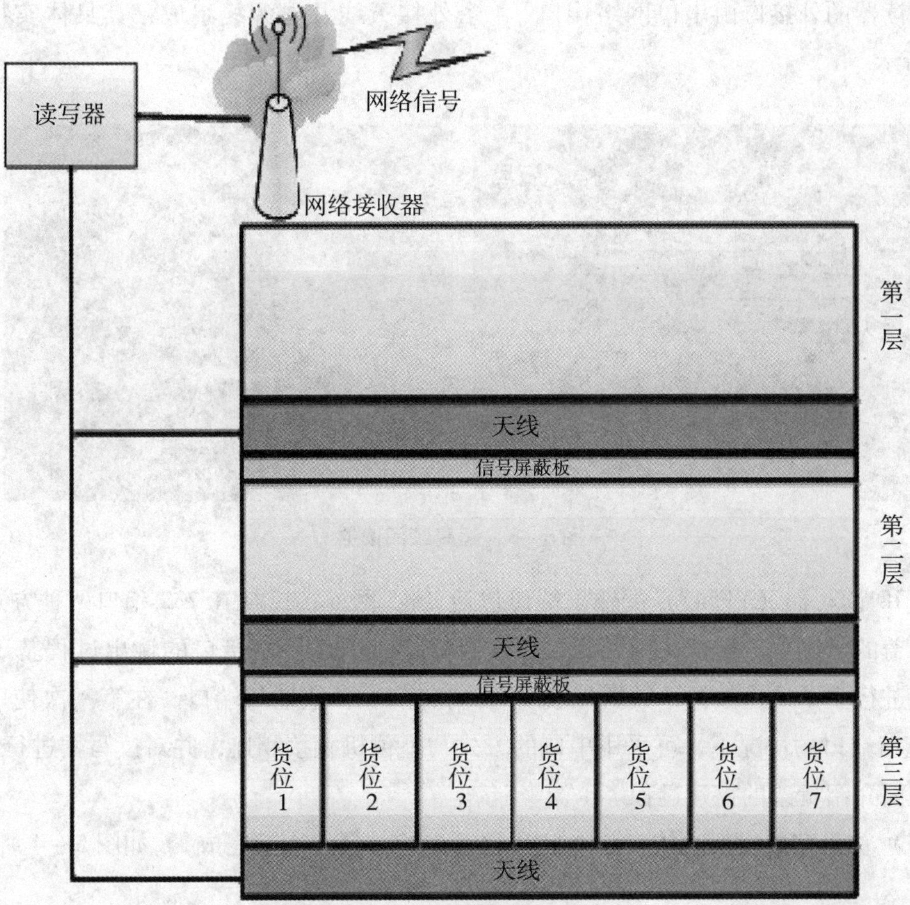

图 5-2　智能货架结构

知作业者补货状态。

(4) 智能货架终端设备能够将作业信息传送到仓库管理服务器，修改仓库管理系统数据库内容。

整个信息流的传递实现了无须人为干预，且做到实时、高效、精确、通畅，数据自动更新，满足了高层立体式货架的需求，实现了实体流与信息流的协调一致性，解决了货架上货物实体流和信息流在时间上不同步问题，提高了作业效率，实现了智能货架系统的应用效果。

5.1.2　系统搭建

智能货架的构成包括货架主体、信号屏蔽板、天线槽、RFID 读写器（VF547）、RFID 天线、RFID 天线连接线、网线、电源线等。下面首先介绍超高频 RFID 读写器（VF547）。

超高频 RFID 读写器（VF547）主要是由 UHF RFID 阅读器和 RFID 天线组成。超高频阅读器的外接口由串口网络接口、4 个外接天线及电源线组成，其具体实物如图 5－3 所示。

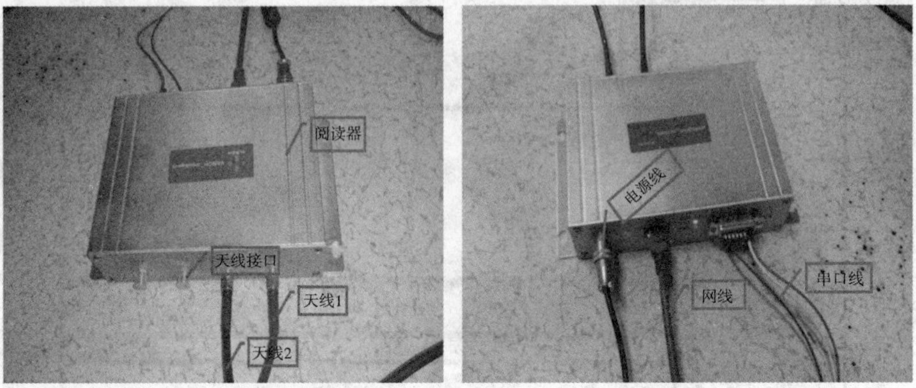

图 5－3　超高频阅读器

RFID 读写器（VF547）的输出端口包括 RJ45 网络接口与 RS232 串口两种方式。在网络覆盖的情况下，建议采用网络接口进行输出，采用网络接口的输出过程基于 UDP 的方式进行主动发送数据，数据将被发送到指定的 IP 地址与端口。在第一次使用未知 IP 地址与端口的情况下，可采用串口的方式与上位机直接相连，并对读写器进行设置。

下面介绍货架的搭建过程。

（1）首先完成货架主体安装（此过程可由相关专业人员完成），如图 5－4 所示。

图 5－4　货架主体安装

（2）将 RFID 读写器安装到货架底部，然后安装天线，安装天线时需注意，天线需正面朝上，如图 5－5、图 5－6 所示。

图 5－5　读写器安装

图 5－6　天线安装

（3）完成天线安装后，需将 RFID 天线与读写器之间用天线连接线连通，如图5－7 所示。（连接时需注意：读写器端口与天线层数要一一对应）

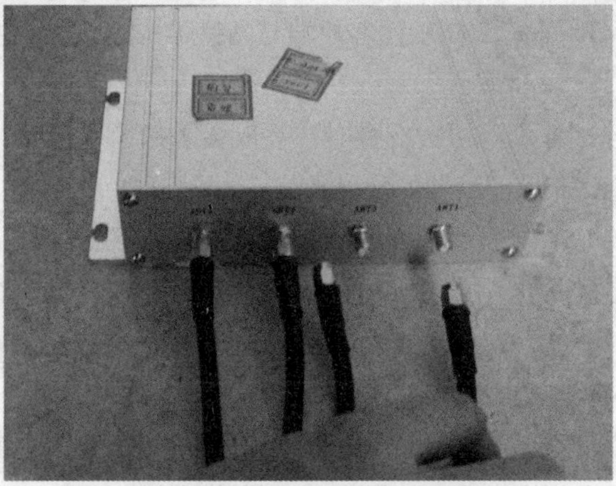

图 5－7　连接 RFID 天线与读写器

（4）最后将天线覆盖板放置在天线上，连接读写器电源，并将读写器与局域网连通，如图5-8所示，完成系统硬件搭建过程。

图5-8　RFID 天线

完成上述过程后，智能货架系统硬件部分搭建完成，接下来将完成系统搭建的重要步骤——分配 IP 并连接网络。如上文所述，RFID 读写器有两种方式与上位机进行通信：网口方式与串口方式。在未知读写器 IP 地址的情况下，我们首先采取串口方式与 RFID 读写器进行通信，并给 RFID 读写器分配 IP，下面介绍对 RFID 读写器的 IP 分配过程。RFID 读写器的 IP 分配过程如图5-9所示。

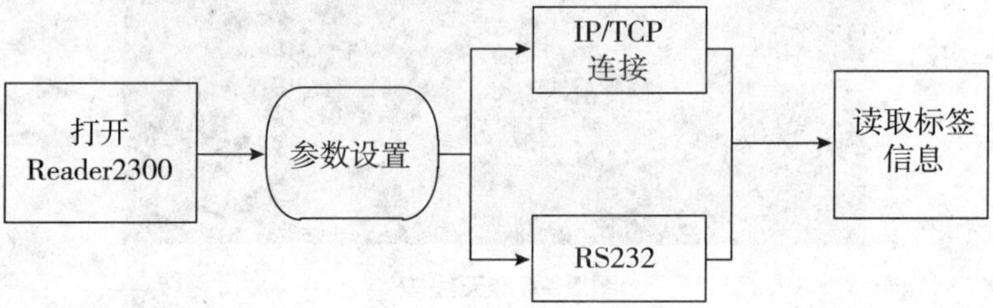

图5-9　IP 分配过程

（1）启动软件。打开软件 Reader 2300 测试版。

（2）连接方式。Reader 2300 软件客户端与阅读器的连接方式主要有两种：串口连接与 TCP/IP 连接。

（3）选择串口连接方式。初次设置时，一般会采用串口连接，主机初次通过串口与超高频阅读器连接，获取阅读器的硬件信息，如阅读器 IP 地址、Mac 地址、端口设置信息等。用串口转 USB 接口线将电脑与读写器进行有线连接，当连接操作结束后，会在主机自动安装连接驱动，安装成功提示后，在设备管理器中查找连接串口，最后在软件中选择正确的串口，点击“连接读写器”，提示连接成功。

（4）选择 TCP/IP 连接方式。在以后的连接中，为方便起见，通常采用 TCP/IP 无线的连接方式连接读写器。在读写器参数设置中的参数设置填写信息，参数设置好后，点击连接读写器，提示连接成功，如图5-10所示。

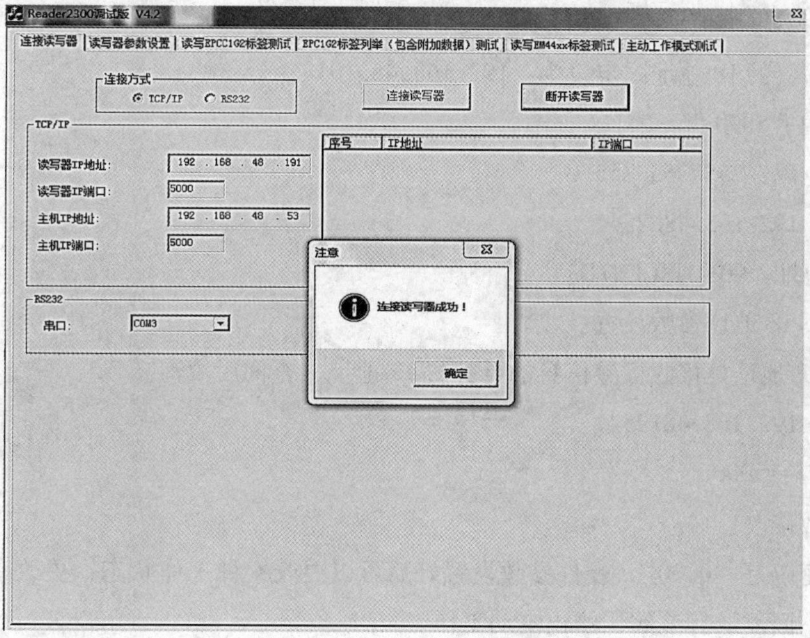

图 5 - 10 读写器连接成功

（5）分别更改如图 5 - 11 所示的 3 个区域参数信息。

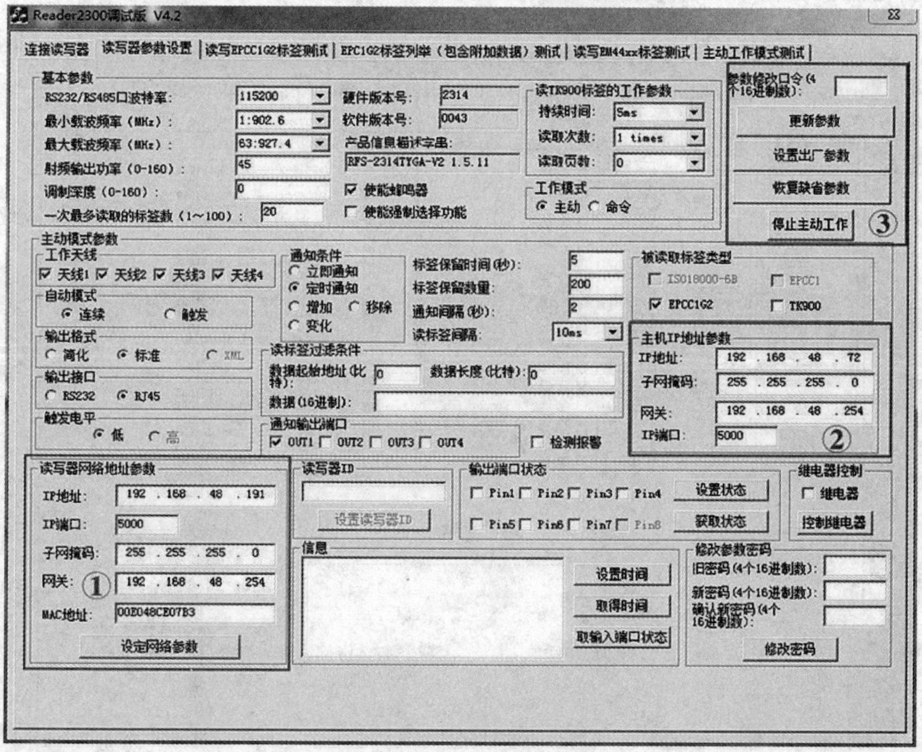

图 5 - 11 读写器参数设置

①读写器网络地址参数设置。

将读写器的 IP 地址固定设为：192. 168. 48. 191

IP 端口：5000

子网掩码：255. 255. 255. 0

网关：192. 168. 48. 254

Mac 地址：00E048CE07B3

②主机 IP 地址参数设置。

主机 IP 地址是接收标签信息的计算机 IP 地址，查询后填写。

网关：192. 168. 48. 254

IP 端口：5000

③参数修改口令。

默认密码是“0000”，硬件参数设置好后可以更改 4 种工作状态：更改参数、设置出厂参数、回复缺省参数、停止主动工作。

（6）主动工作模式

当主机通过软件与读写器连接成功后，打开“主动工作模式”选项卡，点击“开始”，读写器就会读取到射频范围内的标签的信息，如图 5－12 所示。

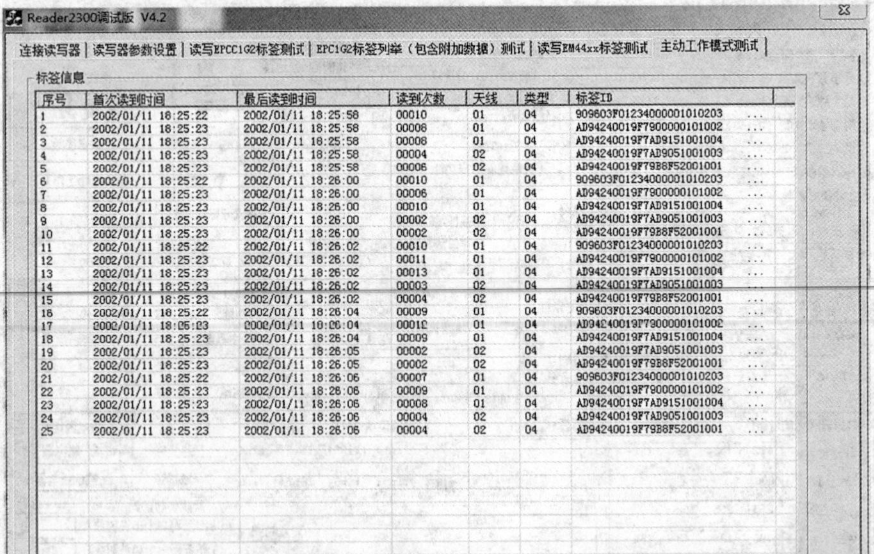

图 5－12　主动工作模式下的状态

5. 1. 3　系统测试

1. 网络测试

（1）点击“开始”→“运行”，输入 cmd 便会见到如图 5－13 所示的界面。

图 5－13　输入 cmd 显示的界面

（2）输入“Ipconfig/all”，如图 5－14 所示。

图 5－14　输入 Ipconfig/all 显示的界面

（3）按“回车”便可以 PING 出 IP 地址是否连通，如果连通，显示结果如图 5－14所示；否则，返回结果如图 5－15 所示。

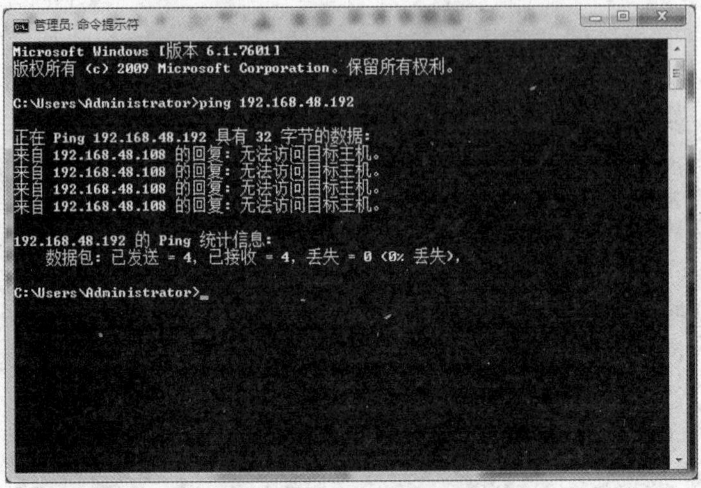

图 5－15　IP 地址无连通返回结果

2. 应用测试

智能货架系统包括三个子系统：EPC（Electronic Product Code，公共信息管理系统）（以下简称 EPC 系统）、智能货架子系统和库存预警系统。EPC 系统主要实现产品增加减删以及产品信息录入；智能货架系统主要是利用 RFID 技术将货架上的商品信息上传至后台数据库；智能货架系统以及库存预警系统的数据显示将会根据数据库中上传数据变化而时刻发生变化，从而达到监控与管理的目的。

EPC 系统包括两个部分：EPC 列表和产品类型列表。在 EPC 系统中我们可以对新进产品进行相关信息录入，点击“产品类型列表”，显示界面如图 5－16 所示。

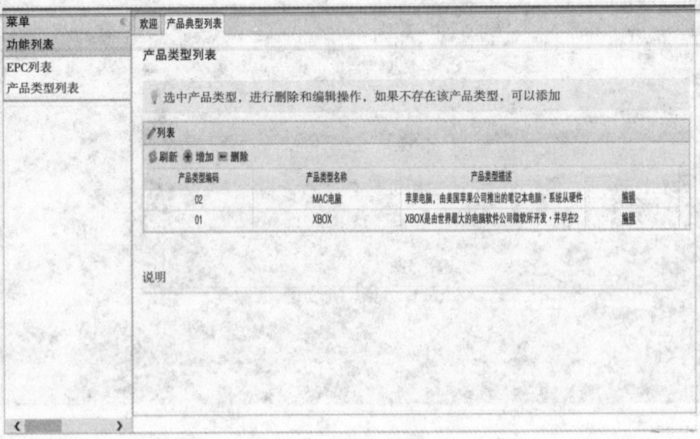

图 5－16　产品类型列表界面

（1）产品信息增加/修改

在产品类型列表中，点击列表中的“增加”对新进产品进行产品编号，输入产品类型名称即产品商品名称以及对产品的描述，例如商品产地、生产日期、商品性能等。每一种产品都有一个产品编号，在智能货架系统的 3 个子系统中，都是以产品编号代表产品本身对其进行管理。当产品信息需要修改时可以点击“编辑”进行修改，修改后进行保存即可，如图 5－17 所示。

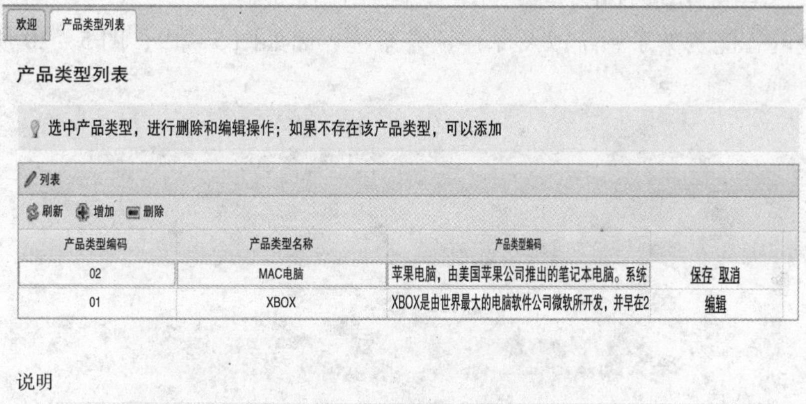

图 5－17　产品信息编辑界面

（2）EPC 码识别过程

在上一步骤中，产品信息保存在系统中，但是在智能货架系统中需要对每一个产品进行身份识别。这里通过 RFID 技术利用 RFID 标签作为产品电子代码即 EPC 对产品进行辨识，产品 EPC 列表如图 5－18 所示。

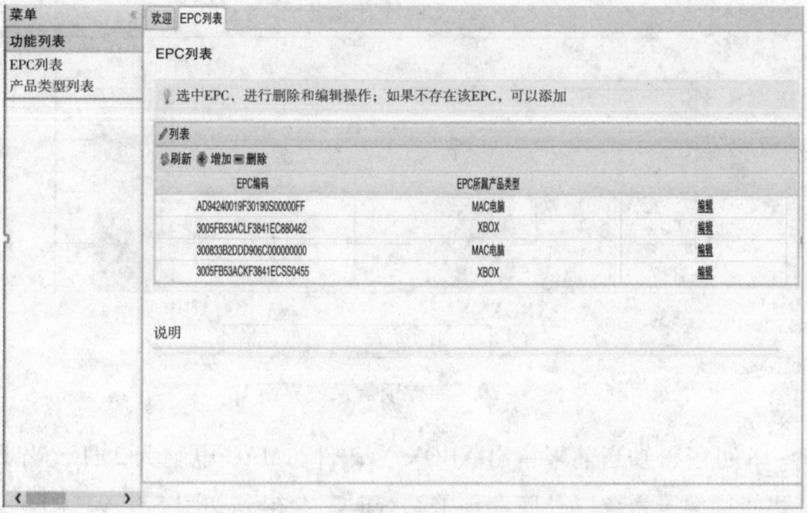

图 5－18　EPC 列表界面

在 EPC 列表界面，我们需要输入每一个产品的 EPC 编码，点击“增加”输入 EPC 编码和 EPC 所属产品类型，最后点击“保存”。

完成以上操作之后，就完成了产品信息以及编码的录入，此时智能货架子系统以及库存预警系统中就会显示已录入产品信息。当新进或者售出产品时智能货架子系统以及库存预警系统后台界面就会相应的改变，我们现在以新进产品为例来说明它们的变化。

首先进入 EPC 系统原始界面，如图 5－18 所示。

其对应的智能货架子系统以及库存预警系统界面如图 5－19、图 5－20 所示。

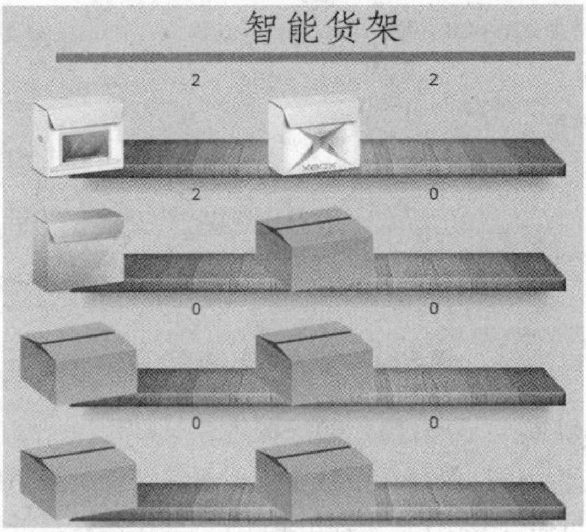

图 5－19　智能货架子系统界面 1

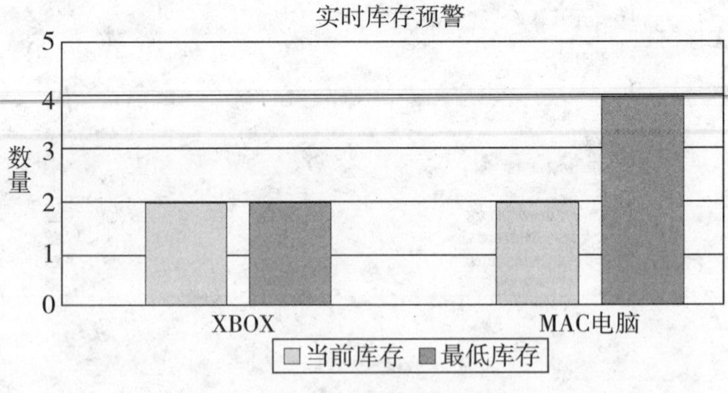

图 5－20　库存预警系统界面 1

从图 5－18 可以得知当前未售出 XBOX 为 2 件、MAC 电脑为 2 件，当 EPC 系统将数据传输至智能货架子系统以及库存预警系统时，会得到如图 5－19、图 5－20 所示的界面。下面我们来看一下当增加一个产品时，界面的变化情况，如图 5－21 所示。

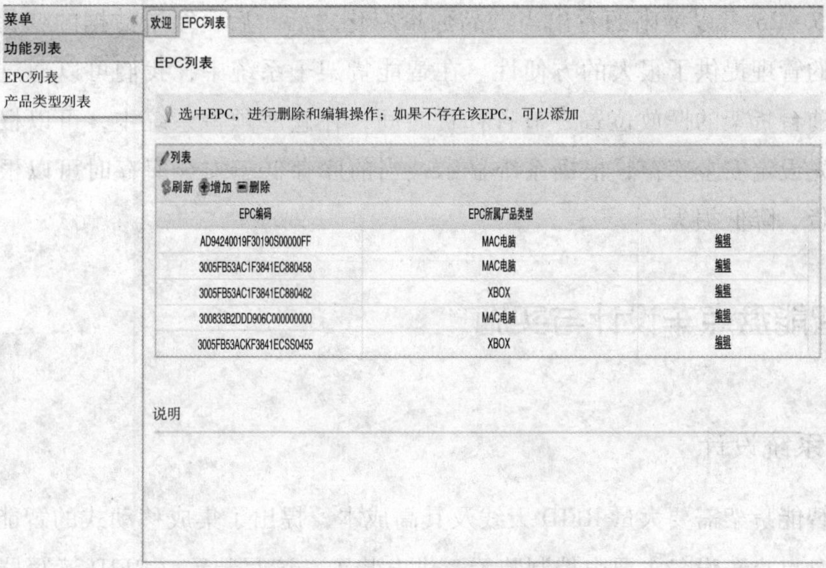

图 5－21　EPC 系统增加产品后界面

此时，智能货架子系统以及库存预警系统界面显示如图 5－22、图 5－23 所示。

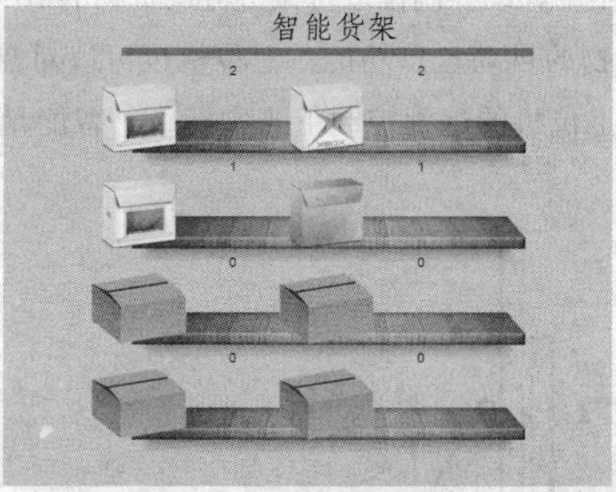

图 5－22　智能货架子系统界面 2

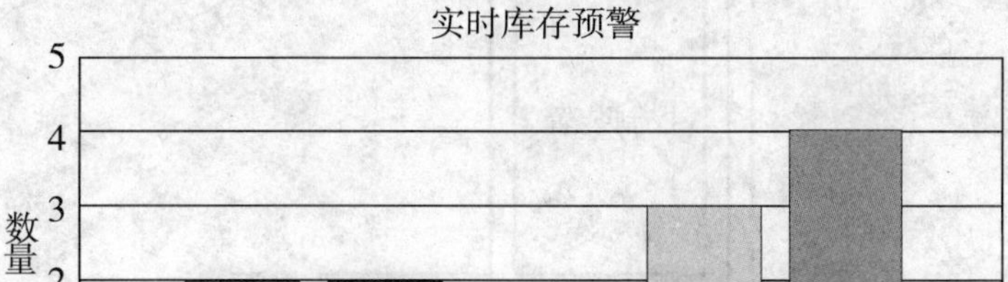

图 5－23　库存预警系统界面 2

由图5－23可以清晰的看出当产品数量变化之后，后台系统数据的变化，这种变化为商品的管理提供了很大的方便性。在智能货架子系统中，我们可以通过系统观察到产品在前台货架的摆放位置，节省补货时间；在仓库预警系统中，可以根据实际销售需求预先设定安全库存，根据系统显示，当前库存低于安全库存时可以根据实际需求进行补货，降低损失。

5.2 智能盘点车设计与实施

5.2.1 系统设计

鉴于智能货架需要大量RFID天线及其高成本，提出了集成移动式的智能盘点车设备。智能盘点小车设备主要由控制装置、供电装置、读写装置（RFID读写器天线）和上位机组成。供电装置主要为小车的运行提供能量，保证车能够在盘点过程中正常运行；控制装置主要控制小车的运行速度和方向，保证小车能够准确地定位和到达；读写装置用于盘点时进行上下移动控制读取货架上分层货物的RFID标签信息，完成仓库内货架上不同层之间货物的自动盘点功能；上位机也可以对盘点小车进行远程操作，保证智能盘点小车能在上位机的远程控制下正常运行。智能盘点小车示意如图5－24所示。

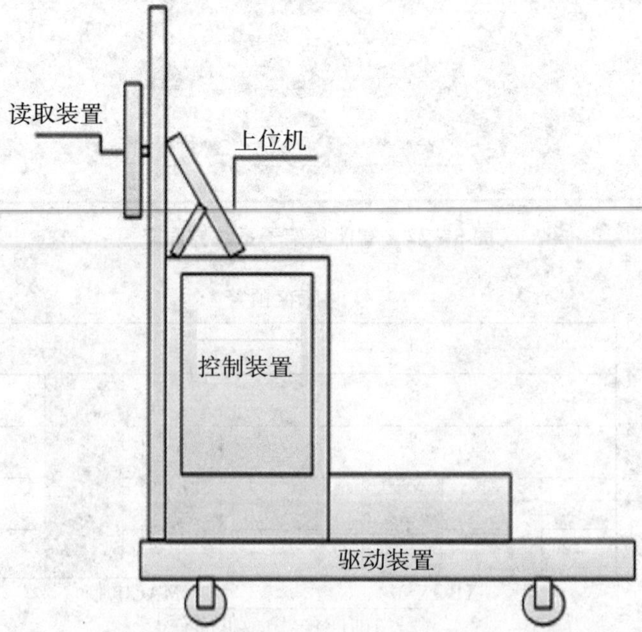

图5－24　智能盘点小车示意

工作原理：采用智能盘点小车上的移动式天线定时对货物标签进行扫描以获取智能货架上商品的位置和货态信息。货架上的每一个货物都贴有 RFID 标签，标签朝外放置，保证能让巷道内的天线读取到。货架与货架之间的巷道安有移动式天线，可在人工操作下沿货架方向移动，获取货物标签信息。也可以在巷道上铺有移动天线的轨道，对天线进行自动控制，定时在巷道内移动，做到无须人工干预，如图 5－25所示。

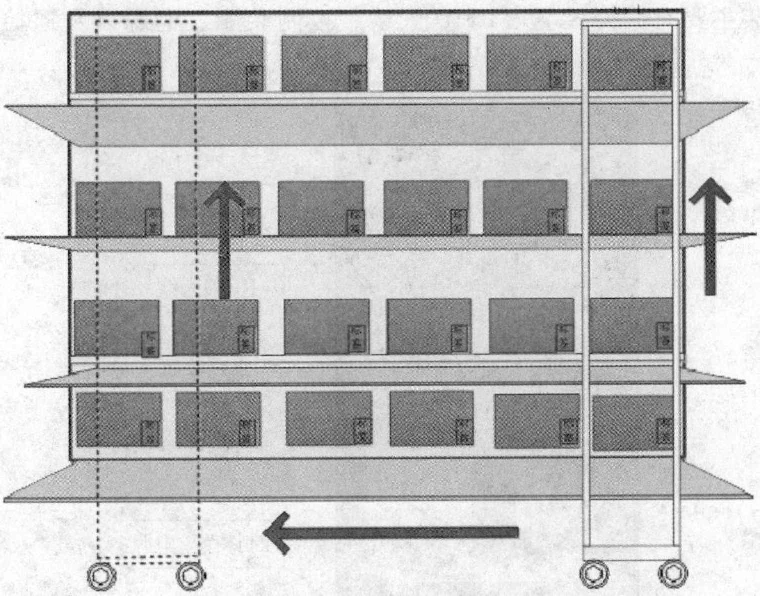

图 5－25　智能盘点过程示意

智能盘点小车接受来自系统的盘点指令，并按照盘点指令先去识别货架上的 ID，若与指令中的货架 ID 匹配，则再对该货架上指定的货位 ID 的货物进行盘点，若不匹配则继续匹配货架 ID。

智能盘点车与上位机之间的数据通信的设计基于网络通信中的 UDP 方式，智能盘点车的读写器采用支持 UDP 通信协议的 VF547 型号的超高频 RFID 读写器，实现底层的数据采集过程，采集的原始数据经过上位机程序的解析与过虑处理后，实现对智能盘点车的控制与数据的采集。

智能盘点车应具有以下功能：

（1）通过智能盘点车管理系统，可以实现对盘点车行驶的控制，包括车辆的前进、后退、转向等；同时，支持定时方式启动车辆对予定义路线进行盘点。

（2）并对在库货品按多种方式进行分类盘点，对盘点结果进行统计，同时对盘点结果进行输出。

5.2.2 系统搭建

智能盘点车的搭建过程的核心模块是 RFID 读写器及天线与车体部分的结合。智能盘点车的组成包括 RFID 读写器、天线、盘点车主体、盘点车驱动部分、盘点车控制部分以及盘点车的通信部分。

（1）首先完成货架主体的安装（此过程可由相关专业人员完成），此过程对智能盘点车的安装主要有升降装置、RFID 天线、控制装置、电源以及遥控装置（如图 5－26 所示），完成货架主体安装。

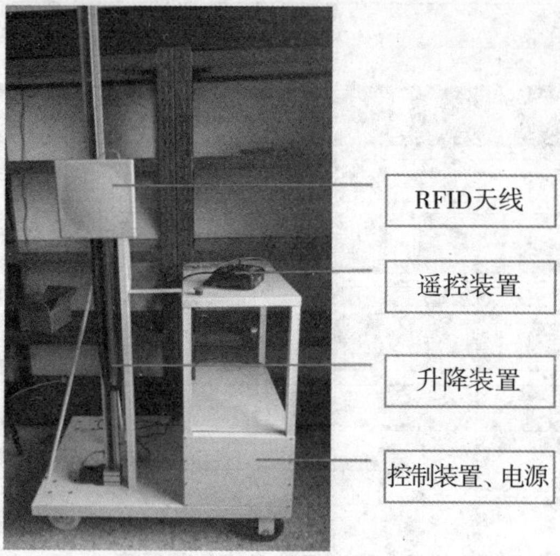

图 5－26　智能盘点车

（2）将 RFID 读写器、电源和动力装置等主要部件安装到指定位置，并在读写器的相应插口上分别接入读写器电源线、网线、串口线和 RFID 天线，如图 5－27、图 5－28 所示。

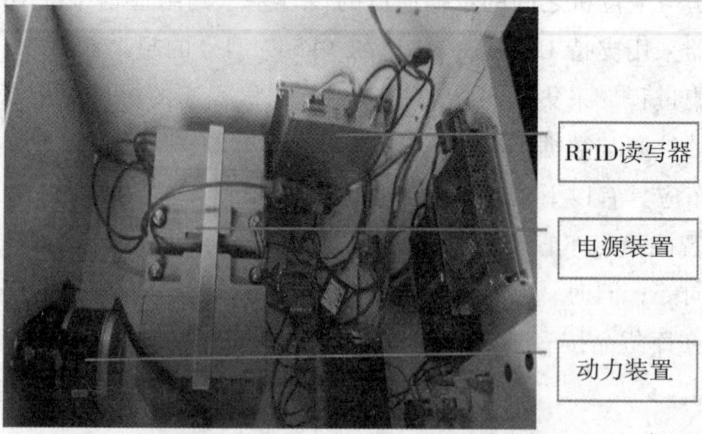

图 5－27　智能盘点车部件安装完成示例

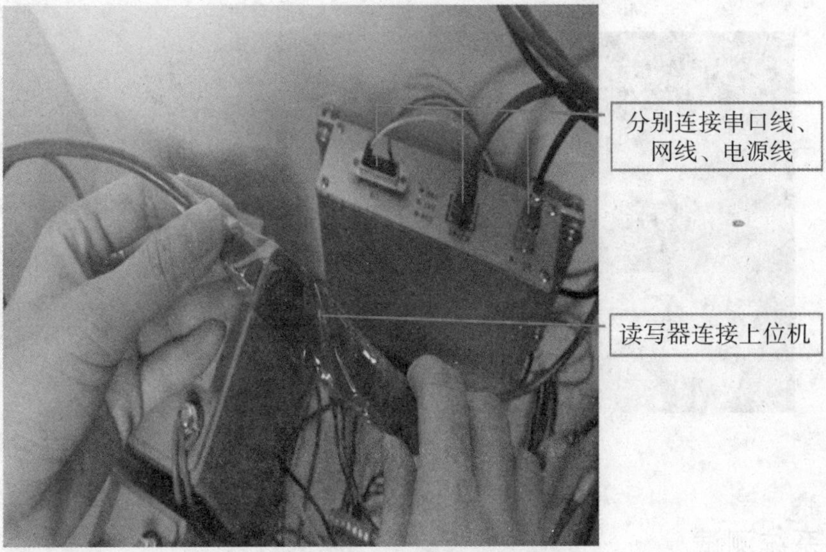

图 5－28　部件连接局部示例

（3）完成读写器与天线的安装后，需完成智能盘点车搭建的重要过程——读写器与上位机通信过程的连通。读写器与上位机之间可以通过网口进行相连或通过串口相连均可，如图 5－29 所示。

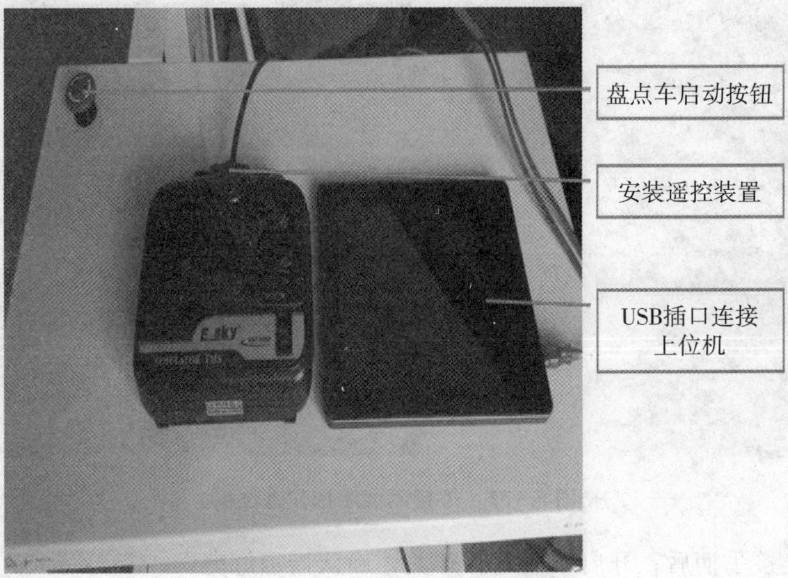

图 5－29　连接读写器与上位机

（4）读写器与上位机连通之后，启动电源，如图 5－30 所示；并将如图 5－29 所示的两个接口与上位机相连。

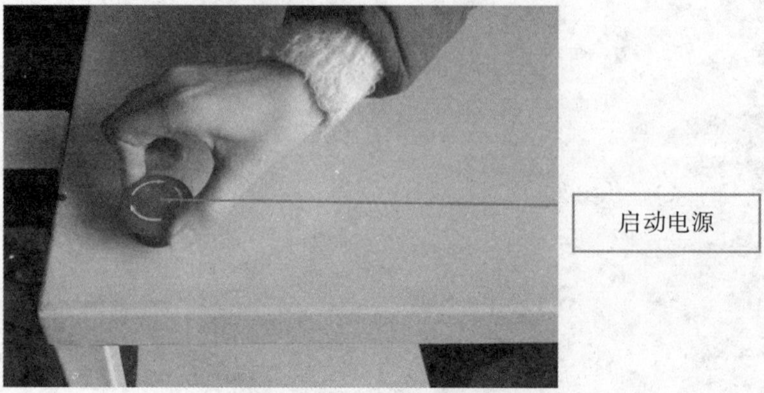

图 5-30　启动电源

5.2.3　系统测试

首选进行车体运行与控制测试，测试内容包括控制车体的前进、后退、转向、停止等。测试过程如下。

（1）连接测试手柄和上位机，如图 5-31 所示。

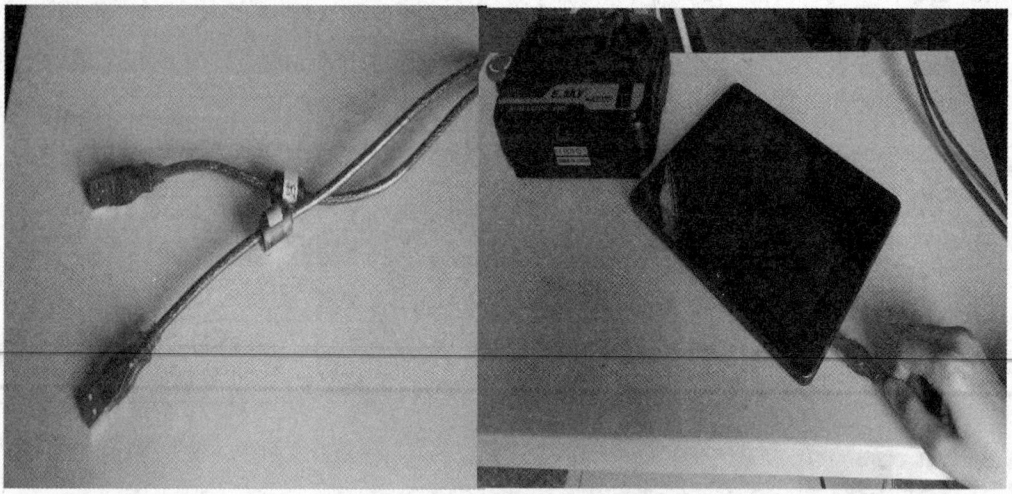

图 5-31　连接测试手柄和上位机

（2）连接手柄后，开启车辆电源开关，确认指示灯亮。

（3）对车辆进行手动控制测试，包括前进、后退等。

（4）对天线进行手动控制测试，包括上下。

5.3 基于超高频 RFID 技术的仓储管理系统设计与实施

5.3.1 系统设计

随着物流管理信息化建设的发展，作为物流管理中的重要组成部分的仓储管理信息化也越来越多的被关注，计算机和自动化技术被越来越多地引入到了仓库管理系统中。以 RFID 为代表的新技术正在深刻地影响着仓储管理系统，甚至孕育着一场“物流革命”。RFID 是一种无线通信技术，运用编码技术将特殊的信息编码进电子标签，标签被粘贴在需要识别的物体上。它利用无线射频方式进行非接触双向通信，以达到识别和交换数据的目的，使其最大化满足有效产出和精确性的要求。基于 RFID 技术的仓储系统主要由入库子系统、出库子系统、盘点子系统组成，系统布局如图 5－32 所示。

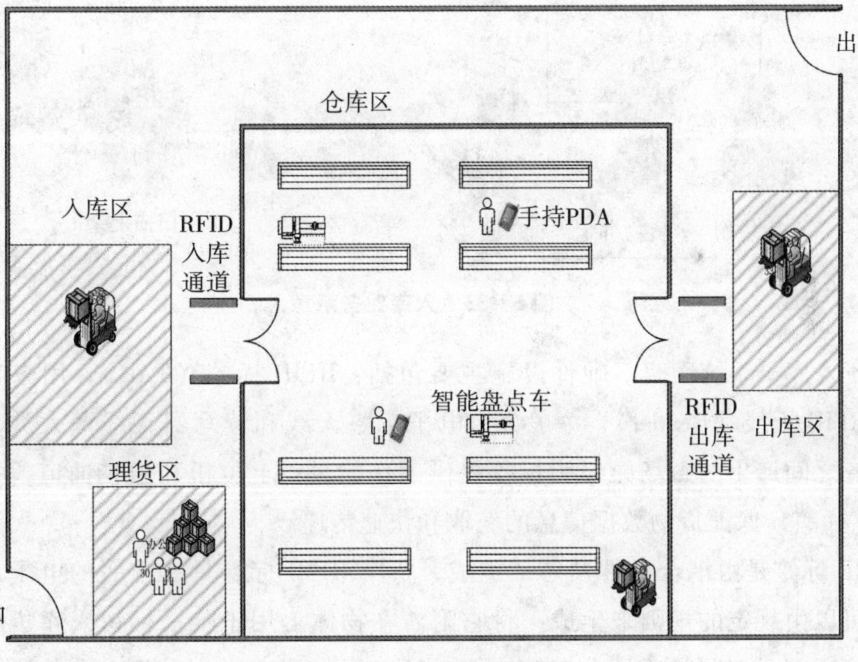

图 5－32　仓库整体布局

1. 入库子系统

入库子系统是从供应运输方与仓储方业务交接完成后，合格商品进入到仓储管理这一环节开始，它作为仓储管理整个生命周期的源头，会将待入库货物进行装箱、贴标操作，赋予每一个货物和流通单元唯一的身份标识；货物上的 RFID 标签经门禁通道上的 RFID 天线扫描以后，会将货物的 ID 信息以及所携带的供应商、数量、规格等信息经过 RS232 串口线上传至上位机软件，上位机将信息获取到以后，会将信息上传到入库子系统数据库中与原来的供应商提供的入库订单信息核对，及时更新货物的最新在库状态，并将信息及时与智能仓储系统中数据库进行实时同步与更新，完成入库操作。货物在入库完成后，会由智能仓储系统根据货物的属性信息自动的分配合适的仓储货位，下达至入库子系统并将分配好暂存区位置和搬运路线指令下达到带有接收器的叉车以及其他搬运工具上，引导叉车进入暂存区进行卸货操作，并按智能仓储系统分配好货位，进行下一步的货架上架扫描，使货物进入仓储区进行货物的保管。入库业务示意如图 5－33 所示。

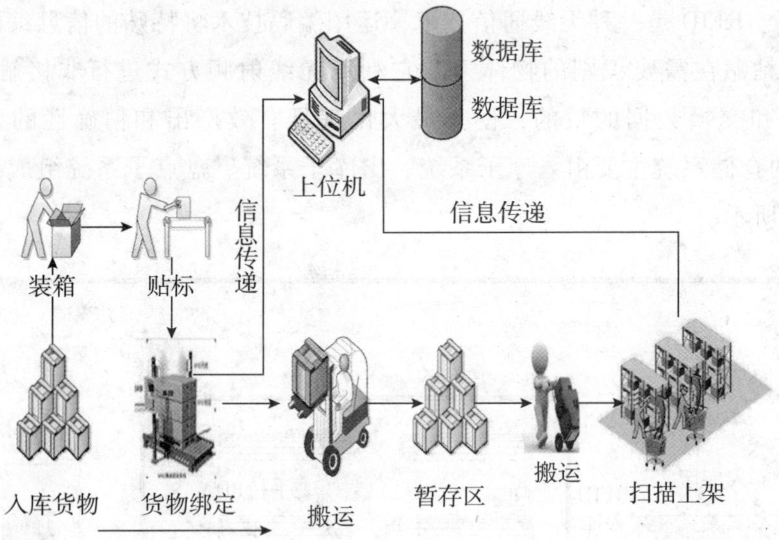

图 5－33　入库业务示意

对于入库子系统而言，硬件设施主要包括：RFID 标签（TAG），用来唯一标识物品；RFID 天线（Reader），一般分为电子标签天线和读写器天线两大类，通过天线与标签之间产生的磁场能量为标签提供工作能量；上位机和门禁通道，是用来读取 RFID 标签，保证货物数据信息的获取和快速传递。

RFID 标签是由耦合元件及芯片组成，每个 RFID 标签具有唯一的电子编码，电子编码可以由规定的规则来生成，将它附着在物体上用于唯一标识入库货物和仓库内部的流通单元，同时还具有存储功能，可以用来储存货物在整个仓储流通过程中的信息。RFID 依据有源无源可以分为有源 RFID 标签，无源 RFID 标签，半有源半无源 RFID 标签等种类；依据频率的不同可分为低频、高频、超高频和微波电子标签；依据封装形式的不同可分为信用卡、线形、纸状、陶瓷、圆形及特殊用途的异形标签等。RFID 标签示例如图 5－34 所示。

通道两侧为 RFID 天线，用于读取从通道经过的入库货物 RFID 标签信息，并与

图 5－34 **RFID** 标签示例

上位机进行串口通信，串口线采用 RS232 接口，波特率是 19200 波特。能够实现快速获取标签内的存储信息，用于上层上位机上业务运作的应用支持。

实现入库子系统的智能化，顾名思义就是对进库的货物进行有效的智能管制，它的实现意图和实现逻辑几乎和传统的入库员手工输入一样，只不过结合了 RFID 标签、RFID 天线、自动控制、上位机、网络等先进的技术和设备，完成了业务运作与 RFID 技术在货物入库管理的有效结合。目的是能够提供更加方便、更加灵活、更加高效、功能更加强大的仓库管理手段。仓库示意，如图 5－35 所示。

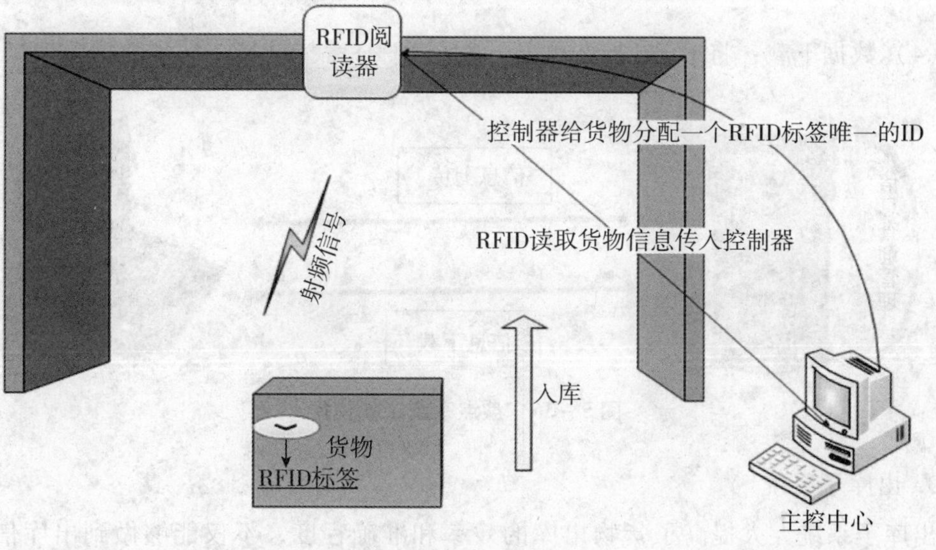

图 5－35 仓库示意

整个 RFID 入库管理系统主要分为感知模块、信息读取模块和控制模块三个部分。感知模块：贴有 RFID 标签货物的包装箱（标签 ID 与货物信息绑定）。信息读取模块：RFID 读写器天线。控制模块：带有仓库管理系统平台软件的主机。货物在入库之前，在货物包装上以挂钩的形式建立货物与 RFID 标签的绑定，货物进入仓库过程中 RFID 标签与 RFID 读写器之间通过射频信号进行信息交换，读写器与主控系统通过网络和串口进行通信，主控系统给货物分配一个唯一的身份标识，保证在本仓库系统内进行追溯货物的目的。货物在仓库内的整个流通过程中其信息都通过 RFID 标签和读写器与主控制系统进行实时传输。完成货物在仓库内的透明化管理，货物出库后 RFID 标签摘下回收，继续以自己的条码信息进行信息标识。

2. 盘点子系统

盘点子系统的实现主要通过 RFID 手持终端完成，通过应用 RFID 手持终端读取在库货品信息并进行处理。盘点子系统可根据实际操作需求通过在手持终端进行相应的应用开发实现盘点相关功能（如图 5－36 所示）。

（1）盘点管理：使用 RFID 手持终端对商品进行盘点操作，系统可根据事先设定的查询条件产生盘点任务表，根据此表进行盘点作业，盘点作业主要扫描的是与货物绑定的 RFID 标签。

（2）查询管理：使用 RFID 手持终端扫描与货物绑定的 RFID 标签后，将货物的基本信息显示在 RFID 手持终端上；同时可对入库任务、出库任务等相关信息进行查询。

（3）数据上传：将 RFID 手持终端的操作数据上传至 PC 电脑端，进行数据同步。

（4）数据下载：将 PC 电脑端数据下载至 RFID 手持终端，同步数据方便操作。

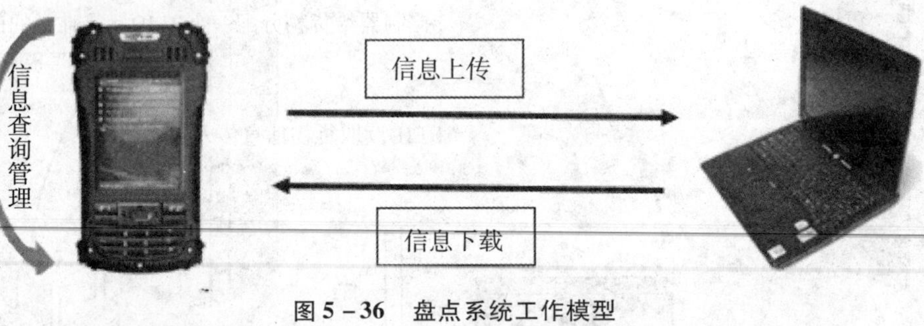

图 5－36　盘点系统工作模型

3. 出库子系统

出库子系统大大提高了货物出库的效率和准确程度，不仅能够做到出库信息的实时共享，便于对仓储物资的实时管理，缓解因出库信息反馈滞后导致的库存不稳定问题，还能够减少由于库存所带来的成本的增加。同时也为供应链一体化中仓储业务后端的运输监控环节提供了信息保障，对于仓储部门与运输部门的业务对接起到了至关重要的作用，提高了整个供应链过程的信息化程度。

出库子系统中硬件设备包括门禁通道（RFID 读写器天线、上位机和串口线），门禁通道依靠RFID读写器天线进行出库货物的审核和数量上的清点，货物出库时，有叉车或者其他搬运工具将装有货物的托盘经过出库通道，因为托盘编码和货物的编码有所区别，可以通过RFID天线获取货物上的标签信息，并通过串口通信的方式上传至工作台上的终端，获取的信息与上位机中的出库信息进行比对审核，审核无误，货物顺利通过门禁通道，完成出库业务。

5.3.2 系统搭建

超高频RFID技术的仓储管理系统的搭建过程的核心模块是超高频RFID读写器及天线的结合。超高频RFID技术的仓储管理系统包括入库、盘点、出库三个部分，其中，入库、出库两个部分的系统组成部分相同，包括RFID读写器（VF547）、天线，仓库盘点部分主要是使用PDA（Personal Digital Assistant）手持终端。搭建的内容包括入库子系统与出库子系统，下面将主要介绍入库子系统，出库子系统的搭建过程雷同。

（1）首先完成读写器的固定，将RFID读写器（VF547）天线分别固定至门禁。

（2）并完成读写器的连接，读写器的连接过程参照5.1.2节中智能货架中的读写器连接过程。

（3）接通读写器电源，完成读写器IP的分配与网络的连接，具体过程参照5.1.2节中智能货架的IP地址分配过程。

5.3.3 系统测试

首先进行网络测，网络测试的对象包括出口读写器与入库读写器，测试过程参见5.1.3节。

通过网络测试后进行系统应用测试，测试过程如下。

1. 产品入库

打开物联网技术综合实验平台，如图5－37所示。

实验箱A模拟仓库入口，模拟产品入库过程。

（1）产品贴标，如图5－38所示。

（2）产品入库。点击“扫描”按钮，扫描商品条码信息，扫描到信息后显示在未入库信息列表，选择入库，如图5－39所示。

2. 产品盘点

实验箱B模拟在库监控系统，对在库产品进行盘点。

（1）产品扫描，如图5－40所示。

（2）结果查看类型选择，如图5－41所示。

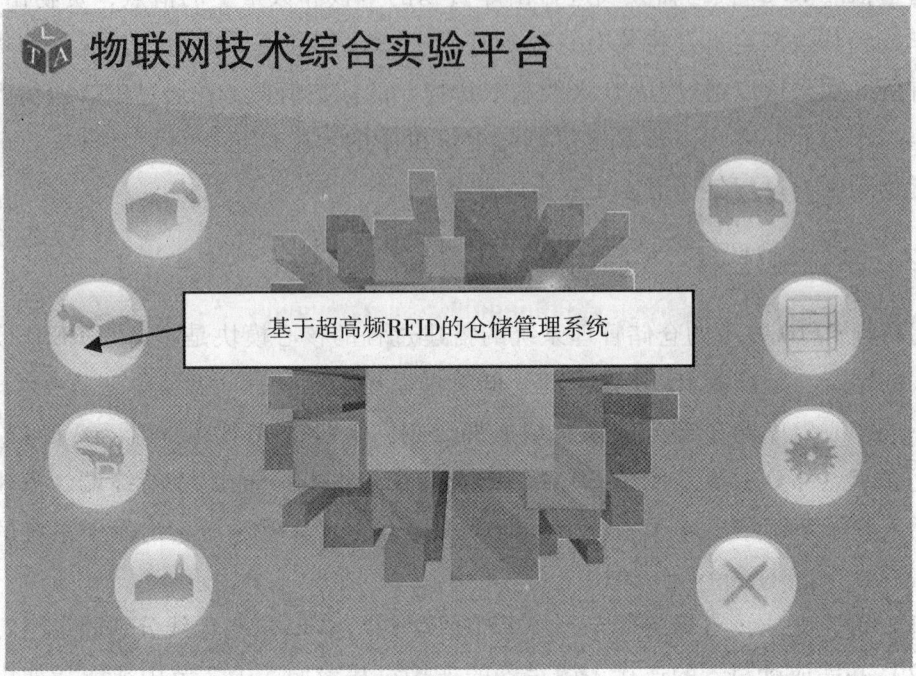

图 5－37　实验位置示意

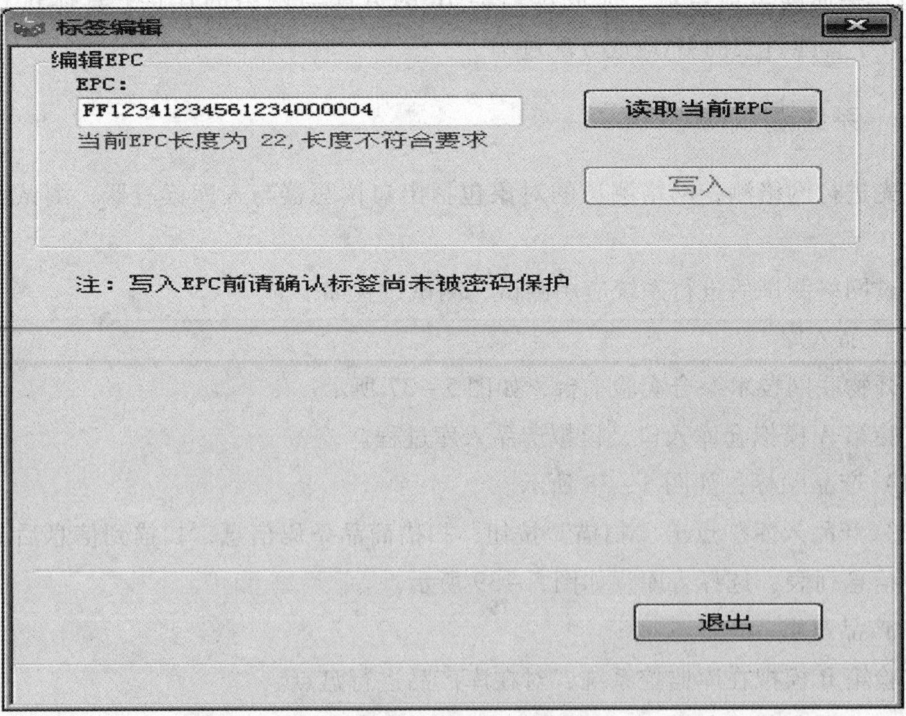

图 5－38　产品贴标示意

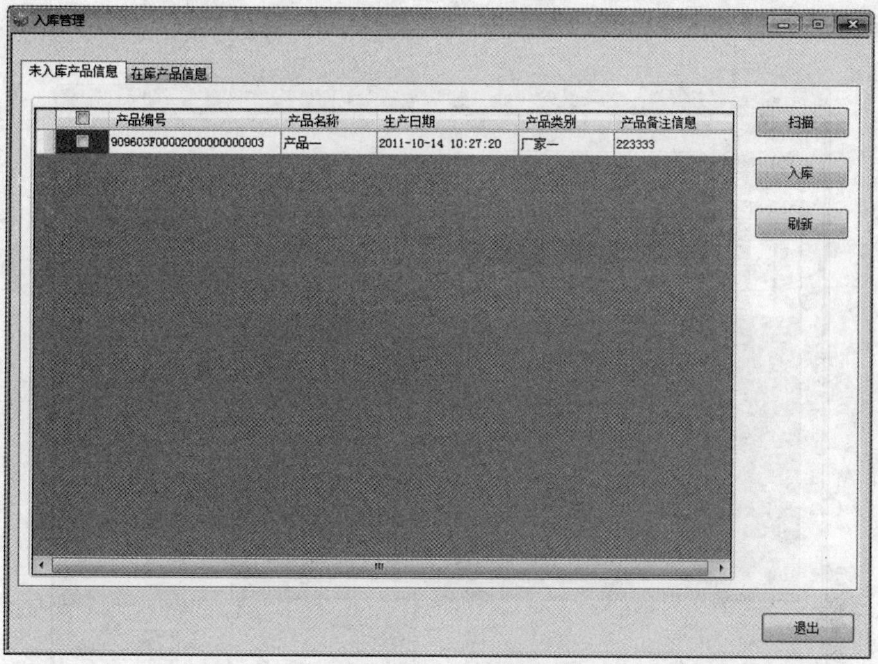

图 5－39　产品入库示意

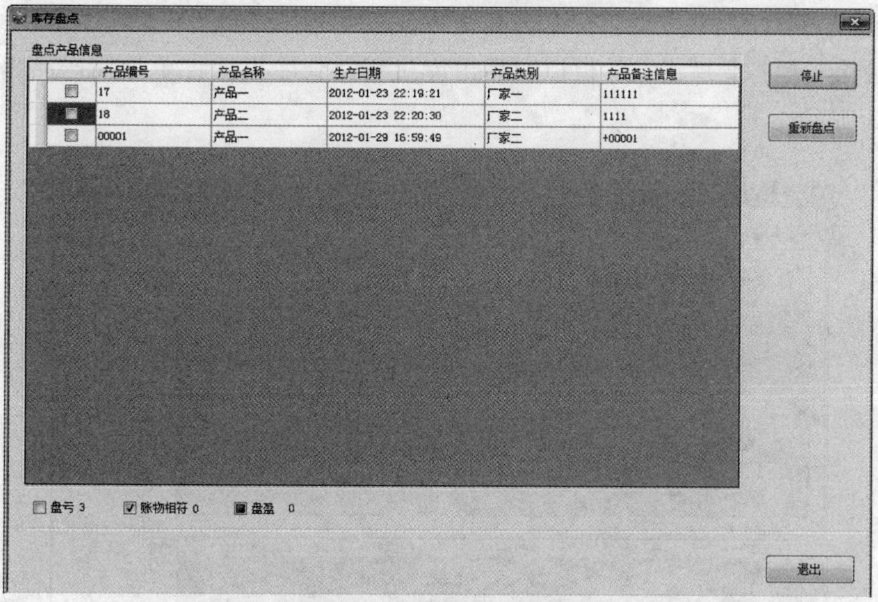

图 5－40　产品扫描示意

图 5－41　结果查看类型选择示意

3. 订单添加（如图 5－42 所示）

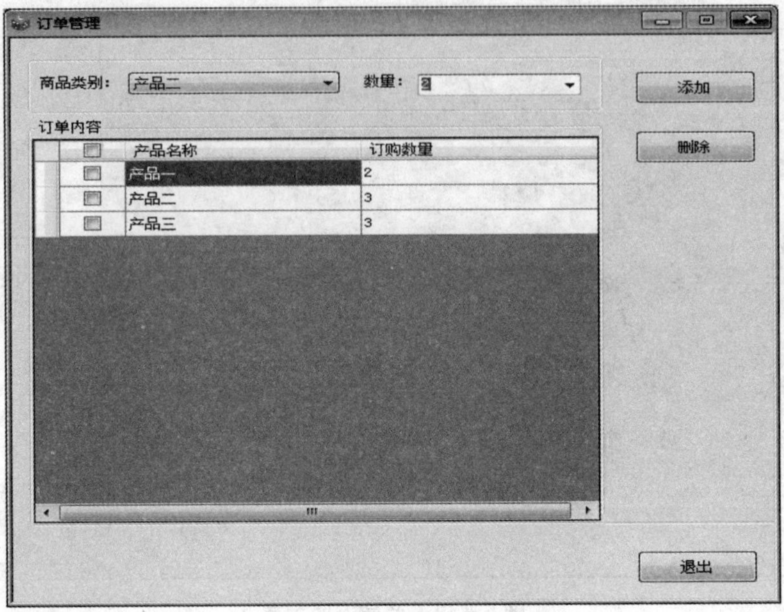

图 5－42　订单添加示意

4. 产品出库

实验箱 C 模拟仓库出口，模拟产品出库过程，仓库根据订单扫描产品出库，如图 5－43 所示。

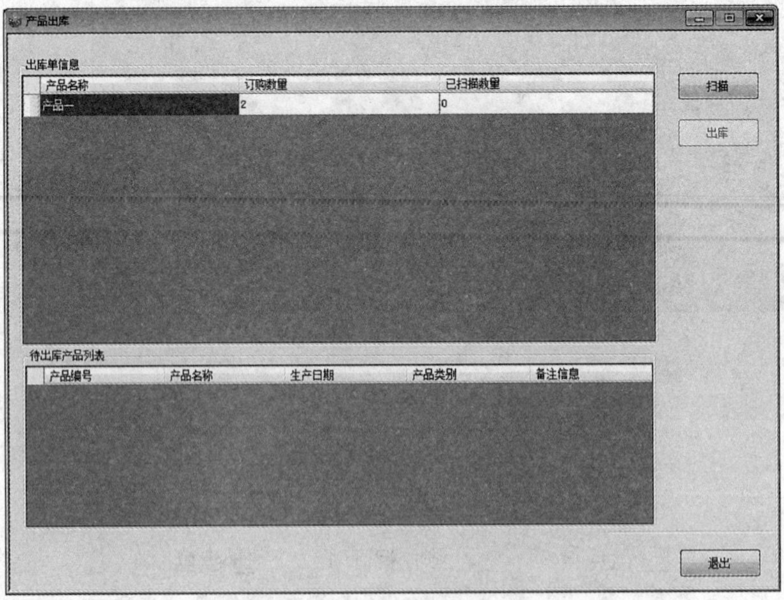

图 5－43　产品出库示意

5.4 基于智能手机技术的物流运输监控系统设计与实施

5.4.1 系统设计

基于智能手机技术的物流运输监控系统主要是由监控中心、GPRS 网络、智能手机终端三部分组成。其总体结构如图 5-44 所示。

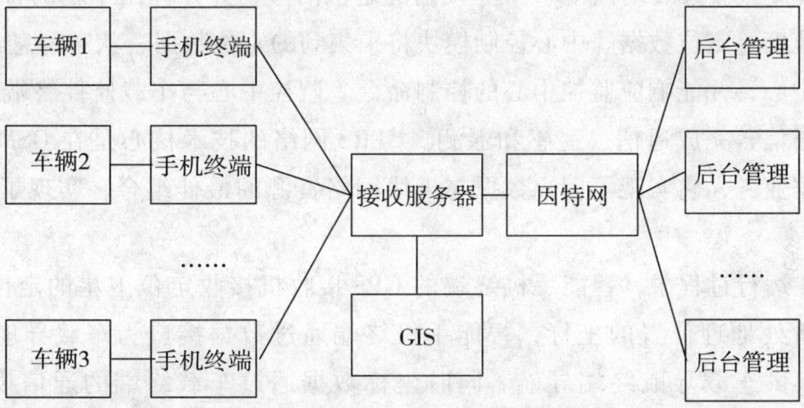

图 5-44 智能运输定位系统结构

监控中心是整个车辆跟踪系统的操作、维护、处理、统计、分析、和监管的中心，是由数据库服务器、业务展示服务器、转发中心、调度统计打印终端、电子显示屏等组成的局域网结构，肩负着与其他管理网络的互联任务。监控中心工基于 WebGIS 技术，WebGIS 也称为 Web-based GIS，是建立在 Web 技术之上的一种特定领域的应用。Web 的全称为 World Wide Web，一般简称为 WWW 或 Web，它是一种利用 Web 技术来扩展和完善地理信息系统的一项技术，是 Internet 技术应用于 GIS 开发的产物，从 Web 的任意一个节点，Internet 用户可以浏览 WebGIS 站点中的空间数据、制作专题图，以及进行各种空间检索和空间分析。其本质与一般的地理信息系统没有区别，但是由于早先的 GIS 一般在网络功能上比较差，因此建立在网络环境下的 WebGIS 一出现就受到了很大重视。WebGIS 具有以下特点：

（1）全球化的客户/服务器应用。全球范围内任意一个 WWW 节点的 Internet 用户都可以访问 WebGIS 服务器提供的各种 GIS 服务，甚至还可以进行全球范围内的 GIS 数据更新。

（2）真正大众化的 GIS。由于 Internet 的爆炸性发展，Web 服务正在进入千家万户，WebGIS 给更多用户提供了使用 GIS 的机会。

(3) 良好的可扩展性。WebGIS 很容易跟 Web 中的其他信息服务进行无缝集成，可以建立灵活多变的 GIS 应用。

(4) 跨平台特性。在 WebGIS 以前，尽管一些厂商为不同的操作系统（如：Windows、UNIX、Macintosh）分别提供了相应的 GIS 软件版本，但是没有一个 GIS 软件真正具有跨平台的特性。而基于 Java 的 WebGIS 可以做到“一次编成，到处运行（write once，run anywhere）”，把跨平台的特点发挥得淋漓尽致。

智能手机终端（车载终端）由中心控制模块、GPRS 模块、GPS 模块及存储模块等组成。GPS 接收天线结构 GPS 卫星发射的定位信号，并计算出车辆的日期、时间、经纬度、速度等定位数据。中心控制模块将采集到的定位数据、状态信息经 GPRS 传送到监控中心，并能响应监控中心的控制命令。监控中心与车载监控终端通过 GPRS 网络实现通信，完成遥信、遥感和遥测。GPRS 网络的技术核心是在 GSM 网络中传送分组数据业务，它实现了用户数据与无线网络资源的最佳组合，实现了 IP 协议的透明传送。

车辆在运行过程中，智能手机终端的 GPS 接收机接收定位卫星的定位数据，计算出自身所处地理位置的坐标，智能手机终端通过数据接口为车载导航终端提供 GPS 数据，供车载导航终端导航。同时坐标数据通过车载终端的通信模块，利用 GPRS 网络把车辆的位置、状态、报警等综合信息发送到具有静态 IP 地址的监控中心，并存入数据库。在移动目标遇到紧急情况时，可通过移动目标的终端设备，采用自动或手动报警，将移动目标所在的位置、报警信息等数据发送至监控中心并存入数据库，同时将相应的报警信息发送到公安部门。监控中心通过 GPRS 网络接收车载终端的位置、状态、报警等信息，通过数据解析后将数据存入数据库，用户可以通过浏览器查询车辆当前的位置、状态灯实时信息，对车辆的报警和调度信息进行处理，通过 GIS 地图匹配就能在电子地图上实时显示车辆当前的精确位置，从而方便的实现对车辆的调度、监控、指挥等功能。亦可以查询车辆在指定的一段历史时期内的历史信息及历史运行轨迹。同时也可通过 GPRS 无线通信网络向指定的车载监控终端发送各种控制指令，实现对车辆的远程控制和信息查询服务。

本系统是在 WebGIS 基础上建立的车辆定位跟踪系统，其最大的特点是利用 WebGIS 跨平台性的优点，只要能够打开浏览器的设备都可以使用。车载终端通过浏览器进入到系统的界面，如图 5－45 所示。

WebGIS 车辆监控系统分为地图浏览、车辆监控、路径回放、系统设置四个模块。地图浏览模块能够时时显示车辆运行路径。利用车辆监控模块监控中心则可以随时随地根据实际需求对任何工作车辆有选择地发布命令，当同时监控的车辆较多时，可以通过即时搜索获取任意车辆的当前状态信息，并能够根据公司实际发展对

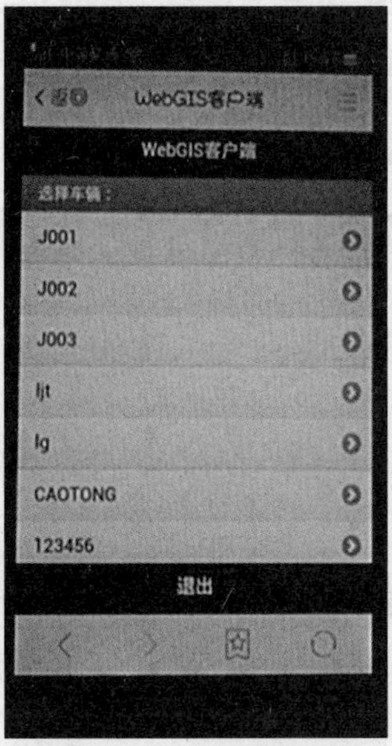

图 5－45　车载终端示意

车辆信息进行增添、删减，使管理更加方便。路径回放系统则可以查找车辆在某一时间段的行驶路径。最后是系统设置模块，在这个模块中我们可以对用户进行编辑和密码修改。

5.4.2　系统测试

WebGIS 系统是智能物流系统中进行配送环节透明化的关键系统，通过 Web 技术，进行地图浏览、监控车辆运行、路径回放功能。主要功能名称及功能介绍如下表所示。

功能介绍

功能名称	功能简介
系统登录	输入授权的用户名密码登录系统
地图浏览	地图查看，距离测量等
车辆监控	车辆的实时监控和车辆信息管理等
路径回放	对监控的车辆数据进行回放
系统设置	包括密码修改和用户管理

1. 登录功能

首先，启用 WebGIS 车辆监控系统进入到系统的主页面，会显示页面的 WebGIS 车辆监控系统的登录主页面，其中包括账号、密码这些个人信息，还有登录与重置控件，如图 5－46 所示。

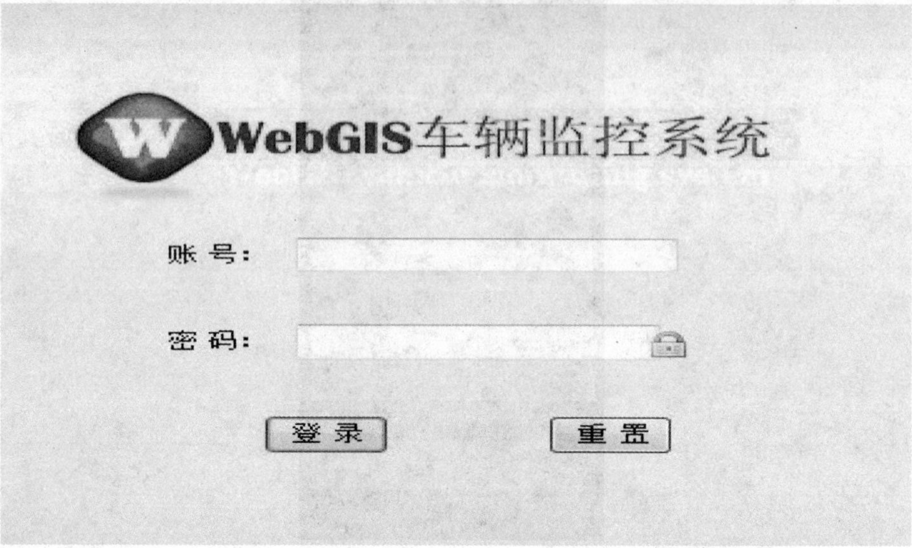

图 5－46　登录界面

然后输入个人账户名与密码，点击登录控件进入 WebGIS 车辆监控系统，当成功登录到 WebGIS 车辆监控系统时，WebGIS 车辆监控系统的右上角会显示下图所显示的欢迎您管理员，感谢登录使用。这种形式的提示，WebGIS 车辆监控系统功能系统界面如图 5－47 所示。

图 5－47　WebGIS 车辆监控系统功能系统界面

2. 地图浏览

当点击第一个控件的时候我们会在下拉菜单中显示地图浏览功能下面是以北京市区的导航为例子，当选择地图浏览的时候，我们就可以在此地图中进行我们的具体的测试操作，在 WebGIS 车辆监控系统中会显示北京城区的地图信息如图 5 - 48 所示。

图 5 - 48　北京城区地图信息

如果想要地址的话我们可以缩小地图的大小，通过拉动地图来找到合适的位置，在此以从北京市区转移到北京财贸职业学院为例来说明一下，首先缩小地图的大小，使其出现北京财贸职业学校位置，如图 5 - 49 所示。

图 5 - 49　北京财贸职业学院位置

在图中我们可以清晰地看到北京财贸职业学院的位置，分别在通州区和东城区，然后拖动地图将图 5－49 中标号为 1 和 10 的校区位置分别拖到显示地图的中间位置，并进行放大，分别找到北京财贸职业学院两个校区的位置，如图 5－50 所示。

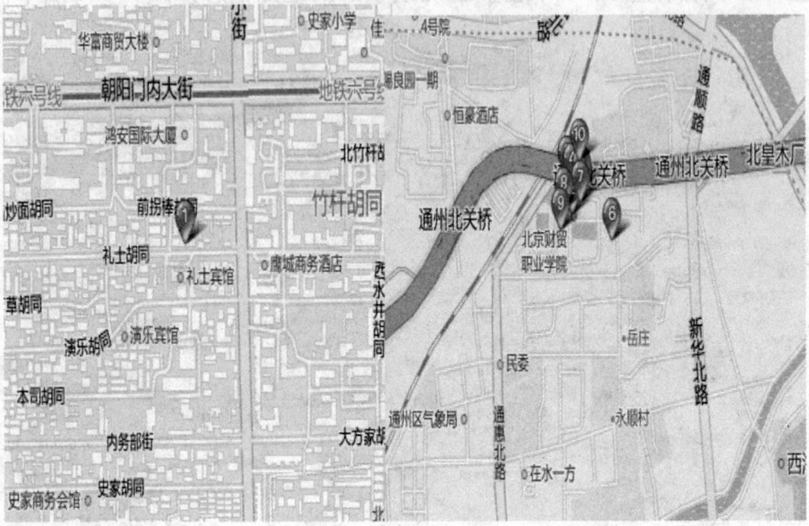

图 5－50　北京财贸职业学院位置

然后对北京财贸职业学院进行定位处理。查看地图的信息可以利用鼠标的滚动条来调节地图的大小和详细的信息情况，比如说我们要找到北京财贸职业学院的具体位置，用鼠标滚轮放大地图就很快找到北京财贸职业学院的具体位置如图 5－51 所示。

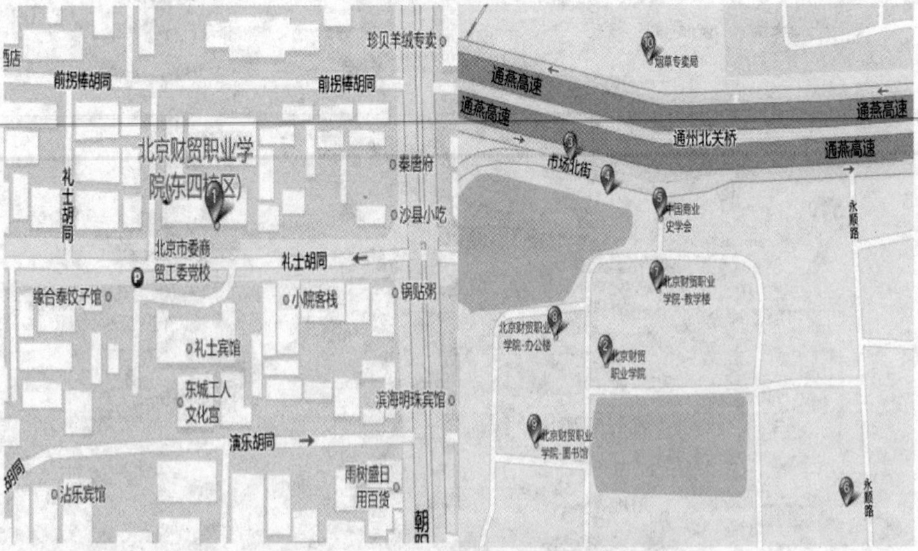

图 5－51　北京财贸职业学院具体位置

在地图的右上角可以显示出测距、停止测距、地图和卫星三个选项框，借此我们可以用来测量我们需要到达地方的距离以此来估计我们车辆的选取和对到达时间的估计，卫星地图是卫星拍摄的真实的地理面貌，卫星地图可用来检测地面的信息，你可以了解到地理位置地形等，而地图则显示得比较具体和详细，会出现各个街道的具体情况显示得比较清晰与详细，便于我们查找我们所到达的各个地点。接下来介绍以下几种功能的具体实施与应用。

首先，我们要确定一下我们的起始位置，我们在利用 WebGIS 车辆监控系统进行测距的功能时，首先选定好起始位置，在 WebGIS 车辆监控系统中起始位置默认为显示地图全貌的中心位置，当我们进行测试的初期要把我们的起始位置尽量放在显示地图的中心位置，然后，在起始的位置会出现类似感叹号的标志，然后单击不释放鼠标拖动此标志到我们的终点位置，在地图中就会显现出一条连接起点与终点的线，而且在终点的位置会显现出起点与终点的距离。所以我们下面以从北京财贸职业学院东城校区到北京财贸职业学院通州校区为例测量之间的距离，具体的显示如图 5－52所示。

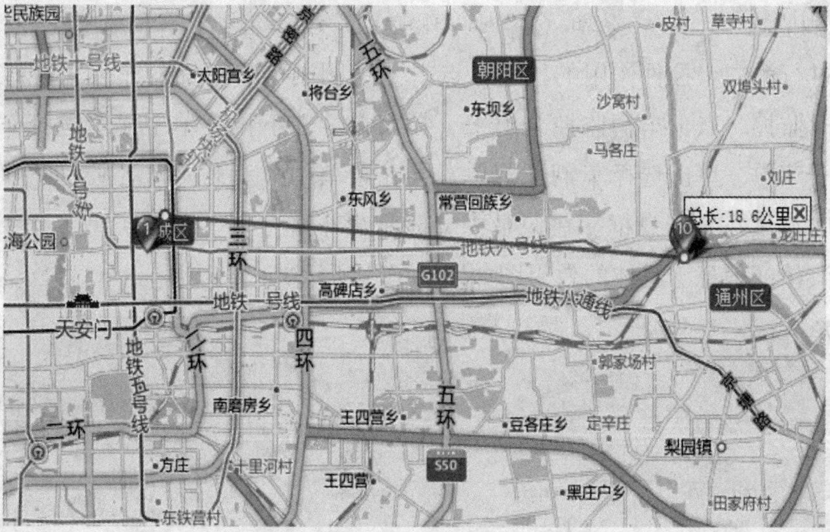

图 5－52　距离测试

由上图可知北京财贸职业学院东城校区到通州校区之间有 18.6km。在测完具体的距离以后我们可以通过地图右上角的卫星控件功能来查看一下，在起点与终点两地之间的地形与地貌情况，以便来配置我们的运输工具和安排具体的运输措施。保持搜取的具体地图空间不变，然后单击停止测距控件，点击后测距的效果图会消失，然后单击右上角的卫星控件，会出现以后的效果图，如图 5－53 所示。

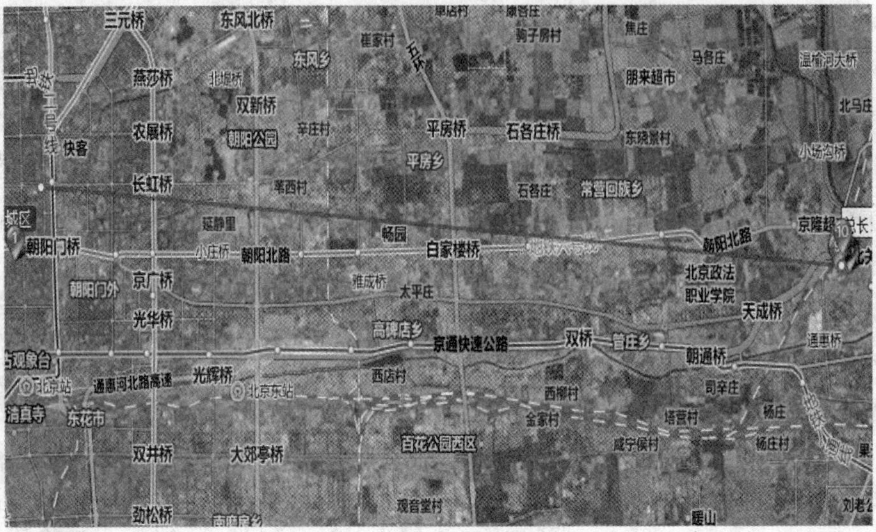

图 5－53　卫星视图

然后在利用滚轮来调节效果图的大小，以此来看到具体的街道情况与地形地貌。对于分析如何进行调配运输有很大的作用体现。

3. 车辆监控

下面进行第二个控件作用的描述，点击“地图浏览”下面的车辆监控控件来进行车辆的实时监控，点击车辆监控会出来下拉菜单，在下拉菜单中显示选择车辆、车辆管理两个子菜单，单击选择车辆子菜单，会在菜单中显示开始监控控件、显示记录的条数、及时搜索几个消息框。在记录中会显示出车牌号码、车牌类型、购买时间、当前状况等具体的信息。具体的效果图如图 5－54 所示。

选择车辆

选择您要监控的车辆

开始监控

显示 10 记录　　　　即时搜索：

	车牌号码	车辆类型	购买时间	当前状态
☐	J001	面包车	2011-11-30	正常
☐	J002	普通轿车	2011-11-29	正常
☐	J003	普通轿车	2012-02-25	正常
☐	J004	卡车	2012-02-02	正常
☐	J005	普通轿车	2012-01-04	正常
☐	J006	面包车	2012-02-03	正常
☐	J007	普通轿车	2011-12-09	正常
☐	J008	普通轿车	2012-02-17	正常
☐	J009	卡车	2012-02-07	正常
☐	J010	卡车	2012-02-15	正常

显示全部10条记录中的第 1 到 10条　　首页 前页 1 下页 最后

图 5－54　车辆监控界面 1

显示记录可以显示我们目前所派出的需要监控车辆数目的范围，比如10记录表明我们显示的车辆数在10辆车之内，在此系统中我们设置的范围有10、25、50、100这几种选项，在即时搜索这个消息框后面我们可以选出我们所要监控的具体的车辆的名字，比如说输入J001会显示出这一辆车，然后我们单击这一个具体的车辆选中，然后点击开始监控控件就会在地图中显示我们所选车辆的具体位置和运行情况。具体的实施效果如图5－55所示。

图5－55　车辆监控界面2

然后单击开始监控，就可以实现具体车辆的具体监控了。下一步我们在派出车辆的管理的时候，我需要对所监控的车辆的数目与信息进行详细的记录，以便于下一步的监控与管理，然后点击车辆管理，在车辆管理页面上会显示新增、编辑与删除3个控件，利用这3个控件可以实现对派出车里信息的很好记录，详情如图5－56所示。

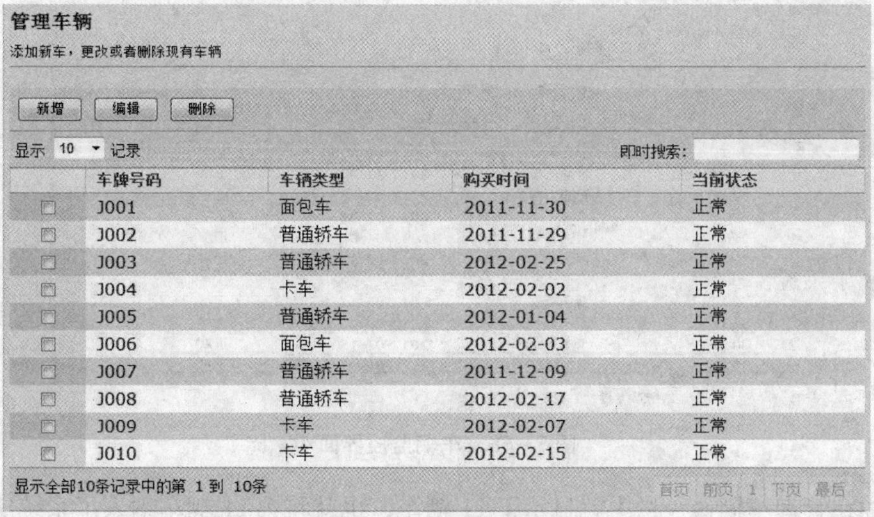

图5－56　车辆监控界面3

接下来对车辆进行详细的管理，我们可以在管理车辆这一栏中，单击“新增”控件按钮，接着会弹出下一个“添加新车”页面，在此页面中会显示车牌号码、车辆类型和购买时间3个文本消息，如图5-57所示。

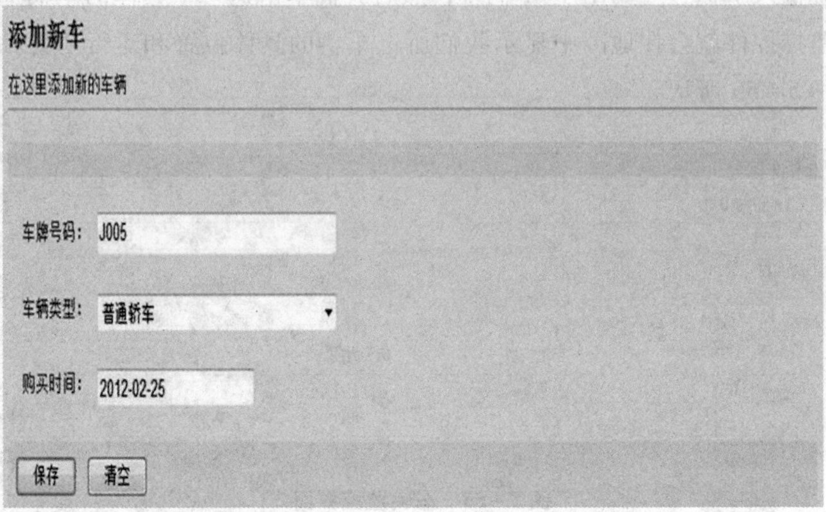

图5-57　添加新车界面

可以在每个的后面填上我们这个车辆的具体详细信息，如添加车辆的车牌号码为J011、车辆类型为普通轿车、购买时间为2012-02-25、当前的状态为正常，在确定了这些信息以后然后点击保存控件，J011就添加到管理车辆中，就可以对车辆进行实时的监控，具体的页面效果体现在图5-58中。

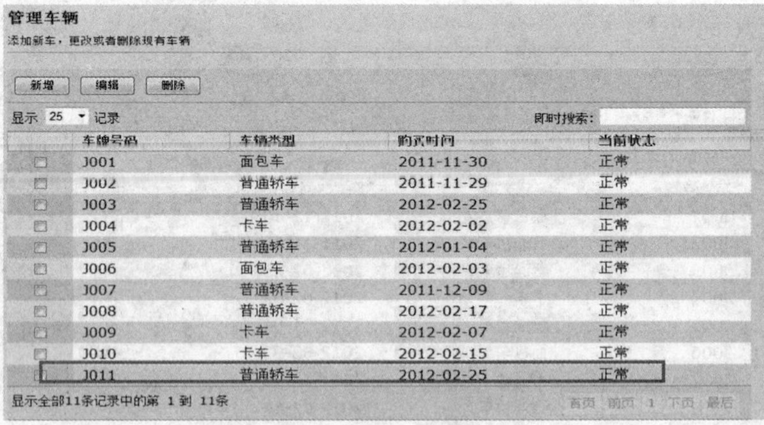

图5-58　车辆监控界面4

这样在管理车辆这一栏中就显示了11辆车，也就将第11辆车纳入了系统所监控的范围之中。当车辆到达目的地以后，车辆的有关信息需要修改就要点击上面3个控件中的“编辑”按钮，在按下按钮之前必须选择我们所要修改的车辆，比如要修改 J005 车辆的信息，首先要在 J005 车辆前面的选择框中用鼠标单击，在确定前面的方框出现一个对勾，表明我们已经选择了这辆车，然后点击“编辑”，就可以进入下一个编辑页面，如图 5－59 所示。

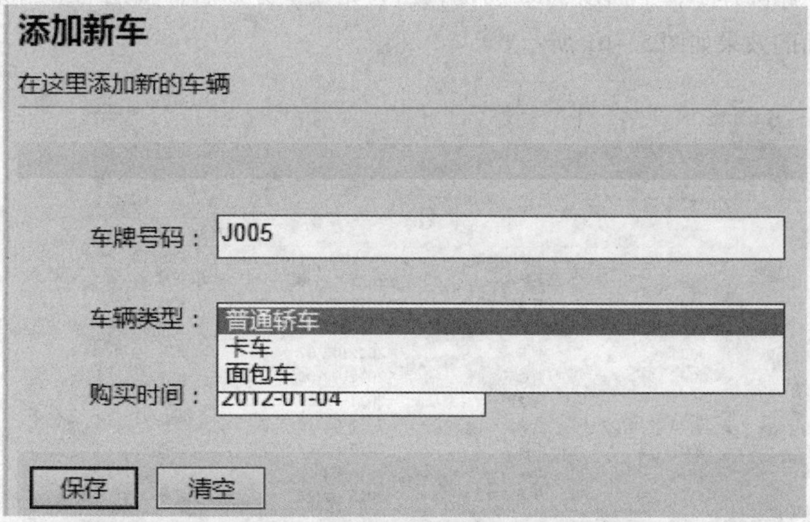

图 5－59　车辆信息修改界面

在这里可以来修改新车的一些属性，可以根据具体情况来修改，点击下拉菜单可显示普通轿车、卡车和面包车，把 J005 的车的车辆类型改成卡车。点击保存，会弹出下一个页面提示，上面写着更新车辆信息成功，此时窗口会自动的跳入管理车辆的窗口，此时显示的窗口如图 5－60 所示。

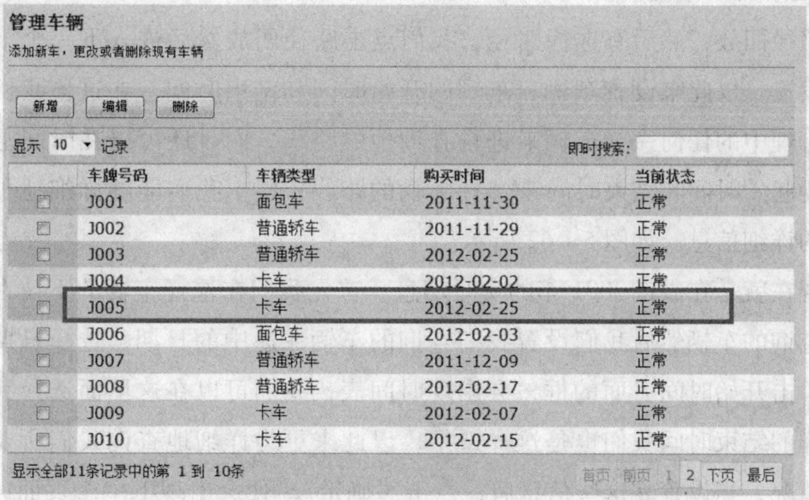

图 5－60　车辆管理界面 1

在此图中可以看到 J005 车的车辆类型成了卡车。

当车辆在完成一定的运输任务之后，就会对它进行信息消除的处理，以免引起不必要的混淆，所以要对管理车辆一栏进行删除，还是先对要删除的车辆进行选择，前面的选项框打上对钩，然后点击 3 个控件中的删除，这样就把完成任务的车辆从车辆管理一栏中删除掉了，下面以 J005 为例，当它完成任务以后，就把他给删除了，但删除后其页面的效果如图 5－61 所示。

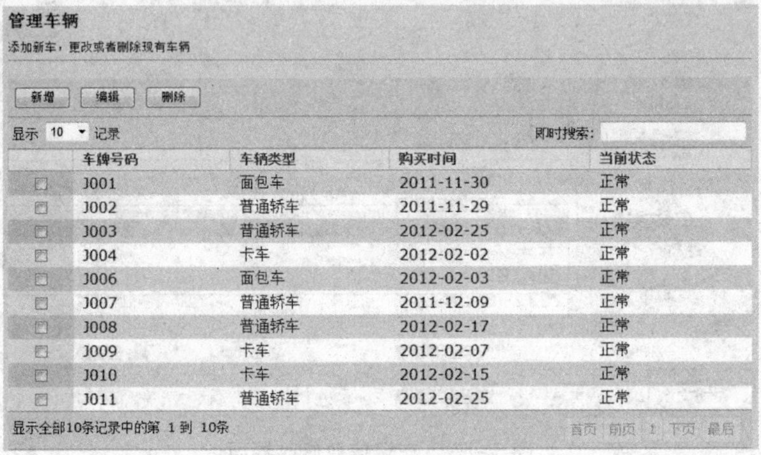

图 5－61　车辆管理界面 2

这样在管理车辆中就只显示 10 个，其中 J005 就没有了，剩下的我们就进行管理而 J005 就离开了我们所管理的范围。我们就这样进行车辆的管理包括对车辆的信息管理和删除与增加。

4. 路径回放

点击路径回放，然后有选择路径，我们点击路径回放然后进入下一个下拉菜单会出现参数设置，以此来设置车辆、车辆的开始时间和结束时间，在这里我们可以来选择在车辆管理中的任何一个车辆来进行查询他的路线，而且还可以在时间上进行选择如他的车辆起始时间和结束时间来选择车辆的路线，便于我们能够详细地了解车辆在运营途中的详细信息。如图 5－62 所示。

我们现在就是在查询 J001 车的实时信息，首先我们在选择车辆的下拉在菜单中选择我们要查询的车辆然后我们设置我们查询的车辆在途中的日期，选择日期是我们可以用鼠标单击开始时间后面的框，会出现时间表，我们可以在这里面选择我们查询的时间，同样的结束时间我们也是这样选择，以此来更为详细地查询我们所要监控的车辆的具体情况，当设置完这些信息后，点击“确定”。便会出现下一个页面，上面显示有开始时间、结束时间和包含点数。如果没有选择好车辆的开始时间、结束时间和包

图 5－62　参数设置界面

含点数，在点“确认”的时候会出现一定的提示，让我们知道操作错误性，如图 5－63 所示。

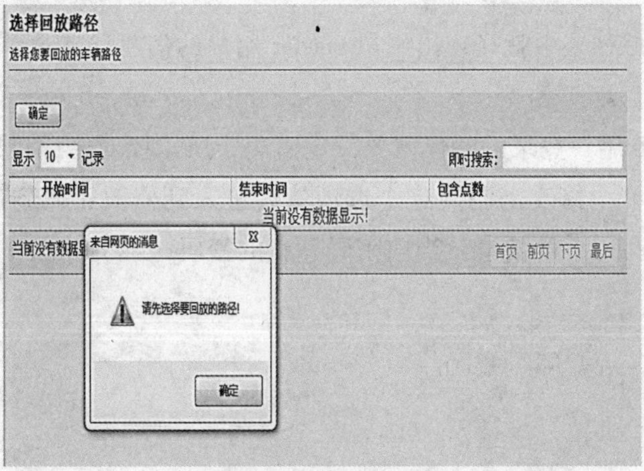

图 5－63　回放路径界面

因为在此我们还没有进行具体的操作实验，所以我们这里没有显示数据。选择路径的优点在于我们能够实时的监控我们的车辆在每时每刻的情况，以便我们能够在恶劣的环境下很好地掌握车辆的动态变化。实现真正意义上的智能监控。

5. 系统设置

点开系统设置控件按钮，弹出下拉菜单，显示有用户管理、修改密码两种选项，点击用户管理我们可以实现对用户的增加、修改和删除等操作，在此页面中有三个操作按钮分别是删除、编辑和新增，这三个按键完成了对用户列表的各种操作，此外还有每页显示的记录规定，我们在这里可以设置每页显示的记录的最大条数，当我们设定后我们就可以在每页看到最高记录是我们设置的记录限额的记录，此软件中设定的每页的显示记录条数分别有 10、25、50、100 四种选项，即时搜索可以实现我们对指定用户信息的搜索，做到一步到位不用我们在那么多繁杂的数据中进行复杂的检索，如图 5－64 所示。

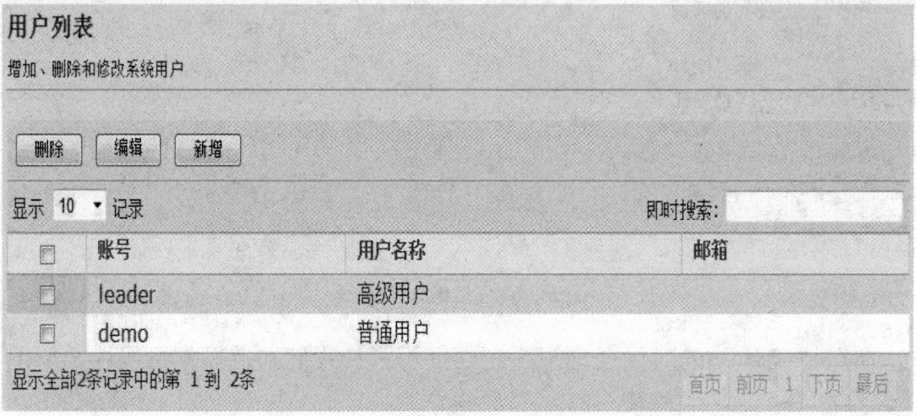

图 5－64　用户列表界面

这样在新的用户列表中就显现出用户 master 用户的信息。

6. 修改密码

在进行 WebGIS 用户登录的时候需要设定密码，所以要对密码进行一定的设定，点击系统设置的子菜单“修改密码”这个选项然后进入到修改密码新的界面中去，根据密码设置的要求填写以下的信息，当前密码和新的密码，填写如图 5－65 所示。

图 5－65　修改密码界面

然后点击保存就可以完成对密码的修改，再重新登录的时候只要输入新的密码就可以了。

5.5 基于物联网技术的智能超市系统设计与实施

5.5.1 系统设计（功能布局）

智能超市的设计是基于RFID技术的全面应用，在智能超市中，商品贴有RFID标签，超市中的货架装有RFID读写器的智能货架，能够智能感知货物，购物车基于智能终端与一体式RFID技术，能实现车辆在室内的定位与货物信息读取等，结算通道基于RFID技术将结算的商品信息快速采集并发送至服务器，自动完成商品结算审核过程。在智能超市中，用户购物流程如下：

首先顾客在智能服务台注册发卡，并将顾客基本信息及充值金额保存到服务器，凭借注册的RFID用户卡，推取智能购物车后，在购物车系统中的读卡器上刷卡登录，登录完成后顾客可以进行选购商品。

选购入车内的商品，将通过射频设备模块直接读取商品信息，顾客可以查看商品的详细信息，并计算总价后显示在购物车的终端屏幕上。此外，顾客可以通过购物导航寻找需要购置的商品的信息，购物车导航上配置超市的电子地图，如果顾客需要查询某一商品的具体地位，可以在触摸屏上查询，那么电子地图上将会显示一条找到该商品的最佳路径。

当顾客购置完货物出去结账时，不需要再排着长队等候收银员扫描，结账，只需要在结账区域等候几秒钟的时间，通过智能结算通道，将购物总价传送至服务器域核对打印便可以结账付款。本章将介绍一个简化版的基于RFID的智能超市系统的设计与实现。

系统主要由智能服务台、智能购物车、智能货架、智能结算通道以及后台服务器组成。智能超市整体架构如图5－66所示。

智能超市整体平面布局如图5－67所示。

下面将对智能超市的关键技术分别介绍。

1. 智能购物车

智能购物车是基于先进的科学技术与创新理念，运用RFID技术原理，实现智能化超市的重要手段。

智能购物车包括购物车体和车上终端两部分。智能购物车车载智能终端要由智能超市软件系统、显示屏和发卡器组成。如图5－68所示。

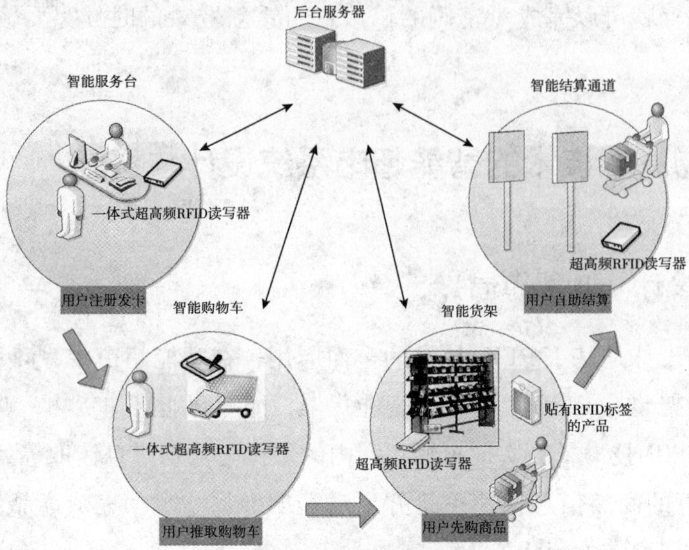

图 5－66　智能超市整体架构

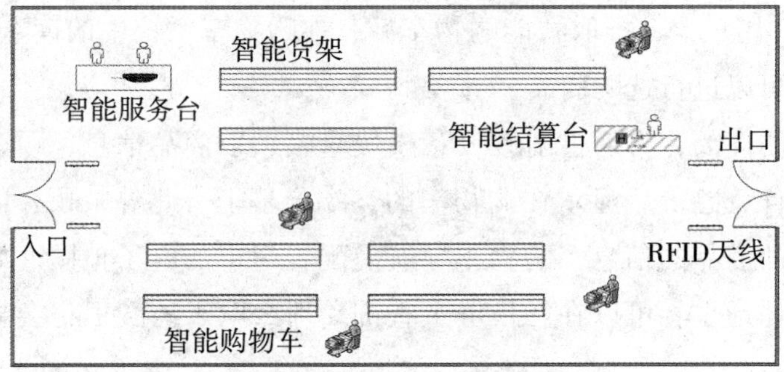

图 5－67　智能超市整体布局平面

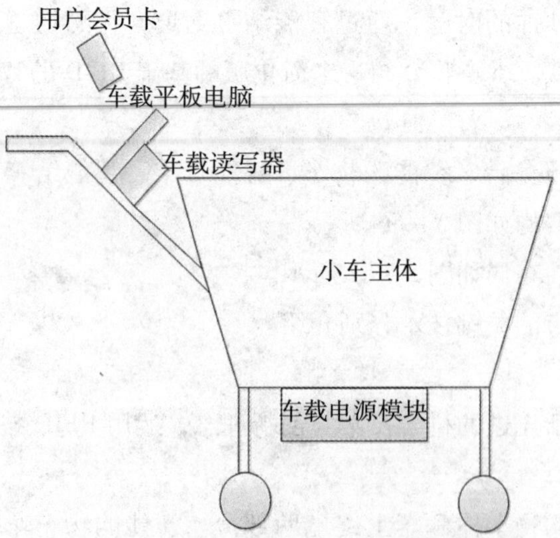

图 5－68　智能购物车系统组成原理

其智能终端具有 RFID 识别、Wi－Fi 数据传输、语音提示、高清晰多媒体播放等多种功能。智能购物车通过智能购物终端传递折扣信息，商家可通过无线传输传递当前折扣信息，提示消费者。智能购物车通过购物终端的 RFID 读卡器与天线，识别商品，并可连接服务器查询商品具体信息，特别是为消费者提供及时的溯源渠道。其流程如图 5－69 所示。

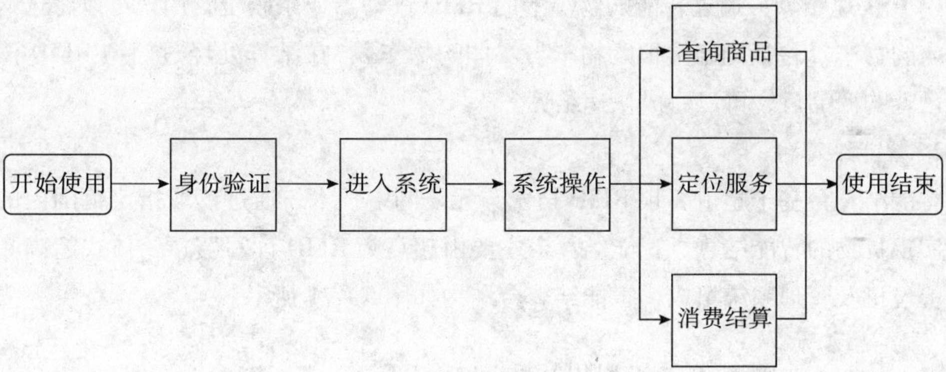

图 5－69　操作流程

智能购物车上的智能终端可以提供购物者识别的商品与购买商品的具体信息，为分析购物习惯提供了数据，如图 5－70 所示。

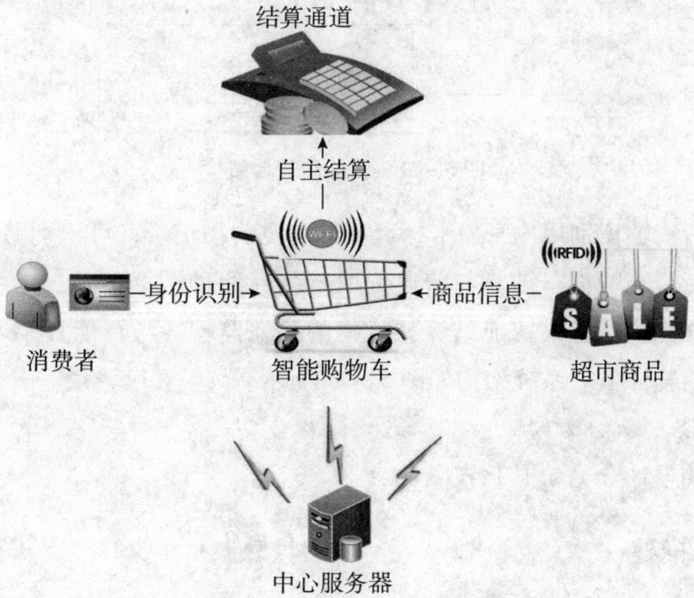

图 5－70　智能购物车系统架构

智能购物车可实现以下功能：

（1）信息查看：通过对数据库信息查询，能够获取商品的详细信息，包括生产信息、配送信息、原材料供应信息等；同时也可以查看商品的打折促销信息等。

（2）身份识别功能：扫描用户卡后可以识别持卡人身份信息，消费卡信息以及购物历史。

（3）商品位置导航：通过与智能货架的信息交互，能够获取商品的位置信息，并通过系统的导航功能快速找到想要的商品。

（4）快速结算：通过智能购物车上的 RFID 读写器或条码枪，用户可以将选购的商品加入购物车（包括网络虚拟购物车与实体购物车），在结算处经过门型 RFID 读写器确认已选购商品后，可以完成快速结算。

2. 智能结算台

智能结算台基于超市高频 RFID 技术与无线网络技术，通过读取指定范围内的货物标签实现货物的智能结算。智能结算台主要由超高频 RFID 读写器、一体式超高频读写器、上位机及管理系统组成，智能结算台结构如图 5－71 所示。

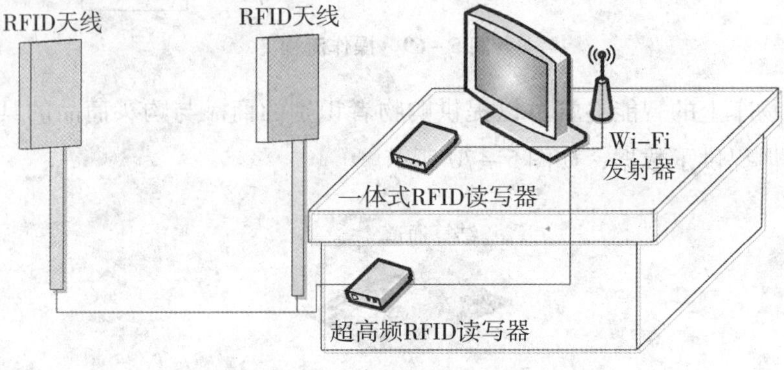

图 5－71 智能结算台结构

智能结算台能够识别用户身份卡，可显示历史购物纪录；可识别贴有 RFID 标签的商品，同时支持智能购物车结算与普通读取式结算两种结算方式。在系统中，模拟超市收银台，能够完成自助式智能结算与货物的防盗监控，与智能货架、智能拣货小车共同完成智能购物环节。系统架构如图 5－72 所示。

3. 智能货架

智能货架的设计参见 5.1.1 节。

5.5.2 系统搭建

1. 智能购物车系统的搭建

智能购物车（如图 5－73 所示）由购物车体和智能车载终端组成，智能购物车车载终端系统软硬件安装（此过程可由相关专业人员完成）。

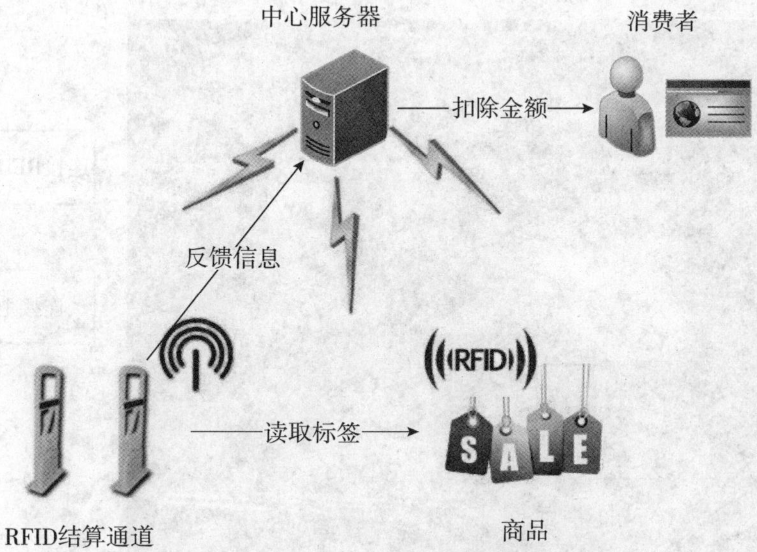

图 5-72 智能结算台系统架构

图 5-73 智能购物车

(1) 将平板电脑安装在购物车上适当位置，并将相关智能超市后台管理系统安装到平板电脑中；安装 RFID 读写器到相关位置，接着连接读写器与平板电脑如图5-74所示。

(2) 安装车载电源，启动电源，搭建完成。

2. 智能结算台的搭建

智能结算台主要由结算台、上位机、一体式 RFID 读写器、通道 RFID 读写器及其天线组成。如图 5-75 所示。

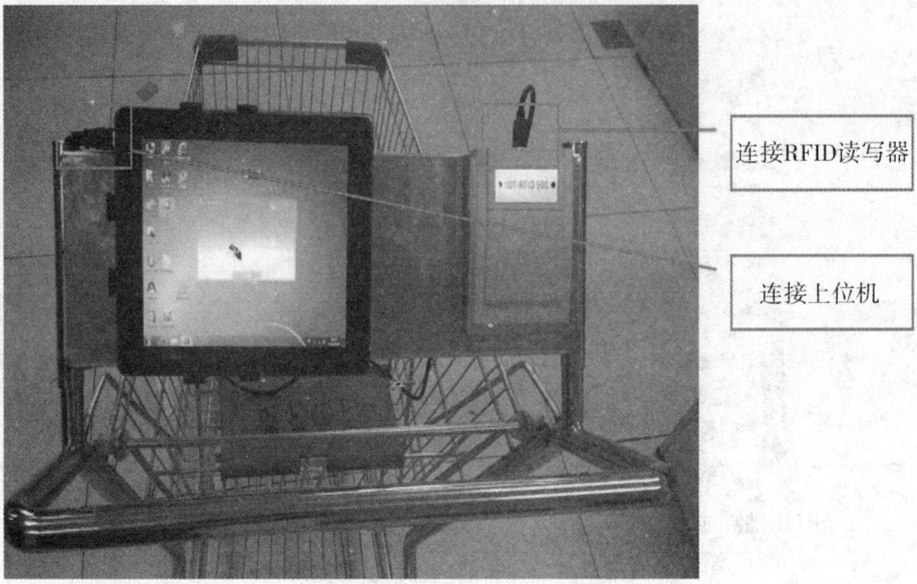

图 5－74　智能购物车车载智能终端

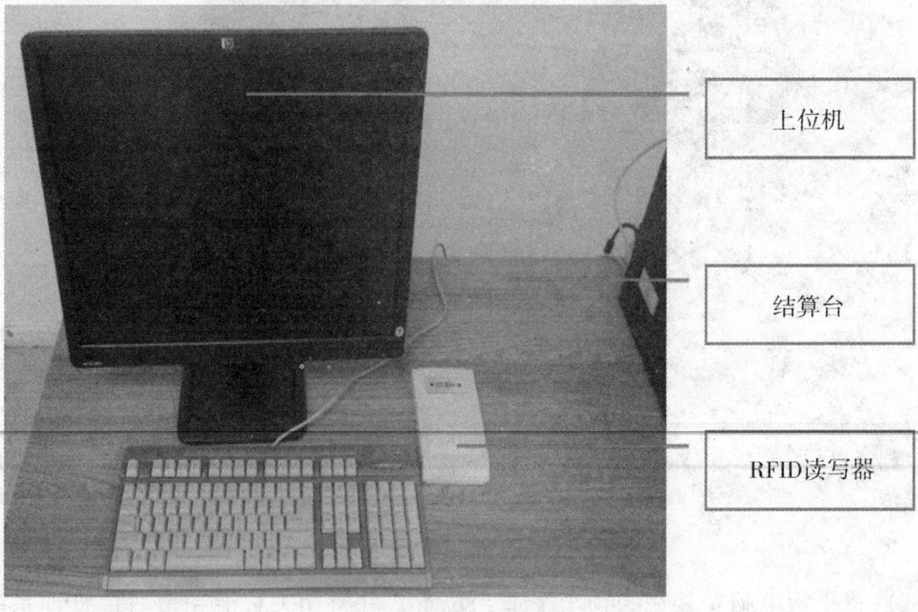

图 5－75　智能结算台

（1）布置好结算台格局，配备上位机、一体式 RFID 读写器、通道超高频 RFID 读写器和 RFID 天线（如图 5－76 所示）。

（2）完成通道超高频 RFID 读写器和 RFID 天线的安装之后，再完成读写器与上位机通信过程的连通。读写器与上位机之间可以通过网口进行相连或通过串口相连均可（如图 5－77 所示）。

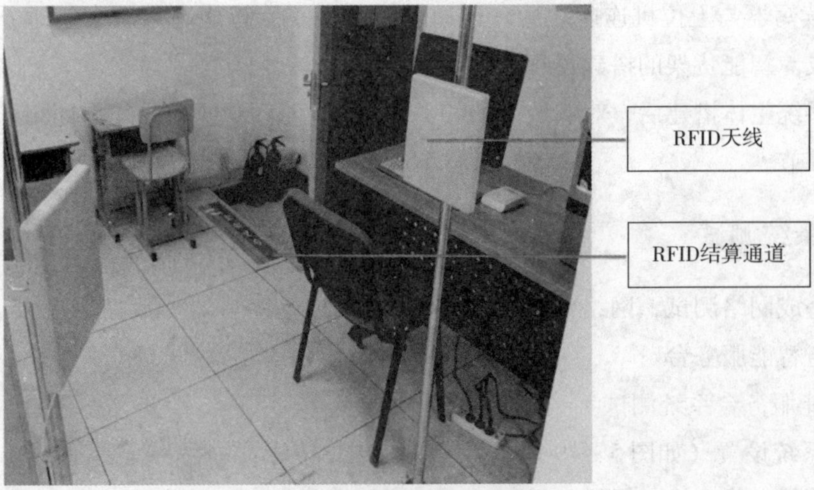

图 5－76　智能结算通道

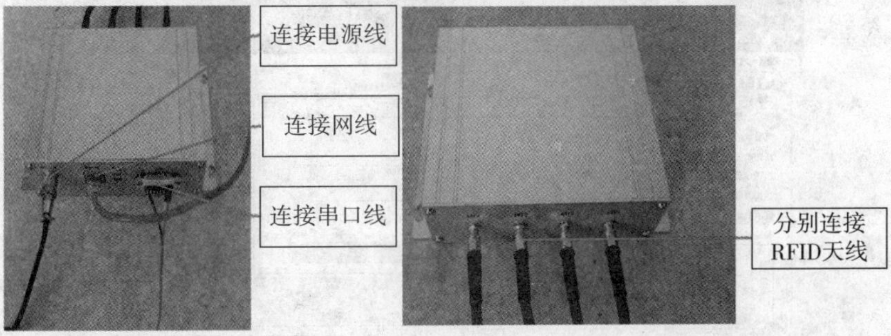

图 5－77　RFID 读写器连接

（3）完成一体式 RFID 读写器（如图 5－78 所示）与上位机连通，连接方式为 USB 转串口的方式（同时完成通信与供电）。

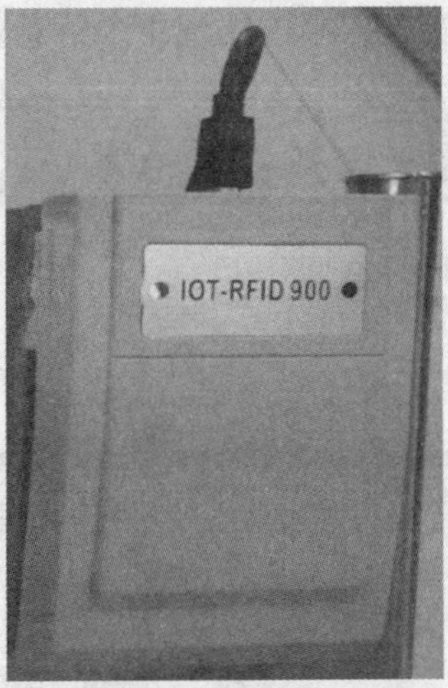

图 5－78　一体式 RFID 读写器

（4）读写器与上位机连通之后，连通电源，再安装智能超市后台管理系统，则系统搭建完成。智能货架的搭建过程参见 5.1.2 节。

完成系统主体搭建后，对系统中的相关设备进行 IP 地址的分配与网络连接，过程参见 5.1.2 节。

5.5.3　系统测试

首先完成网络测试，网络测试内容包括结算通道读写器、数据服务器、购物车、智能货架与智能服务台。

1. 智能服务台系统测试

（1）系统设置（如图 5－79 所示）

打开软件时首先进行系统的设置，包括串口参数设置和服务器 IP。

图 5－79　系统设置界面

（2）用户管理

在界面左侧选择用户信息管理，单击出现用户信息，如图 5－80 所示。

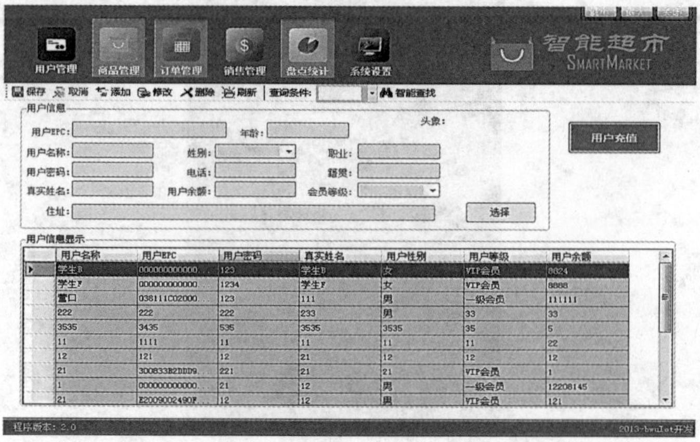

图 5－80　用户管理界面

点击“用户充值”，点击“读取”来对用户的会员卡进行读取，然后输入需要充值的金额（如图 5－81 所示）。

图 5－81 用户充值界面

2. 智能货架系统测试

（1）商品管理

通过查看商品管理，可以查看某个商品的价格、类别、位置、折扣信息，最主要的是可以查看库存与销量信息。可以通过超市后台进行商品上架与库存的查看，方便超市前后台的沟通交流。选中“商品管理”选项卡，然后点击“选择商品”信息管理，显示商品信息的界面如图 5－82 所示。

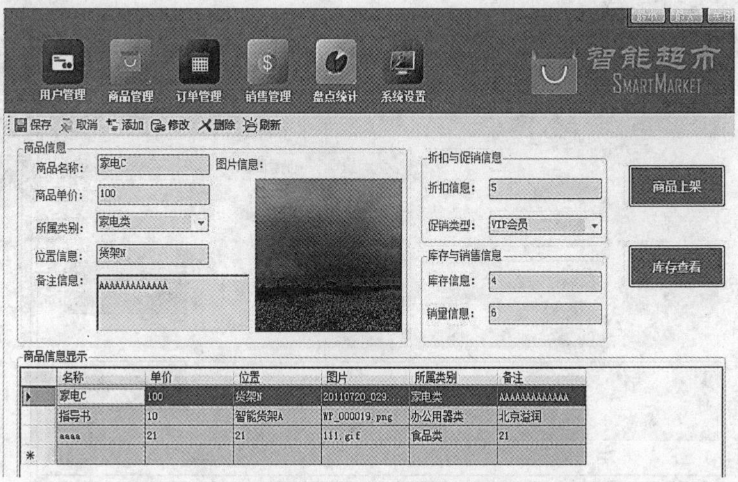

图 5－82 商品管理界面

①商品上架（如图5－83所示）。点击商品上架按钮会出现读取需要上架商品的界面窗口，点击读取对商品进行读取，然后输入或者选择商品的名称，最后点击添加可以浏览需要的商品信息文件，也可手动添加，完善信息后可以点击添加按钮完成信息录入。添加成功时会出现添加成功界面点击“确定”即可。

图5－83　商品上架界面

②库存查看（如图5－84所示）。为了及时地为前台供货以及库存的盘点，此软件设计了库存查看功能，在商品信息显示栏里选择需要查看的商品，接着点击“库存”查看。

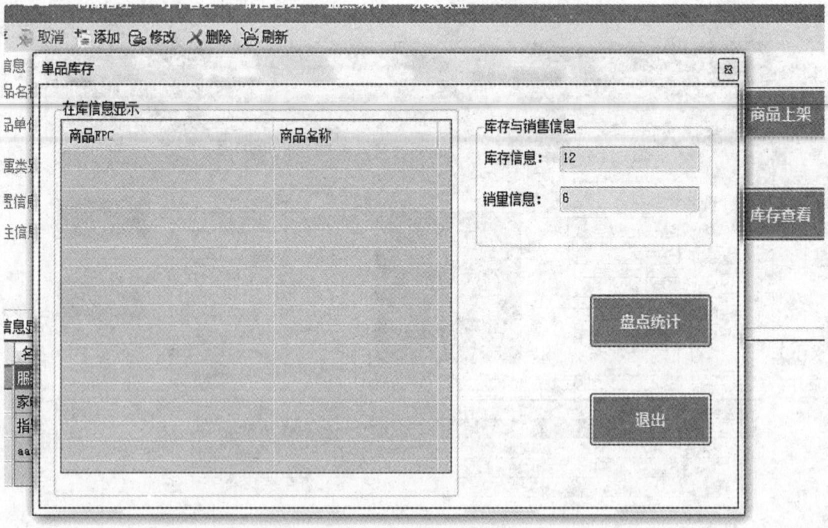

图5－84　库存查看界面

(2) 销售管理

可以查询销售历史，也可以按照商品名称、时间查询订单查询销售统计。点击销售管理，界面如图 5－85 所示。

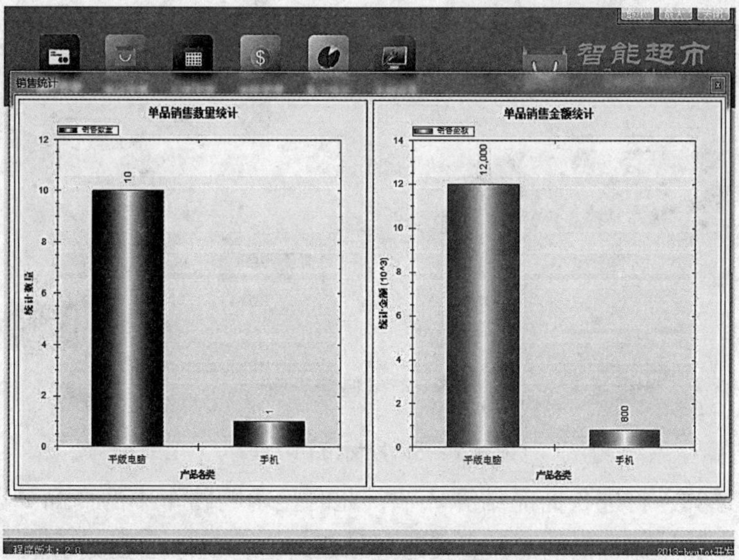

图 5－85　销售管理界面

(3) 盘点统计（如图 5－86 所示）

点击盘点统计按钮，可以输入查询条件，也可直接在“在库信息栏显示”中选择商品点击，可以进行盘点统计也可以进行商品追溯。

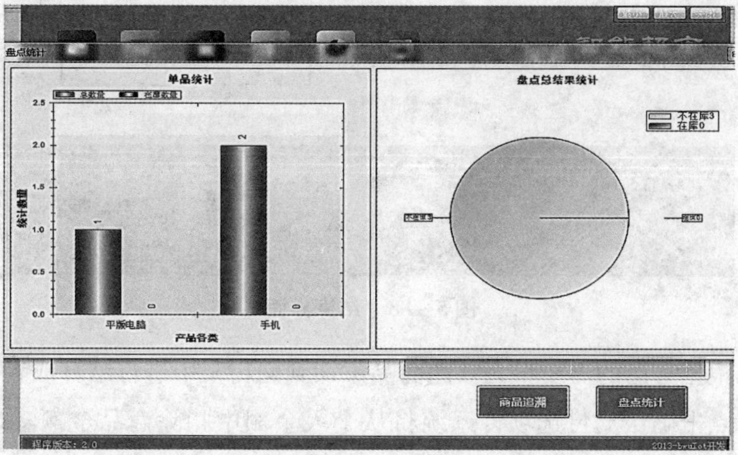

图 5－86　盘点界面

通过柱形图和饼状图可以清晰地看出单品的总数量和在库数量以及不在库数量和在库数量。

商品追溯界面如图 5－87 所示。

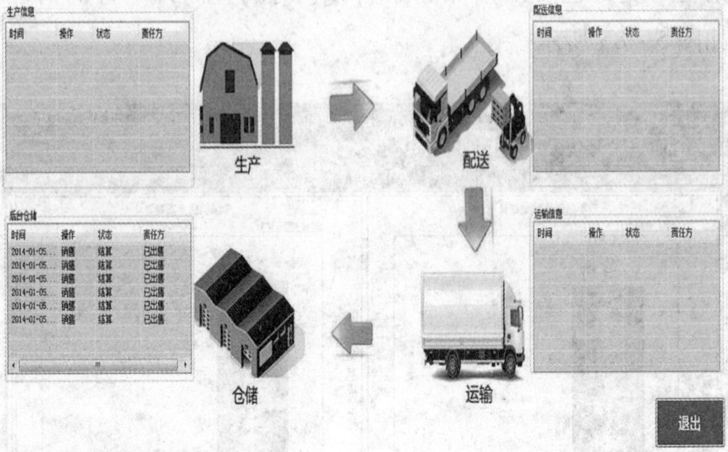

图 5－87　追溯界面

3. 智能结算台系统测试（如图 5－88 所示）

点击商品结算，将进入商品结算环节，此时显示购物车中的商品如图所示，如果没有使用智能购物车添加的商品，直接通过结账通道，则将在无效商品栏中显示。

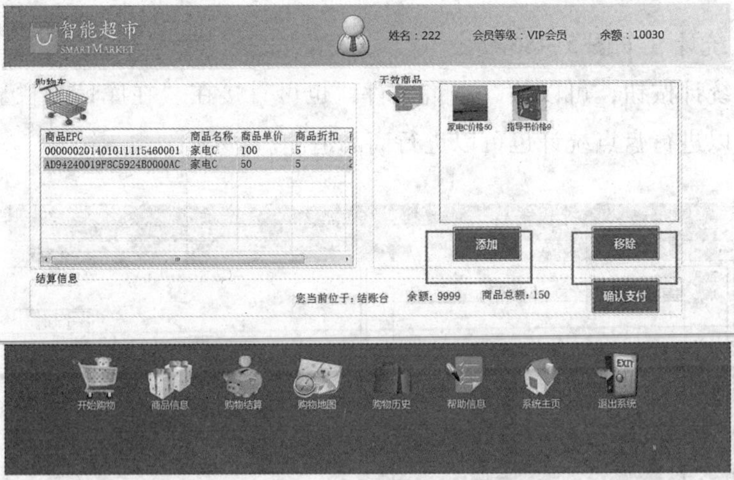

图 5－88　结算界面

顾客可以根据自己的需要将无效的商品添加到购物车中进行结算或者移除。

如无误，点击确认支付选项，系统将从个人余额中扣除商品金额。结算完成，显示结算成功提示。

6　典型物联网工程系统软件开发

6.1　设备接口开发

6.1.1　基于 UDP 的 RFID 开发接口

1. 基于 UDP 的 RFID 开发接口概述

基于超高频 RFID 技术的仓储管理系统应用 V547 超高频 RFID 实现仓储系统的出入库管理，VF547 超高频 RFID 基于 UDP 与上位机进行通信，因此系统的实现基于 UDP 的开发接口，下面将对基于 UDP 的 V547 超高频 RFID 开发接口进行介绍。

UDP 是 User Datagram Protocol 的简称，中文名是用户数据包协议，是 OSI 参考模型中一种无连接的传输层协议，提供面向事务的简单不可靠信息传送服务。

UDP 报头由 4 个域组成，其中，每个域各占用 2 个字节，主要由源端口号、目标端口号、数据报长度、校验值四部分组成。

UDP 协议使用端口号为不同的应用保留其各自的数据传输通道。UDP 和 TCP 协议正是采用这一机制实现对同一时刻内多项应用同时发送和接收数据的支持。数据发送一方（可以是客户端或服务器端）将 UDP 数据报通过源端口发送出去，而数据接收一方则通过目标端口接收数据。有的网络应用只能使用预先为其预留或注册的静态端口；而另外一些网络应用则可以使用未被注册的动态端口。因为 UDP 报头使用 2 个字节存放端口号，所以端口号的有效范围是从 0～65535。一般来说，大于 49151 的端口号都代表动态端口。

数据报的长度是指包括报头和数据部分在内的总字节数。因为报头的长度是固定的，所以该域主要被用来计算可变长度的数据部分（又称为数据负载）。数据报的最大长度根据操作环境的不同而各异。从理论上说，包含报头在内的数据报的最大长度为 65535 字节。不过，一些实际应用往往会限制数据报的大小，有时会降低到 8192 字节。

UDP 协议使用报头中的校验值来保证数据的安全。校验值首先在数据发送方通过特殊的算法计算得出，在传递到接收方之后，还需要再重新计算。如果某个数据报在传输过程中被第三方篡改或者由于线路噪声等原因受到损坏，发送和接收方的校验计算值将不会相符，由此 UDP 协议可以检测是否出错。这与 TCP 协议是不同的，后者要求必须具有校验值。

许多链路层协议都提供错误检查，包括流行的以太网协议，也许想知道为什么 UDP 也要提供检查和。其原因是链路层以下的协议在源端和终端之间的某些通道可能不提供错误检测。虽然 UDP 提供有错误检测，但检测到错误时，UDP 不做错误校正，只是简单地把损坏的消息段扔掉，或者给应用程序提供警告信息。

UDP 协议的几个特性：

（1）UDP 是一个无连接协议，传输数据之前源端和终端不建立连接，当它想传送时就简单地去抓取来自应用程序的数据，并尽可能快地把它扔到网络上。在发送端，UDP 传送数据的速度仅仅是受应用程序生成数据的速度、计算机的能力和传输带宽的限制；在接收端，UDP 把每个消息段放在队列中，应用程序每次从队列中读一个消息段。

（2）由于传输数据不建立连接，因此也就不需要维护连接状态，包括收发状态等，因此一台服务机可同时向多个客户机传输相同的消息。

（3）UDP 信息包的标题很短，只有 8 个字节，相对于 TCP 的 20 个字节信息包的额外开销很小。

（4）吞吐量不受拥挤控制算法的调节，只受应用软件生成数据的速率、传输带宽、源端和终端主机性能的限制。

（5）UDP 使用尽最大努力交付，即不保证可靠交付，因此主机不需要维持复杂的链接状态表（这里面有许多参数）。

（6）UDP 是面向报文的。发送方的 UDP 对应用程序交下来的报文，在添加首部后就向下交付给 IP 层。既不拆分，也不合并，而是保留这些报文的边界，因此，应用程序需要选择合适的报文大小。

虽然 UDP 是一个不可靠的协议，但它是分发信息的一个理想协议。例如，在屏幕上报告股票市场、在屏幕上显示航空信息等。UDP 也用在路由信息协议 RIP（Routing Information Protocol）中修改路由表。在这些应用场合下，如果有一个消息丢失，在几秒之后另一个新的消息就会替换它。UDP 广泛用在多媒体应用中，例如，Progressive Networks 公司开发的 RealAudio 软件，它是在因特网上把预先录制的或者现场音乐实时传送给客户机的一种软件，该软件使用的 RealAudio audio - on - demand protocol 协议就是运行在 UDP 之上的协议，大多数因特网电话软件产品也都运行在 UDP 之上。

系统中的读写器将数据通过网络 UDP 的方式发送到指定的让位机，上位机通过 UDP 的方式接收数据并将数据转发到应用系统中，系统将接收到的数据按照标准协议解析后发送给应用模块。通信示意如图 6－1 所示。

图 6－1　通信示意

系统输出的数据格式如图 6－2 所示。

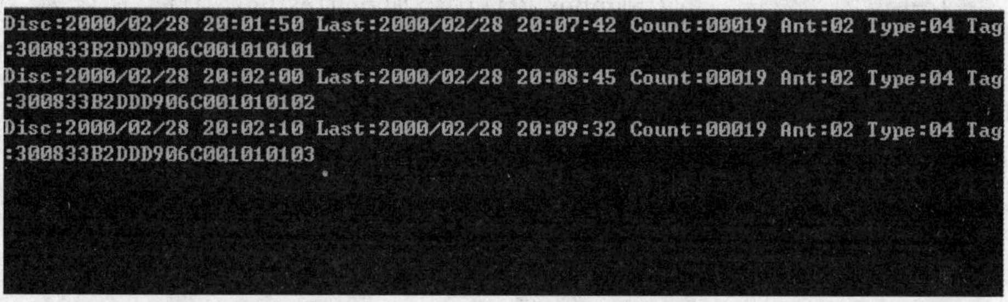

图 6－2　读写器输出的数据格式

各数据段的含义如表 6－1 所示。

表 6－1　各数据段含义

数据格式	数据含义
Disc：2000/02/28 20：01：51	开始时间
Last：2000/02/28 20：07：42	结束时间
Count：00019	数据应用数量
Ant：02	天线接口选择
Type：04	类型选择
300833B2DDD906C001010101	商品标签 Tag

应用模块通过 UDP 的方式发送请求来获取指定读写器的数据，数据发送格式如下：6221560597766792

sockClient. Send（“{\”command\“：\”subscribe\“，\”content\“：\”reader1\“}”）；

同时，开发接口接收到应用模块的请求后，将标准格式的数据发送的指定的请求模块，应用模块接收到数据后将数据解析并应用。

2. 界面设计

（1）新建窗体 Form：将 windows Form 命名为“Frm_ SP”，属性 Text 的值为“串

口通信”，窗体作为整个程序各个功能控件的载体。

(2) 添加两个 ComBox 控件，命名为“Cb_ Sp”和“Cb_ Bt”，分别表示串口名称和串口的波特率，并分别添加 label 控件加以标识。

(3) 添加一个 Button 控件，命名为“Btn_ Open”，用来触发打开串口事件。

(4) 添加两个 GroupBox 控件，分别命名为“Gb_ Receive”和“Gb_ Send”，属性 Text 值分别为“数据接收”和“数据发送”，作为其他控件的容器。

(5) 在 Text 值为“接收”的 GroupBox 控件中添加 richTextBox 控件，命名为“txt-Msg”；在 Text 值为“发送”的 GroupBox 控件中添加 richTextBox 控件，命名为“txtSen-dMsg”。richTextBox 分别用来获取和显示发送的接收的信息。在 Text 值为“发送”的 GroupBox 控件中添加一个 Button 控件，命名为“Btn_ Send”，用来触发发送事件。

(6) 在 Text 值为“接收”的 GroupBox 控件中添加两个 RadioBox 控件，命名为“Rab_ Hex”和“Rab_ Com”，用来表示十六进制的选项和换行选项；在 Text 值为“发送”的 GroupBox 控件中添加 RadioBox 控件，命名为“Rab_ HexS”，用来表示发送数据的十六进制的选项。

客户端程序界面设计示例如图 6－3 所示。

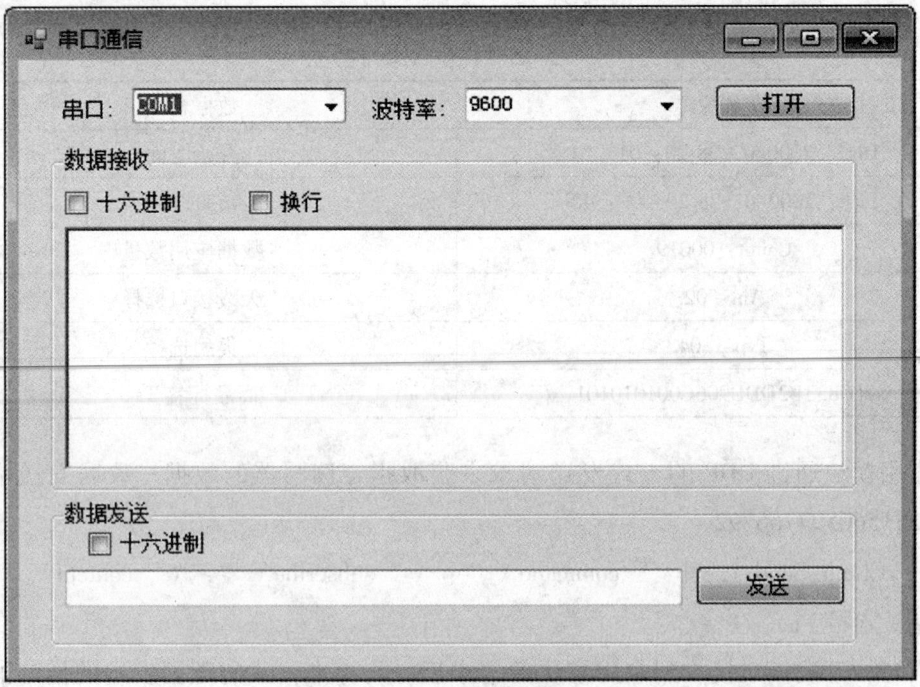

图 6－3　客户端程序界面设计示例

程序窗体、控件对象的主要属性设置如表 6－2 所示。

表 6-2　　　　窗体的各种控件及其属性

控件属性	主要属性	功　能
Form	(Name) = Frm_ SP	窗体控件
	Text = “串口通信”	窗体标题栏显示的程序名称
GroupBox	(Name) = Gb_ Send	组容器
	Text = “发送”	作为各类控件容器
	(Name) = Gb_ Receive	组容器
	Text = “接收”	作为各类控件容器
TextBox	(Name) = txtSend	文本框控件
	Text = “”	发送信息
	(Name) = txtName	文本框控件
	Text = “”	输入用户名
Button	(Name) = btnCon	事件执行控件
	单击事件 = btnCon _ Click	按钮被单击时，执行操作
	Text = “打开”	设置显示名称
	(Name) = btnSend	事件执行控件
	单击事件 = btnSend _ Click	按钮被单击时，执行发送操作
	Text = “发送”	设置显示名称
richTextBox	(Name) = txtMsg	多行文本框控件

3. 接口关键代码设计

(1) 引用命名空间

System. IO. Ports 命名空间包含了控制串口重要的 SerialPort 类，该类提供了同步 I/O 和事件驱动的 I/O、对管脚和中断状态的访问以及对串行驱动程序属性的访问，所以在程序代码起始位置需加入 Using System. IO. Ports。代码如下：

```
using System;
using System. Collections. Generic;
using System. ComponentModel;
using System. Data;
using System. Drawing;
using System. Linq;
using System. Text;
using System. Windows. Forms;
```

using System. IO. Ports;

（2）串口初始化

首先通过代码实现 PC 端与读写器的通信，初始化窗体时，定义串口相应的属性，参考代码如下：

```
SerialPort comport1; //定义一个 SerialPort 实例
    List < byte >  maxbuf = new List < byte > (); //创建列表，存储读取到的标签数据
    public Frm_ UHF ()
      {
          InitializeComponent ();
          comport1 = new SerialPort ( "com4", 57600, Parity. None, 8, StopBits. One); //定义串口属性
          comport1. DataReceived  + = new SerialDataReceivedEventHandler (comport_ DataReceived); //注册 DataReceived 事件
      }
```

（3）连接串口，测试读写器状态

串口初始化后，尝试通过串口连接外设，点击【连接】按键，由 button_ Click 事件触发连接串口，参考代码如下所示：

```
  private void btn_ link_ Click (object sender, EventArgs e)
    {
       if (btn_ link. Text = = "连接")
       {
         if (comport1. IsOpen) comport1. Close (); //若串口已断开，关闭串口
         try
          {
              comport1. Open (); //打开串口
              SendCommandToRmu900 ( "aa020055"); //查询状态
              btn_ link. Text = "断开";
          }
          catch (Exception ee)
           {
              MessageBox. Show (ee. ToString ());
           }
```

```
            }
        else
            {
                try
                {
                    SendCommandToRmu900 ( "aa021255"); //读写器停止读取
                    comport1. Close (); //关闭串口
                    btn_ link. Text = "连接";
                }
                catch { }
            }
    }
```

当点击连接按钮时，若读写器发出“滴”的一声蜂鸣，表明读写器状态良好，可以读取数据。

(4) 通过串口发送读取指令

通过串口向超高频 RFID 读写器发送读取指令，操作读写器开始标签的读取，从而实现标签识别，点击【开始读取】按键，由 btn_ Read_ Click 事件触发标签的读取，其参考代码如下：

```
private void btn_ Read_ Click (object sender, EventArgs e)
    {
        if (btn_ Read. Text = = "开始读取")
        {
            SendCommandToRmu900 ( "aa03110355"); //发送读取指令
            btn_ Read. Text = "停止读取";
        }
        else
        {
            SendCommandToRmu900 ( "aa021255"); //发送停止读取指令
            btn_ Read. Text = "开始读取";
        }
    }
```

指令发送成功后，读写器开始工作，若读到超高频 RFID 标签，读写器将发出

"滴"的蜂鸣声。

（5）读写器操作指令解析方法

通过串口通信发送的操作读写器的指令需要通过解析方法转化为相应的口令发送至读写器，进行读写器的操作，其解析方法参考示例如下：

```
private void SendCommandToRmu900 (string str0)
{
    string str1, str2;
    str1 = "";
    for (int i =2; i < str0. Length - 2; i + =2)
    {
        str2 = str0. Substring (i, 2);
        if (str2 = = "FF" | | str2 = = "AA" | | str2 = = "55")
            str2 = "FF" + str2;
        str1 + = str2;
    }
    str0 = "AA" + str1 + "55";
    MatchCollection mc = Regex. Matches (str0, @"(? i) [ \ da - f] {2}");
    List < byte > buf = new List < byte > (); //填充到这个临时列表中
    //依次添加到列表中
    foreach (Match m in mc)
    {
        buf. Add (Byte. Parse (m. ToString ( ), System. Globalization. Number
Styles. HexNumber));
    }
    //转换列表为数组后发送
    if (comport1. IsOpen)
        comport1. Write (buf. ToArray ( ), 0, buf. Count);
}
```

（6）返回标签数据解析

读写器读取到数据后，通过串口通信返回数据，触发 DataReceived 事件，通过获取接收到的数据，并对数据进行解析，获取相应的 RFID 标签所存储的数据信息，参考代码示例如下。

```
private void comport_ DataReceived (object sender, SerialDataReceivedEventArgs e)
    {
        this. Invoke (new EventHandler (HandleSerialData)); //触发事件处理
}
  private void HandleSerialData (object s, EventArgs e)
    {
        try
         {
            int n = comport1. BytesToRead; //n 为返回的字节数
            byte [ ] buf = new byte [n]; //初始化 buf 长度为 n
            comport1. Read (buf, 0, n); //读取返回数据并赋值到数组
            maxbuf. AddRange (buf); //将 buf 数组添加到 maxbuf
            while (maxbuf. Count > =19 && maxbuf [maxbuf. Count - 1] = =85)
             {
                if (maxbuf [1] ! =17) //获得串不是返回的标签数据, 数据修正
                 {
                    maxbuf. RemoveRange (0, maxbuf [1] + 2);
                 }
                if (maxbuf [2] = =17 && maxbuf. Count > 3)
                 {
                    byte [ ] binary_ data_ 1 = new byte [maxbuf [1] + 2];
                    maxbuf. CopyTo (0, binary_ data_ 1, 0, maxbuf [1] + 2);
                    StringBuilder str0 = new StringBuilder ();
                    foreach (byte b in binary_ data_ 1)
                     {
                        str0. Append (b. ToString ("X2"));
                     }
                    string id = str0. ToString () . Substring (8, (maxbuf [1] -
3) * 2);
                    Code. Text = id;
                    maxbuf. RemoveRange (0, maxbuf [1] + 2);
                 }
                 if (maxbuf. Count > =10 && maxbuf [2] = =32 && maxbuf
```

```
[maxbuf. Count - 1] = =85) //读取数据解析
                    {
                        byte [] binary_ data_ 1 = new byte [maxbuf [1] + 2];
                        maxbuf. CopyTo (0, binary_ data_ 1, 0, maxbuf [1] + 2);
                        StringBuilder str0 = new StringBuilder ();
                        foreach (byte b in binary_ data_ 1)
                        {
                            str0. Append (b. ToString ( "X2"));
                        }
                    }
                }
            }
            catch { }
        }
```

通过对返回数据的解析，在文本框 Code 中显示标签数据。

6. 1. 2 基于串口的 RFID 开发接口介绍

1. 基于串口的 RFID 开发接口概述

基于物联网技术的智能超市系统应用 V547 超高频 RFID 实现超市系统的结算子系统，相关接口参见 6. 1. 1 节，同时系统的智能购物子系统模块基于一体式超高频 RFID，一体式超市频 RFID 通过串口与上位机进行通信，因此系统的实现基于串口的开发接口，下面将对基于串口一体式 RFID 的开发接口进行介绍。

串口是计算机上一种非常通用设备通信的协议。大多数计算机包含两个基于 RS232 的串口。串口同时也是仪器仪表设备通用的通信协议；很多 GPIB 兼容的设备也带有 RS－232 口。同时，串口通信协议也可以用于获取远程采集设备的数据。

串口通信的概念非常简单，串口按位（bit）发送和接收字节。尽管比按字节（byte）的并行通信慢，但是串口可以在使用一根线发送数据的同时用另一根线接收数据。它很简单并且能够实现远距离通信。比如 IEEE488 定义并行通行状态时，规定设备线总长不得超过 20m，并且任意两个设备间的长度不得超过 2m；而对于串口而言，长度可达 1200m。典型地，串口用于 ASCII 码字符的传输。通信使用 3 根线完成：①地线；②发送；③接收。由于串口通信是异步的，端口能够在一根线上发送数据同时在另一根线上接收数据。其他线用于握手，但不是必需的。串口通信最重要的参数是波特率、数据位、停止位和奇偶校验。对于两个进行通信的端口，以下参数必须匹配。

（1）波特率

这是一个衡量通信速度的参数，表示每秒钟传送的 bit 的个数。例如，300 波特表示每秒钟发送 300 个 bit。当我们提到时钟周期时，就是指波特率，例如，如果协议需要 4800 波特率，那么时钟是 4800Hz。这意味着串口通信在数据线上的采样率为 4800Hz。通常电话线的波特率为 14400、28800 和 36600。波特率可以远远大于这些值，但是波特率和距离成反比。高波特率常常用于放置的很近的仪器间的通信，典型的例子就是 GPIB 设备的通信。

（2）数据位

这是衡量通信中实际数据位的参数。当计算机发送一个信息包，实际的数据不会是 8 位的，标准的值是 5 位、7 位和 8 位。如何设置取决于你想传送的信息。比如，标准的 ASCII 码是 0～127（7 位）。扩展的 ASCII 码是 0～255（8 位）。如果数据使用简单的文本（标准 ASCII 码），那么每个数据包使用 7 位数据。每个包是指一个字节，包括开始/停止位、数据位和奇偶校验位。由于实际数据位取决于通信协议的选取，术语“包”指任何通信的情况。

（3）停止位

用于表示单个包的最后一位。典型的值为 1 位、1.5 位和 2 位。由于数据是在传输线上定时的，并且每一个设备有其自己的时钟，很可能在通信中两台设备间出现了小小的不同步。因此停止位不仅仅是表示传输的结束，并且提供计算机校正时钟同步的机会。适用于停止位的位数越多，不同时钟同步的容忍程度越大，但是数据传输率同时也越慢。

（4）奇偶校验位

在串口通信中是一种简单的检错方式。有四种检错方式：偶、奇、高和低。当然，没有校验位也是可以的。对于偶和奇校验的情况，串口会设置校验位（数据位后面的一位），用一个值确保传输的数据有偶个或者奇个逻辑高位。例如，如果数据是 011，那么对于偶校验，校验位为 0，保证逻辑高的位数是偶数个。如果是奇校验，校验位位 1，这样就有 3 个逻辑高位。高位和低位不是真正的检查数据，简单置位逻辑高或者逻辑低校验。这样使得接收设备能够知道一个位的状态，有机会判断是否有噪声干扰了通信或者是否传输和接收数据是否不同步。

（5）RS－232

RS－232（ANSI/EIA－232 标准）是 IBM－PC 及其兼容机上的串行连接标准。可用于许多用途，比如连接鼠标、打印机或者 Modem，同时也可以接工业仪器仪表，用于驱动和连线的改进，实际应用中 RS－232 的传输长度或者速度常常超过标准的值。RS－232 只限于 PC 串口和设备间点对点的通信。RS－232 串口通信最远距离是 50

英尺。

读写器通过串口方式与上位机进行通信，上位机通过串口向读写器发送下行指令对读写器进行控制，包括基本的读写操作、功率设置、读取功率、停止操作等，常用UHF RFID 控制指令如表6－3所示。

表6－3　　常用UHF RFID指令集

功　能	控制命令示例
询问状态	AA 02 00 55
读取功率设置	AA 02 01 55
设置功率	AA 04 02 01 1A 55
读取频率设置	AA 02 05 55
设置频率	AA 09 06 00 01 73 05 0F 02 00 55
读取 RMU 信息	AA 02 07 55
识别标签（单标签识别）	AA 02 10 55
识别标签（防碰撞识别）	AA 03 11 03 55
停止操作	AA 02 12 55
读取标签数据	AA 0C 13 00 00 00 00 01 01 01 08 00 00 01 55
写入标签数据	AA 0F 14 00 00 00 00 01 01 01 10 00 08 00 00 01 55
擦除标签数据	AA 0D 15 00 00 00 00 11 01 01 08 00 00 01 55
锁定标签	AA 0D 16 00 00 00 00 00 10 04 08 00 00 01 55
销毁标签	AA 0A 17 00 00 00 00 08 00 00 01 55
识别标签（单步识别）	AA 02 18 55
韦根识别	AA 02 19 55
读取标签数据（不指定UII）	AA 09 20 00 00 00 00 01 01 01 55
写入标签数据（不指定UII）	AA 0B 21 00 00 00 00 01 01 01 10 00 55

2. 界面设计

（1）客户端

①新建窗体Form：将windows Form命名为“Frm_ UDPC”，属性Text的值为“客户端”，窗体作为整个程序各个功能控件的载体。

②添加两个GroupBox控件，分别命名为“Gb_ Send”和“Gb_ config”，属性Text值分别为“发送”和“配置信息”，作为其他控件的容器。

③在Text值为“发送”的GroupBox控件中添加richTextBox控件，命名为“txtRecMsg”。richTextBox用来获取接收的信息。

④在 Text 值为“配置信息”的 GroupBox 控件中添加三个 TextBox 控件，并添加相应的 Label 控件作为标识。三个控件分别用来设置服务器的 IP、端口（与服务器匹配）和用户名称（自定义）。

⑤添加一个 Button 控件，命名为“btnSend”，用于定义向服务器发送数据的代码。

客户端程序界面设计示例如图 6－4 所示。

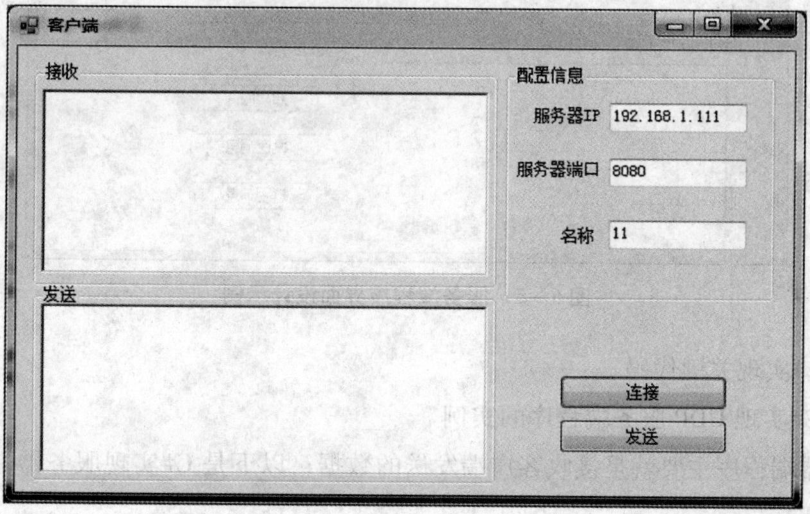

图 6－4　客户端程序界面设计示例

（2）服务端

服务器端程序主要就是接受与多个客户端建立连接，并收发数据；以下是 C#实现服务器端程序的具体实现步骤：

①新建窗体 Form：将 windows Form 命名为“Frm_ UDPS”，属性 Text 的值为“服务器”，窗体作为整个程序各个功能控件的载体。

②添加两个 GroupBox 控件，分别命名为“Gb_ Receive”和“Gb_ config”，属性 Text 值分别为“接收”“服务器信息”，作为其他控件的容器。

③在 Text 值为“发送”的 GroupBox 控件中添加 richTextBox 控件，命名为“txtRecMsg”。richTextBox 用来获取发送的信息。

④在 Text 值为“服务器信息”的 GroupBox 控件中添加两个 TextBox 控件，并添加相应的 Label 控件作为标识。两个控件分别用来设置服务器的 IP 端口（与本机匹配）。

⑤添加一个 Button 控件，命名为“btnCon”，用于定义启动服务的代码。

服务端程序界面设计示例如图 6－5 所示。

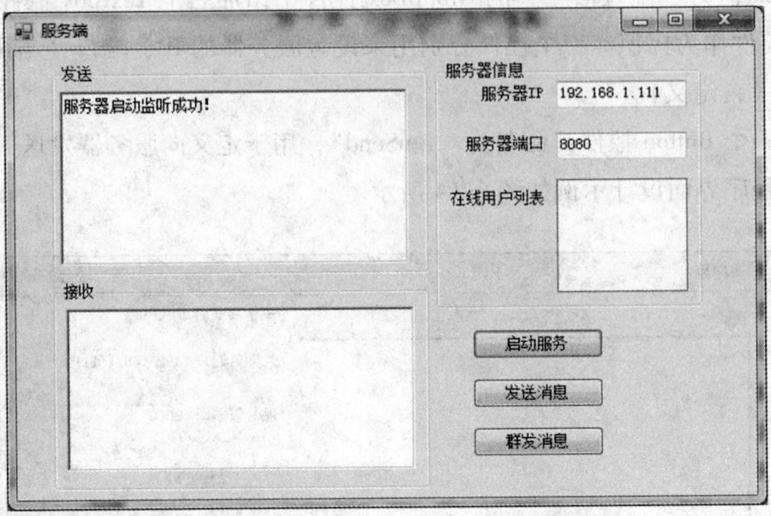

图 6-5 服务端程序界面设计示例

3. 接口实现关键代码

(1) C#实现 UDP 服务端程序的实例

服务器端程序主要就是接收客户端发送的数据；以下是 C#实现服务器端程序的具体实现步骤：

①引用命名空间。在 Form1.cs 文件的开头，引用下列命名空间：

```
using System.Net;
using System.Net.Sockets;
using System.Threading; //程序中使用到线程
```

②在 Form1.cs 中定义程序中使用的全局变量：

```
private UdpClient server;
private IPEndPoint receivePoint;
private int port = 8080; //定义端口号
private int ip = 127001; //设定本地 IP 地址
private Thread startServer;
```

③接收数据函数 start_ server：

```
public void start_ server ()
    {
      while (true)
      {
          ASCIIEncoding encode = new ASCIIEncoding ();
```

```
            byte [ ] recData = server. Receive (ref receivePoint);
            string Read_ str = encode. GetString (recData);
            //
            listBox1. Items. Add (Read_ str);
            //
            byte [ ] sendData = encode. GetBytes ("OK");
            server. Send (sendData, sendData. Length, receivePoint);
        }
    }
```

④创建一个线程：

```
public void run ( )
{
//利用本地端口号来初始化一个 UDP 网络服务
server = new UdpClient (port);
receivePoint = new IPEndPoint (new IPAddress (ip), port);
startServer = new Thread (new ThreadStart (start_ server));
//启动线程
startServer. Start ( );
}
```

⑤在 Form1_ Load 事件中调用 run：

```
private void Form1_ Load (object sender , System. EventArgs e)
{
run ( );
}
```

（2） C#实现 UDP 客户端程序的实例

客户端程序主要就是向服务器端发送数据，以下是 C#实现客户端程序的具体实现步骤：

①在 Form1. cs 文件的开头，引用下列命名空间：

```
using System. Net;
using System. Net. Sockets;
```

②在 Form1. cs 中定义程序中使用的全局变量：

```
private UdpClient client;          //创建 UDP 网络服务
private int port = 8080;           //端口号
```

```
private IPEndPoint receivePoint;
```

③发送数据函数：

```
public void start_ client ()
    {
        client = new UdpClient (port);
        receivePoint = new IPEndPoint (new IPAddress (127001), port);
        IPAddress HostIP;
        bool continueLoop = true;
        while (continueLoop)
          {
System. Text. ASCIIEncoding encode = new System. Text. ASCIIEncoding ();
            string sendString = this. textBox2. Text;
            byte [] sendData = encode. GetBytes (sendString);
            try
              {
                HostIP = IPAddress. Parse (textBox1. Text);
                IPEndPoint host = new IPEndPoint (HostIP, 10002);
                client. Send (sendData, sendData. Length, host);
                byte [] recData = client. Receive (ref receivePoint);
                this. textBox3. Text = encode. GetString (recData);
                client. Close ();
                continueLoop = false;
              }
            catch
              {
                client. Close ();
                return;
              }
          }
    }
```

④Form1. cs 中 button1 的“Click”事件处理代码：

```
private void button1_ Click (object sender, System. EventArgs e)
{
```

```
start_ client ( );
}
```

6.2 基于超高频 RFID 技术的仓储管理系统开发

6.2.1 系统设计

1. 系统功能设计

本系统基于 .NET 架构开发，涉及有 RFID 功能模块，采用了一些第三方组件开发系统。功能如下：

（1）入库

入库功能主要包括普通入库、归还入库、车辆入库、组合入库、批量入库、编码入库、撤销入库。

（2）出库

出库功能主要包括普通出库、借出出库、组合出库、报损出库、报废出库、车辆出库、批量出库、编码出库、撤销出库。

（3）盘点

盘点功能主要包括库存盘点、出库查询、入库查询、调价单、领料单、月报表、年报表、库存上下限预警、移库管理。

（4）基础信息设置

基础信息设置功能主要包括货品信息管理、车辆设置、仓库设置、库存上下限设置、设备设置、电子编码设置。

（5）系统设置

系统设置功能主要包括串口设置、服务器 IP 地址设置等。

2. 系统数据库设计

（1）仓库信息（如表 6－4 所示）

表 6－4　　仓库信息

字段名称	数据类型	长度	主/外键（PK/FK）	是否允许为空（Y/N）	字段说明
仓库 ID	varchar	10	PK	N	
仓库类型	varchar	10		N	
仓库容积	varchar	10		Y	
地址	varchar	50		Y	
备注	varchar	50		Y	

（2）入库单信息（如表 6-5 所示）

表 6-5　入库单信息

字段名称	数据类型	长度	主/外键（PK/FK）	是否允许为空（Y/N）	字段说明
入库单 ID	varchar	10	FK	N	
商品名称	varchar	10	FK	N	
商品数量	varchar	10			
时间	varchar	50		Y	
备注	varchar	50		Y	

（3）入库信息（如表 6-6 所示）

表 6-6　入库信息

字段名称	数据类型	长度	主/外键（PK/FK）	是否允许为空（Y/N）	字段说明
入库 ID	varchar	10	PK	N	
入库单 ID	varchar	10	FK	N	
仓库 ID	varchar	10	FK	N	
位置	varchar				
入库时间	varchar	50		Y	
备注	varchar	50		Y	

（4）仓库盘点信息（如表 6-7 所示）

表 6-7　仓库盘点信息

字段名称	数据类型	长度	主/外键（PK/FK）	是否允许为空（Y/N）	字段说明
盘点序号	varchar	10	PK	N	
盘点时间	varchar	10		N	
盘点商品类别	varchar	50		Y	
备注	varchar	50		Y	

(5) 仓库盘点明细(如表6-8所示)

表6-8 仓库盘点明细

字段名称	数据类型	长度	主/外键 (PK/FK)	是否允许为空 (Y/N)	字段说明
盘点序号	varchar	20	PK	N	
盘点时间	varchar	10		N	
仓库 ID	varchar	10	FK	N	
盘亏	varchar	10		Y	
盘盈	varchar	10		Y	
备注	varchar	50		Y	

(6) 出库单信息(如表6-9所示)

表6-9 出库单信息

字段名称	数据类型	长度	主/外键 (PK/FK)	是否允许为空 (Y/N)	字段说明
出库单 ID	varchar	10	FK	N	
商品名称	varchar	10	FK	N	
商品数量	varchar	10			
时间	varchar	50		Y	
备注	varchar	50		Y	

(7) 出库信息(如表6-10所示)

表6-10 出库信息

字段名称	数据类型	长度	主/外键 (PK/FK)	是否允许为空 (Y/N)	字段说明
出库 ID	varchar	10	PK	N	
装箱 EPC	varchar	10	FK	N	
仓库 ID	varchar	10	FK	N	
出库时间	varchar	4		Y	
备注	varchar	50		Y	

（8）产品类别信息（如表6－11所示）

表6－11　　产品类别信息

	数据类型	长度	主/外键 PK/FK	是否允许为空（Y/N）	字段说明
产品名称	varchar	24	PK	N	
对象分类号	varchar	8			
生产厂商	varchar	8			
所属类别	varchar	50	FK	N	
安全库存	varchar	50		N	
备注	varchar	50		N	

（9）产品信息（如表6－12所示）

表6－12　　产品信息

	数据类型	长度	主/外键 PK/FK	是否允许为空（Y/N）	字段说明
产品名称	varchar	24	PK	N	
产品 EPC	varchar	24	FK	N	

3. 系统界面设计

（1）入库管理界面设计

①新建窗体 Form：将 windows Form 命名为“Frm_ RK”，属性 Text 的值为“入库管理”，窗体作为整个程序各个功能控件的载体。

②添加一个 tabcontrol 控件，添加两个 tabPage，打开 tabPage 集合编辑器，分别将 TEXT 属性修改为“未入库产品信息”和“已入库产品信息”。

③添加四个 Button 控件，命名为“Btn_ Open”，分别将 TEXT 属性修改为“扫描”“入库”“刷新”和“退出”，分别用来触发扫描事件、入库事件、刷新事件以及退出系统事件。

入库管理界面设计如图6－6所示。

（2）库存盘点界面设计

①新建窗体 Form：将 windows Form 命名为“Frm_ PD”，属性 Text 的值为“库存盘点”，窗体作为整个程序各个功能控件的载体。

②添加一个 GroupBox 控件，命名为“Gb_ Pan”，属性 Text 值为“盘点产品信息”。

③添加一个 datagridview 控件，命名为“DGV_ data”。

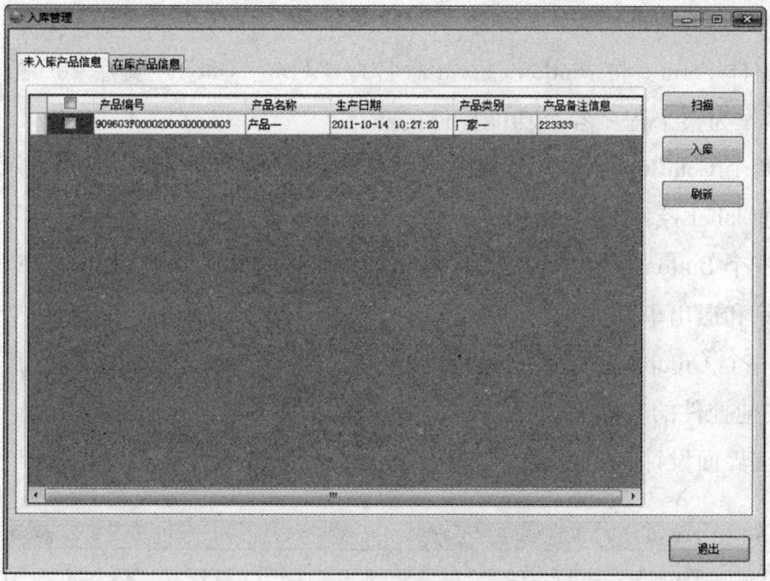

图 6-6　入库管理界面设计

④添加四个 Button 控件，命名为“Btn_ Open”，分别将 TEXT 属性修改为“扫描”“入库”“刷新”和“退出”，分别用来触发扫描事件、入库事件、刷新事件以及退出系统事件。

⑤添加三个 checkbox 控件，分别将 TEXT 属性命名为“盘亏”“盘盈”和“账物相符”。

库存盘点界面设计如图 6-7 所示。

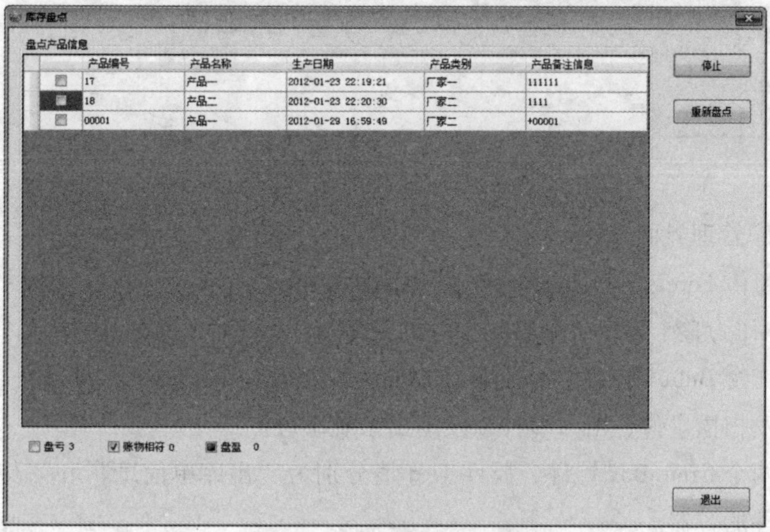

图 6-7　库存盘点界面设计

（3）订单管理界面设计

①新建窗体 Form：将 windows Form 命名为“Frm_ OM”，属性 Text 的值为“订单管理”，窗体作为整个程序各个功能控件的载体。

②添加两个 ComBox 控件，命名为“Cb_ Prod”和“Gb_ Num”，表示产品类别和数量，并添加 label 控件加以标识。

③添加三个 Button 控件，命名为“Btn_ Add”“Btn_ Del”“Btn_ Exit”，用来触发添加、删除和退出事件。

④添加一个 GroupBox 控件，分别命名为“Gb_ Data”，属性 Text 值为“订单内容”，作为其他控件的容器。

订单管理界面设计如图 6－8 所示。

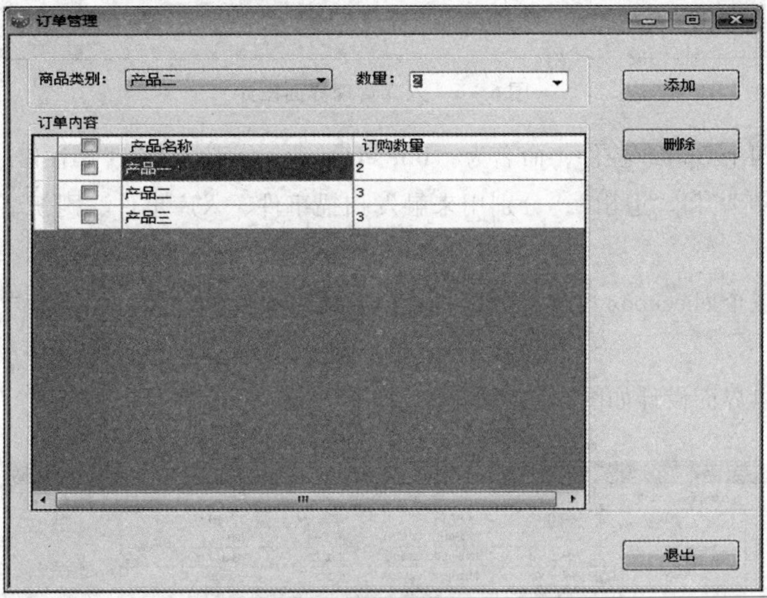

图 6－8　订单管理界面设计

（4）出库管理界面设计

①新建窗体 Form：将 windows Form 命名为“Frm_ CK”，属性 Text 的值为“出库管理”，窗体作为整个程序各个功能控件的载体。

②添加三个 Button 控件，分别将 TEXT 属性修改为“扫描”“出库”和“退出”，分别用来触发扫描事件、出库事件以及退出系统事件。

③添加两个 GroupBox 控件，属性 Text 值分别为“出库单信息”和“待出库列表”，作为其他控件的容器。

④添加两个 DataGridView 控件，分别放入“出库单信息”和“待出库列表”两个 GroupBox 控件内。

出库管理界面设计如图 6－9 所示。

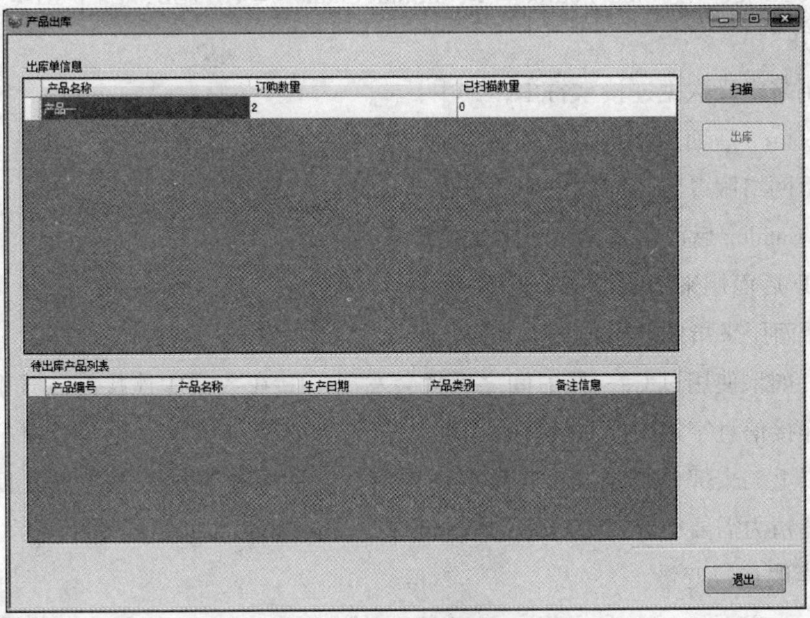

图 6－9　出库管理界面设计

6.2.2　系统关键代码实现

1. 数据库连接与基本操作代码实现

（1）引用 using 指令

```
using System;
using System.Collections.Generic;
using System.ComponentModel;
using System.Data;
using System.Drawing;
using System.Linq;
using System.Text;
using System.Windows.Forms;
using System.Data.SqlClient;
```

在这小段程序中，并非所有的引用都会在本窗口的运行中使用，其中只有 using System.Data.SqlClient；是新加代码，其余代码在创建初始就有。在这里不需要对这些引用指令删减，最好保存，特别是对刚接触 C#的程序员来说，这些代码放在这里绝对不会占用多余的空间和资源。

（2）定义数据连接字符串

string strConn = "Data Source = . ; Initial Catalog = HQYSB; User ID = sa; Pwd = 15022673278";

此行用来定义数据连接字符串，其中：

Data Source 后面用来指定服务器地址，如果在本机，直接在后面加一个点"."即可，如果是网络服务器，需要指明服务器名称或者是 IP 地址。

Initial Catalog 后面用来指定具体数据库名称。

User ID 后面用来指定登录数据库用户名，一般系统默认为 sa。

Pwd 后面用来指定登录数据库密码。

其实，如果使用过 C#一段时间之后就会发现，C#在数据库连接的方式上还是多种多样的，连接信息字符串格式也不尽相同，但万变不离其中，不论是什么样的数据库连接都由以上四个部分组成，而且数据库连接只是用来在系统与数据库之间建立一条通路，主要精力需要放在对数据库的增删改查以及对界面数据的处理和展示上。

（3）声明连接变量

SqlConnection conn = new SqlConnection (strConn);

conn. Open ();

以上两行用来声明连接变量，而连接参数即按照刚才设定的 strConn 连接字符串。在声明连接变量后，要想使用连接获取数据，首先就需要打开此连接。若要进一步判断数据库的连接状态，可以通过读取 SqlConnection 对象的 State 属性来实现（if (conn. State = = ConnectionState. Open) {}）。

（4）定义查询字符串

string strSql = "SELECT * FROM 产品类别信息表";

既然建立了数据库连接，现在我们需要考虑如何从数据库中提取数据，需要提取什么样的数据。上一行代码的作用是实现产品类别信息的查询。

（5）创建一个命令对象，然后执行命令创建一个数据读取器（相当于游标）

SqlCommand cmd = new SqlCommand (strSql, conn);

SqlDataReader dr = cmd. ExecuteReader ();

查询命令已经确定，但是要执行查询，首先需要创建一个命令对象，给它的构造函数传递 SQL 语句和已经创建的连接信息，接着，通过调用 ExecuteReader () 创建一个数据读取器，为结果提供仅向前的只读数据流。

dr. Read () = = false;

本行利用 SqlDataReader 的 Read 方法对此次数据提取结果进行判断，如果存在多个行，则为 true，否则为 false，而在调用 Read () 方法之前，数据读取器是定位在第一行之前的。很明显，当此次提取结果如果为 false，则表明无提取记录，也就是说在数据库中没有相关的记录信息。

假设 dr. Read（） = = true，则表明查询过程有返回值，在此处需要给大家介绍如何从 ExecuteReader（）数据读取器中提取信息，即循环浏览。

```
while（dr. Read（））
{
##############;
}
```

SqlDataReader. Read 方法，用途是使 SqlDataReader 前进到下一条记录，直到 Read 判断为 false，即无下一条记录为止，因此在对查询结果进行浏览时可以使用循环的方式逐一对返回的记录进行搜索并处理。在其中可以设定条件语句并执行具体功能，而具体到某一个字段的值，就需要使用 dr. GetSqlValue（i）来获取了，而且为了使得返回值类型统一化，可使用 ToString（）。以本用户表为例。

一共三六个字段，则：

dr. GetSqlValue（0）. ToString（）表示当前记录中的产品名称值

dr. GetSqlValue（1）. ToString（）表示当前记录中的对象分类号值

dr. GetSqlValue（2）. ToString（）表示当前记录中的生产厂商值

dr. GetSqlValue（3）. ToString（）表示当前记录中的所属类别值

dr. GetSqlValue（4）. ToString（）表示当前记录中的安全库存值

dr. GetSqlValue（5）. ToString（）表示当前记录中的备注值

如果使用 dr. GetSqlValue（6）. ToString（）则一定会出现错误，提示索引超出数组界限，大家在理解时将整个返回数据理解成一个二维数组即可，指定具体某一个单元格的数值时是不能超过数据库原始表的字段数量界限的。

（6）关闭数据读取器和数据库连接

```
dr. Close（）;
conn. Close（）;
```

在使用完数据提取之后，可以通过调用 Close 方法或 Dispose 方法来关闭数据读取器和连接，这两种方法的主要区别是：close 方法用于关闭一个连接，而 Dispose 方法不仅关闭一个连接，还清理连接所占用的资源。

2. 出入库模块关键代码实现

（1）加载出库单/入库单

在加载出库单/入库单的过程中，首先要始化一个 DataTable 对象，来接收返回的数据，并将数据库查询出的出库单/入库单赋值给 DataTable 对象，并将 DataTable 对象绑定给 dataGrideView 控件。

```
void refreshDGVProductDetail ()
{
    DataTable dtTemp = null;
    if (this. dgvDetailProductsInfo. DataSource = = null)
    {
        dtTemp = new DataTable ();
        dtTemp. Columns. Add ( "产品编号", typeof (string));
        dtTemp. Columns. Add ("产品名称", typeof (string));
        dtTemp. Columns. Add ( "生产日期", typeof (string));
        dtTemp. Columns. Add ( "产品类别", typeof (string));
        dtTemp. Columns. Add ( "备注信息", typeof (string));
        this. dgvDetailProductsInfo. DataSource = dtTemp;
    }
    else
    {
        dtTemp = (DataTable) this. dgvDetailProductsInfo. DataSource;
    }
    dtTemp. Rows. Clear ();
//调用查询出库单/入库单信息方法，并将数据集绑定 datatable 控件
    DataTable dt = ctlTakeOutInventory. GetProductInfoTop0Table ();
    this. dgvDetailProductsInfo. DataSource = dt;
}
```

（2）查询出库单/入库单信息方法

连接数据库并查询指定的出库单/入库单信息，返回 DataTable 对象。

```
public DataTable GetProductInfoTop0Table ()
{
    DataSet ds = null;
    try
    {
        ds = DbOperate. ExecuteDataSet (
                    "select productID as 产品编号, productName as 产品名
称, produceDate as 生产日期, productCategory as 产品类别, descript 产品备注信息 from
```

```
tbProduct where productStatus = ' 99'", null);
        if (ds ! = null)
        {
            if (ds. Tables. Count > 0)
            {
                return ds. Tables [0];
            }
        }
    }
    catch (System. Exception ex)
    {
        MessageBox. Show ("查询数据库时出现错误:" + ex. Message);
    }
    return null;
}
```

(3) 扫描出库 EPC 信息

UDP 客户端接收原始格式 EPC 信息 (fastJSON 格式), 用 WebTags 类解析后, 提取出 EPC, 调用 PC 信息与商品信息匹配方法。

```
while (true)
    {
        ASCIIEncoding encode = new ASCIIEncoding ();
        byte [ ] recData = server. Receive (ref receivePoint);
        string strProduct = encode. GetString (recData);
      object olist = fastJSON. JSON. Instance. ToObjectList (strProduct, typeof (List
<WebTags>), typeof (WebTags));
            foreach (WebTags wt in (List<WebTags>) olist)
            {
                LinkEPCToProduct (wt. epc);
            }));
        }
        jsFalg = true;
    }
} catch (Exception ex)
```

（4）EPC 信息与商品信息匹配方法

判断该产品在出库单中是否已经足够，数量足够的话不需要再添加，否则根据编码获取产品具体信息，将没有扫描过的产品具体的产品信息添加到详细列表里面。

```
void LinkEPCToProduct (string epc)
    {
        if (! _UpdateList. CheckItem ( "LinkEPCToProduct"))
         {
            return;
         }
        _UpdateList. SetItem ( "LinkEPCToProduct", false);
        _UpdateList. SetItem ( "LinkEPCToProduct", true);

        //根据编码获取产品具体信息
         Product p1 = new Product (epc, string. Empty, DateTime. Now. ToString
( "yyyy - MM - dd HH: mm: ss"), string. Empty, string. Empty);
        string jsonString = fastJSON. JSON. Instance. ToJSON (p1);
        HttpWebConnect helper = new HttpWebConnect ();
         helper. RequestCompleted + = new deleGetRequestObject (helper_ Request-
Completed_ getProduct);
        string url = RestUrl. getProduct;
        helper. TryPostData (url, jsonString);
        return;

        DataTable dt1 = ctlTakeOutInventory. GetProductInfoTable (epc);
        if (dt1. Rows. Count > 0)
         {
            //将具体的产品信息添加到详细列表里面
            if (this. dgvDetailProductsInfo. DataSource ! = null)
              {
                DataTable dt = (DataTable) this. dgvDetailProductsInfo. DataSource;

                //首先检查该产品是否已经扫描过
                bool alreadyAdded = false;
```

```
foreach (DataRow dr in dt.Rows)
{
    if (dr.ItemArray[0].ToString() == epc)
    {
        alreadyAdded = true;
        break;
    }
}
//如果尚未扫描过
if (!alreadyAdded)
{
    //检查该产品在出库单中是否已经足够，数量足够的话不需要再添加
    bool bEnough = false;
    string productName = dt1.Rows[0].ItemArray[1].ToString();
    DataTable dtOrder = (DataTable) this.dgvTakenOutP.DataSource;
    int quantityOrdered = -1;
    int quantityNow = -1;
    DataRow drOrderProduct = null;
    if (dtOrder != null)
    {
        foreach (DataRow dr in dtOrder.Rows)
        {
            if (dr[0].ToString() == productName)
            {
                drOrderProduct = dr;
                break;
            }
        }
        try
        {
quantityOrdered = int.Parse(drOrderProduct[1].ToString());
quantityNow = int.Parse(drOrderProduct[2].ToString());
```

```
            }
            catch (System. Exception ex)
            {
                MessageBox. Show ("程序异常:" + ex. Message);
                return;
            }
        }
        if (quantityNow > -1 && quantityOrdered > -1)
        {
            if (quantityNow > = quantityOrdered)
            {
                bEnough = true;
            }
        }
        if (! bEnough)
        {
            if (null ! = drOrderProduct)
            {
drOrderProduct [2] = (+ + quantityNow) . ToString ();
            }
            DataRow dr = dt. NewRow ();
            dr. ItemArray = dt1. Rows [0]. ItemArray;
            dt. Rows. Add (dr);
            if (this. CheckAllOrderEnough ())
            {
                this. btnStartCheck. Enabled = true;
            }
        }
    }
  }
}
```

(5) 操作数据库将出库信息保存至数据库

```
public bool InsertProductInfoIntoOutInventory (string productID, string datetime)
```

```
{
    try
    {int result = int. Parse (DbOperate. ExecuteNonQuery ("insertinto tbProductOutInventory (productID, productName, produceDate, productCategory, descript, OutDate) select productID, productName, produceDate, productCategory, descript, datetime from tbProduct where productID = productID", new object [2] {datetime , productID}). ToString ());
        if (result > 0)
        {
            return true;
        }
    }
    catch (System. Exception ex)
    {
        MessageBox. Show ("插入数据时出现错误:" + ex. Message);
    }
    return false;
}
```

6.3 基于物联网技术的智能超市系统开发

6.3.1 系统设计

1. 功能设计

本系统基于 .NET 架构开发，涉及 RFID 功能模块，采用了一些第三方组件开发系统。功能如下：

（1）用户刷卡登录功能

客户在超市（商场）中用安装有 RFID Reader 与智能触摸屏的智能购物车进行采购，当用户将注册的会员卡放置智能购物车的刷卡区时，系统会读出客户的信息，同时会根据用户的消费记录来向客户推荐打折促销的商品。

（2）商品智能查找功能

当用户需要选购某种商品时，可要据商品类别来查找商品的位置，智能触摸屏可通过 Wi－Fi 网络来查询智能货架上商品的存货情况和具体的位置信息。

（3）用户购物功能

当客户选购某种商品时，通过智能购物车集成的 RFID 模块读取带有 RFID 标签的商品信息，透过 EPC 网络功能获得商品信息并同时通过智能购物车集成的智能触摸屏来查看商品的详细信息，当用户点击确认购买后，商品将被添加到系统中的购物车中。

（4）用户结算功能

结算时，客户将购物车推到结算台，通过结算台的门式 RFID 读写器来读取客户所远购的商品信息，若与购物车中商品比对后无误，则确认购买，用户交款后完成交易。

（5）补货功能

当完成交易后，智能货架与后台数据库同步更新数据，当智能货架上的商品信息低于一定值的时候，则通知后台补货。

（6）用户信息维护功能

对用户基本信息的维护，包括用户信息的添加、修改、删除等。

（7）商品信息维护功能

对商品的基本信息进行维护，包括商品信息的添加、修改删除等。系统功能模块如图 6－10 所示。

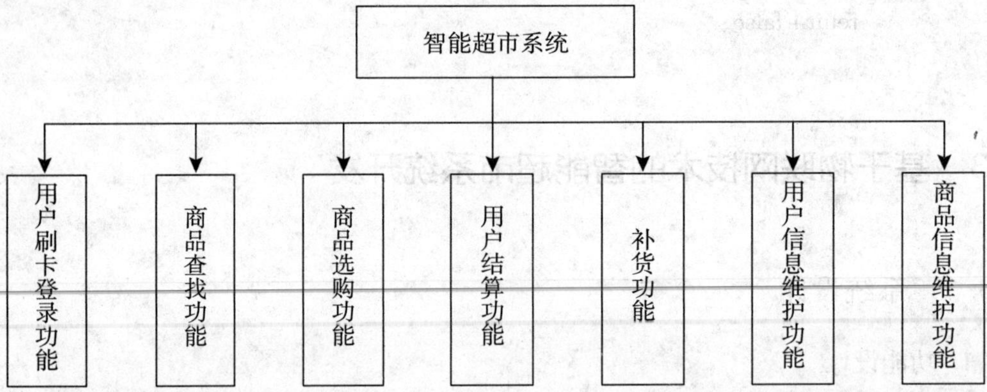

图 6－10　系统功能模块

2. 数据库设计

（1）产品类别信息（如表 6－13 所示）

表 6－13　产品类别信息

	数据类型	长度	主/外键 PK/FK	是否允许为空（Y/N）	字段说明
产品名称	varchar	24	PK	N	

续 表

	数据类型	长度	主/外键 PK/FK	是否允许为空（Y/N）	字段说明
对象分类号	varchar	8			
生产厂商	varchar	8			
所属类别	varchar	50	FK	N	
安全库存	varchar	50		N	
备注	varchar	50		N	

（2）产品信息（如表 6－14 所示）

表 6－14　　产品信息

	数据类型	长度	主/外键 PK/FK	是否允许为空（Y/N）	字段说明
产品名称	varchar	24	PK	N	
产品 EPC	varchar	24	FK	N	

（3）客户信息（如表 6－15 所示）

表 6－15　　客户信息

	数据类型	长度	主/外键 PK/FK	是否允许为空（Y/N）	字段说明
客户 ID	varchar	24	PK	N	
客户名称	varchar	50		N	
客户密码	varchar	50		N	
真实姓名	varchar	50		N	
姓别	varchar	50		Y	
职业	varchar	50		Y	
出生年月	varchar	50		Y	
联系方式	varchar	50		Y	
住址	varchar	50		Y	
备注	varchar	400		Y	

（4）交易信息（如表 6－16 所示）

表 6－16　　交易信息

	数据类型	长度	主/外键 PK/FK	是否允许为空（Y/N）	字段说明
客户 ID	varchar	24	PK	N	
商品 SGTIN－EPC	varchar	50	FK	N	
时间	varchar	50		N	

（5）补货通知单信息（如表 6－17 所示）

表 6－17　　补货通知单信息

	数据类型	长度	主/外键 PK/FK	是否允许为空（Y/N）	字段说明
商品名称	varchar	24	PK	N	
商品数量	varchar	50	FK	N	
时间	varchar	50		N	

（6）购物车信息（如表 6－18 所示）

表 6－18　　购物车信息

	数据类型	长度	主/外键 PK/FK	是否允许为空（Y/N）	字段说明
客户 ID	varchar	24	PK	N	
商品 SGTIN－EPC	varchar	50	FK	N	
加入时间	varchar	50		N	

3. 系统界面设计

（1）会员管理界面设计

①新建窗体 Form：将 windows Form 命名为“Frm_ User”，属性 Text 的值为“用户管理”，窗体作为整个程序各个功能控件的载体。

②添加一个 toolStrip 控件，在 toolStrip 控件中添加 6 个 Button，分别将 TEXT 属性修改为“保存”“取消”“添加”“修改”“删除”“刷新”；在 toolStrip 控件中添加一个 label 控件和一个 Combox 控件。

③添加两个 GroupBox 控件，属性 Text 值分别为“用户信息”和“用户信息显示”，分别用来作为用户信息编辑与用户记录的 datagridview 控件的容器。

④在 Text 属性为“用户信息显示”的 GroupBox 控件中 datagridview 控件，用来接收数据库返回的用户信息的记录。

⑤添加一个 Button 控件，命名为“Btn_ Open”，将 TEXT 属性修改为“用户充值”。

会员管理界面设计如图 6－11 所示。

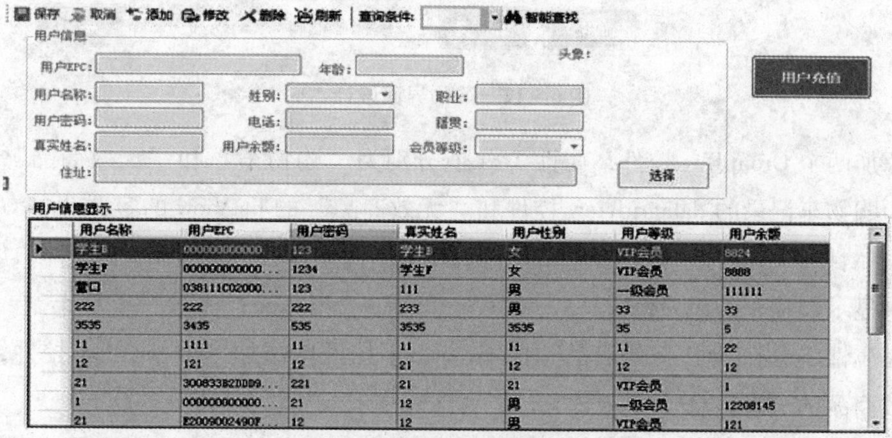

图 6－11　会员管理界面设计

（2）购物界面设计

①新建窗体 Form：将 windows Form 命名为“Frm_ Shopping”，窗体作为整个程序各个功能控件的载体。

②添加一个 toolStrip 控件，在 toolStrip 控件中添加 6 个 Button，分别将 TEXT 属性修改为“保存”“取消”“添加”“修改”“删除”“刷新”；在 toolStrip 控件中添加一个 label 控件和一个 Combox 控件。

③添加两个 GroupBox 控件，属性 Text 值分别为“商品信息”和“购物车”，分别用来作为商品信息显示相关控件与购物车记录的 datagridview 控件的容器。

④在属性 Text 值为“商品信息”的 GroupBox 控件中添加 label 控件，用来显示相关的商品信息，同时添加一个 pictureBox 控件，用来显示图片信息。

⑤在属性 Text 值分别为“商品信息”的 GroupBox 控件中添加一个 listView 控件，用来接收购物车记录信息。

⑥添加三个 Button 控件，将 TEXT 属性修改为“添加购物车”“商品追溯”和“移除”。

购物界面设计如图 6－12 所示。

（3）结算界面设计

①新建窗体 Form：将 windows Form 命名为“Frm_ Jieshuan”，窗体作为整个程序各个功能控件的载体。

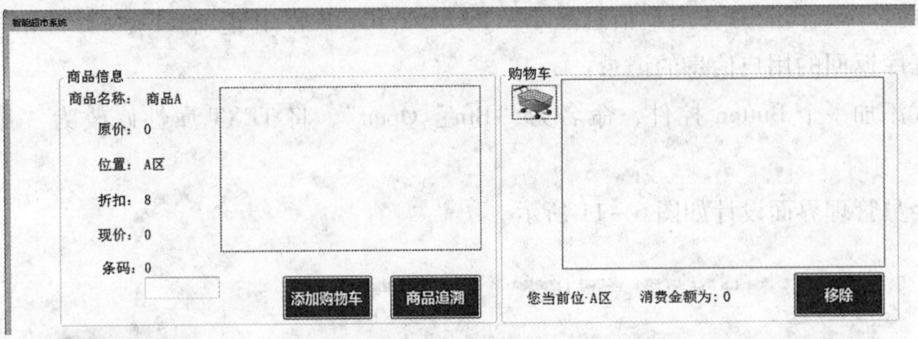

图 6-12　购物界面设计

②添加两个 GroupBox 控件，属性 Text 值分别为“购物车”和“无效商品”，分别用来作为购物车记录的 datagridview 控件和“无效商品”的 listView 的容器。

③在属性 Text 值为“购物车”的 GroupBox 控件中添加 datagridview 控件，如图所示，用来显示购物车的记录信息。

④在属性 Text 值为“无效商品”的 GroupBox 控件中添加一个 listView 控件，用来显示无效商品的记录信息。

⑤添加三个 Button 控件，将 TEXT 属性修改为“添加”“移除”和“确认支付”。

结算界面设计如图 6-13 所示。

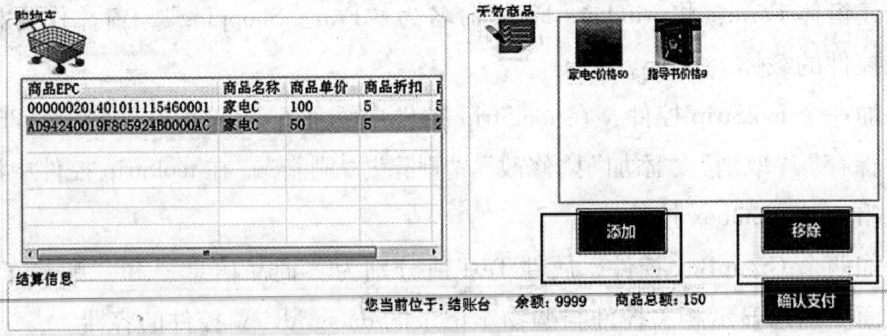

图 6-13　结算界面设计

6.3.2　系统关键代码实现

1. 用户登录功能代码实现

（1）读到标签后的回调函数

```
void UpdateEpcList (object o)
    {
        //把读取到的标签 epc 与产品的进行关联
```

```
deleControlInvoke dele = delegate (object oOperateMessage)
{
    operateMessage msg = (operateMessage) oOperateMessage;
    if (msg. status = = "fail")
    {
        MessageBox. Show ("出现错误:" + msg. message);
        return;
    }
    if (value ! =msg. message)
    {
        value = msg. message; 接收返回的标签 EPC
        this. selectUEPC (value); //利用串口返回的标签查询用户信息
    }
    else
    {
        return;
    }
        };
this. Invoke (dele, o);
}
```

(2) 利用 EPC 查询用户信息

```
void selectUEPC (string epc)
{
Users U1 = new Users (string. Empty, epc, string. Empty, string. Empty, string. Empty, string. Empty, string. Empty, string. Empty, string. Empty, string. Empty, string. Empty, string. Empty, string. Empty, string. Empty); //实例化用户类
    string jsonString = fastJSON. JSON. Instance. ToJSON (U1); //将实例化的用户对象转化成 JSON 字符串
    HttpWebConnect helper = new HttpWebConnect ();
helper. RequestCompleted + = new deleGetRequestObject (helper_ RequestCompleted_getProduct); //注册回调函数
    string url = RestUrl. login; //后台的 URL
    helper. TryPostData (url, jsonString); 通过 http 访问后台代码
```

```
}
```

(3) 查询用户信息的回调函数

```
void helper_ RequestCompleted_ getProduct (object o)
{
        deleControlInvoke dele = delegate (object ou)
        {
        string strUser = (string) ou;
        Users u2 = fastJSON. JSON. Instance. ToObject < Users > (strUser); 解析返回的 JSON 字符串
        if (u2. state = = "ok" &&falg = = false) 根据协议判断是否查询成功
            {
                falg = true;
rfidOperateUnitStopInventoryTag  u = new  rfidOperateUnitStopInventoryTag (seriportClass. dataTransfer);
                u. OperateStart (true); //停址读取
WelcomUser wu = new WelcomUser (); //实例化欢迎界面
                wu. getEPC = u2. userEPC; //将用户信息传到新窗体
                wu. Show (); 显示欢迎界面
                this. Hide ();
            }
            else
            {
                Debug. WriteLine (string. Format ( "Form1. helper_ RequestCompleted_ getProduct  - >  = {0}", "failed"));
            }
        };
        this. Invoke (dele, o);
            }
```

(4) 后台查询用户函数实现

```
public function getUser ()
{
$ jsonInput = file_ get_ contents ( "PHP: //input");
$ jsonInput = $ this - > checkUTF8 ( $ jsonInput);
```

```
$decodedUser = json_decode ($jsonInput);
$userEPC = $decodedUser->userEPC;
//$userEPC = "123";
$M = new Model ();
if (C ('DB_TYPE') == 'Sqlsrv') {
$sql = "SELECT 用户名称 as userName, 用户 EPC as userEPC, 用户密码 as userPsw, 真实姓名 as userRname, 性别 as userSex, 职业 as userJob, 生日 as userBitrh, 照片 as userPic, 地址 as userAdd, 电话 as userTel, 籍贯 as userJG, 余额 as userYE, 会员等级 as userLevel FROM users where 用户 EPC = '$userEPC';";
    $list = $M->query ($sql); //执行 SQL 语句
    if (count ($list) >0) {
        require_once ('class.User.PHP');
        $user = new User (
            $list [0] ['userName'],
            $list [0] ['userEPC'],
            $list [0] ['userPsw'],
            $list [0] ['userRname'],
            $list [0] ['userSex'],
            $list [0] ['userJob'],
            $list [0] ['userBitrh'],
            $list [0] ['userPic'],
            $list [0] ['userAdd'],
            $list [0] ['userTel'],
            $list [0] ['userJG'],
            $list [0] ['userYE'],
            $list [0] ['userLevel']
            );
        $user->state = "ok";
    }
    $foo_json = json_encode ($user); //将 user 类转化成 Json 字符串
    echo $foo_json; //返回 Json 字符串
    return;
}
```

2. 用户结算功能代码实现

(1) 加载非法商品

用户选取但没有在系统中完成添加购物车操作的商品

```
void loadWXProInfor (string PEPC) //加载非法的商品
    {
        productInfoshows P = new productInfoshows (PEPC, string. Empty, string. Empty, string. Empty, string. Empty, string. Empty, string. Empty); //初始化商品类
        service sv = new service ();
        sv. getService (P, RestUrl. getProductInfoShow, helper_ RequestCompleted_ getProduct);
    }
void helper_ RequestCompleted_ getProduct (object o) loadWXProInfor 的回调函数
    {
        deleControlInvoke dele = delegate (object ou)
        {
            string strUser = (string) ou;
            Debug. WriteLine (
                string. Format ("Form1. helper_ RequestCompleted_ getProduct - > response = {0}"
                , strUser));
    productInfoshows p2 = fastJSON. JSON. Instance. ToObject < productInfoshows > (strUser);
//解析返回的 Json 字符串
            if (p2. state = = "ok")
            {
                bool falg = true;

                this. resetState. WaitOne ();
                this. resetState. Reset ();
                foreach (ListViewItem lVI in listView1. Items) 判断商品是否已存在 listView1 中
                {
                    string s1 = lVI. SubItems [0]. Text. ToString (); //ID
```

```
                int len = s1. Length;
                string ui = s1. Substring (0, 24);
                if (s1 = = p2. productEPC)
                  {
                    falg = false;
                    break;
                  }
              }
              if (falg) //将不存在 listView1 中的商品加入 listView1 中
                {
                  ListViewItem lv = new ListViewItem (p2. productEPC);
                  lv. SubItems. Add (p2. productName);
                  lv. SubItems. Add (p2. productprice);
                  lv. SubItems. Add (p2. Discount);
                  lv. SubItems. Add ((Convert. ToDouble (p2. productprice) *
Convert. ToDouble (p2. Discount) / 10) . ToString ());
                  lv. BackColor = Color. Pink;
                  listView1. Items. Add (lv);
                  publicForm. Location = "结账台";
                  labelLocation. Text = publicForm. Location;
                }
              this. resetState. Set ();
            }
          else
            {
              Debug. WriteLine (
                  string. Format ("Form1. helper_ RequestCompleted_
getProduct  - >  = {0}"
                  , "failed"));
            }
        };
      this. Invoke (dele, o);
    }
```

（2）加载购物车中的商品

从购物车中加载用户选中的商品，通过与门禁读写器的对比，确认用户购物车中的商品与系统购物车中的商品保持一致。

```
void loadShoppingCar ( ) //加载购物车
    {
        usershoppingCar us = new usershoppingCar ( );
        us. userEPC = getEPC;
        string jsonString = fastJSON. JSON. Instance. ToJSON (us);
        HttpWebConnect helper = new HttpWebConnect ( );
        string url = RestUrl. getAllGouwuche;
        helper. RequestCompleted + = new deleGetRequestObject (helper_ Request-
Completed_ loadShoppingCar);
        helper. TryPostData (url, jsonString);
    }
void helper_ RequestCompleted_ loadShoppingCar (object o) 加载购物车方法的
回调函数
    {
        deleControlInvoke dele = delegate (object oProductList)
        {
            string strProduct = (string) oProductList;
            object olist = fastJSON. JSON. Instance. ToObjectList (strProduct, typeof
(List < usershoppingCar > ), typeof (usershoppingCar)); //解析返回的 json 类

            ctrList. Items. Clear ( );
            decimal Totalprice = 0;
            foreach (usershoppingCar g in (List < usershoppingCar > ) olist)
            {
                ListViewItem lv = new ListViewItem (g. productEPC);
                lv. SubItems. Add (g. productName);
                lv. SubItems. Add (g. productPrice);
                lv. SubItems. Add (g. discount);
                lv. SubItems. Add (g. productMoney);
                Totalprice + = Convert. ToDecimal (g. productMoney);
```

```
                if (inTags (g. productEPC))
                lv. BackColor = Color. Pink;
                ctrList. Items. Add (lv);
            }
        label4. Text = Totalprice. ToString ();
    };
    this. Invoke (dele, o);
}
```

(3) 将非法商品加入到购物车

在自助结算的过程中，为避免用户将没有加入购物车操作的商品带出超市，需要将非法商品加入购物车之后才能完成结算操作。

```
private void button1_ Click (object sender, EventArgs e)
{
        if (listView1. Items. Count = =0) return;
        if (this. listView1. SelectedItems. Count ! =1)
          {
            MessageBox. Show ("请选中一件商品!");
            return;
        }
        index = this. listView1. SelectedItems [0]. Index;
        string pid = listView1. Items [index]. Text;
        try
            {
//读取当前选中的 listView 中的商品
                string time = DateTime. Now. ToString ();
                string money =
listView1. Items [index]. SubItems [4]. Text. ToString ();
                string pname =
listView1. Items [index]. SubItems [1]. Text. ToString ();
                string price =
listView1. Items [index]. SubItems [2]. Text. ToString ();
                string discount =
listView1. Items [index]. SubItems [3]. Text. ToString ();
```

```
            if (true)
            {
                addGWC (pid, getEPC, money); //将选中的商品添加到购物车
            }
        }
        catch (Exception ex)
        {
            MessageBox. Show (ex. ToString ())
        }
    }
```

(4) 用户结算完成

当用户购物车中没有非法商品时，点击结算按钮完成结算操作，包括系统购物车与超市在架商品信息的更新与交易记录的添加等操作。

```
private void button2_ Click (object sender, EventArgs e)
    {
        bool isPink = false;
        if (listView1. Items. Count > 0)
        {
            MessageBox. Show ("存在非法商品!");
            isPink = true;
            return;
        }
        foreach (ListViewItem lVI in ctrList. Items)
        {
            if (lVI. BackColor ! = Color. Pink) //判断是否变为粉色，如果不为粉色，说明门禁读写器没有读到此商品
            {
                isPink = true;
                return;
            }
        }
            if (! isPink) //为粉色，说明门禁读写器匹配成功
```

```
{
                string price = label4. Text. ToString ( );
                string Ye = labeYE. Text. ToString ( );
                 YE = string. Empty;
                if ( (Convert. ToDouble (Ye) >
Convert. ToDouble (price)))
                  {
                     YE = (Convert. ToDouble (Ye) -
Convert. ToDouble (price)) . ToString ( );
                }
                else {
                    MessageBox. Show ( "余额不足，请先充值!");
                    return;
                }
                int i = this. ctrList. Items. Count;
                if (i > 0)
                  {
                    for (int j = 0; j < i; j + + )
                    {
                        string PEPC =
ctrList. Items [j]. SubItems [0]. Text. ToString ( );
                        string PName =
ctrList. Items [j]. SubItems [1]. Text. ToString ( );
                        addJYinfor (PEPC, PName, getEPC,
DateTime. Now. ToString ( )); //添加的交易表中
                        deletProducts (PEPC); 从在架商品中移除记录
                        deletShoppingCar (PEPC); 从购物车中移除记录
                    }
                    getUInfor ( );
                }
    essageBox. Show ( "结算成功! 谢谢惠顾!");
                    }
        }
```

7 物联网工程应用案例

7.1 RFID 技术在大连港集装箱的应用案例

现代物流涉及大量纷繁复杂的产品，其供应链结构极其复杂，经常有较大的地域跨度，因此对信息的准确性和及时性要求非常高。相关调查数据显示，一个配送中心每年花在人工清点货物和扫描条码上的时间达 11000 小时。RFID 技术克服了条码的这些缺陷，将该过程自动化，为供应链提供即时数据。据分析，若采用 RFID，沃尔玛每年可以节省 83.5 亿美元，其中大部分是扫描条码的人力成本。RFID 的特点是利用无线电波来传送识别信息，不受空间限制，可快速地进行物品追踪和数据交换。工作时，RFID 标签与“识读器”的作用距离可达数十米甚至上百米。通过对多种状态下（高速移动或静止）的远距离目标（物体、设备、车辆和人员）进行非接触式的信息采集，可对其自动识别和自动化管理。由于 RFID 技术免除了跟踪过程中的人工干预，在节省大量人力的同时可极大提高工作效率，所以对物流和供应链管理具有巨大的吸引力。

RFID 无线双向通信，最大的优点在于非接触，可实现批量读取和远程读取，可识别高速运动物体，可实现真正的“一物一码”。这种系统可以大大简化物品的库存管理，满足信息流量不断增大和信息处理速度不断提高的需求。

此外，RFID 可解决零售业物品脱销、盗窃及供应链被搅乱带来的损耗，而沃尔玛每年因盗窃带来的损失达 20 亿美元。目前，RFID 技术在中国的应用主要集中在交通运输行业，比较成熟的应用有全国铁路车号识别系统、上海城铁明珠线控制系统、大连港集装箱管理。此外，在门禁、车场管理及高速公路收费管理等方面的应用也初具规模。随着物流业转型发展的深入开展，RFID 将作为主要的技术应用获得推广。

大连大窑湾港区，紧邻集装箱码头的大连铁路集装箱中心站，3 台 4 层楼高的轨道式龙门吊下，10 余台集装箱卡车沿作业线一溜排开，从铁路车体卸下的集装箱被龙门吊直接装上卡车，送往一路之隔的集装箱码头装船出海。大连中心站自去年 7 月随港口航线布局调整开始集装箱海铁联运的作业以来，作业量快速增长，今年前两个月作业量均超过 18000 标箱。

如此高效的运作正得益于对 RFID 的全面采用。作为东北地区铁路集装箱唯一的港口型中心站，大连中心站依托先进的基础设施和设备，通过港口和铁路的紧密合作，不断优化调整集装箱海铁联运的作业流程，目前，装车作业基本全部实现港、站直取，卸车作业的直取比例逐步提高，通过港、站之间的整体作业计划协调，减少了集装箱落地存储和再次起吊装运的过程，随着作业环节的减少，设备操作量和能耗也得到大幅度的降低，作业效率和能力得到明显提高。

在作业现场计时，龙门吊将集装箱从班列上吊起，到稳装上集装箱卡车，单箱作业时间约 2 分钟，3 台龙门吊同时作业，一整列 40 尺重箱全部卸完也就 1 个小时左右。这边车体刚刚卸空，准备运往东北腹地的集装箱已经被集卡运到龙门吊下了。中心站负责人介绍，目前循环班列全部在场停留时间在 8 小时以内，春节期间，中心站最多一天完成到发 12 列。

虽然作业繁忙，但是现场并没有多少工作人员。正在使用的无线调度指挥系统的中心站的设施布局与集装箱码头只一线之隔，在作业信息系统上结合得更加紧密，是无缝链接的。所有作业计划都通过港口社区系统与客户、码头和铁路等相关合作方提前编制，共同确定。集卡拖运集装箱进入中心站与集装箱码头共用的全自动化大门通道后，箱号识别系统自动识别箱号，RFID 车号识别系统自动识别车号，验残系统对箱体进行检验，所有数据在系统内与码头、车站、客户的作业计划进行核碰，确认后自动放行。同时，作业指令通过无线网络发送到龙门吊终端，驾驶员遵照指令操作即可，大大提高了作业效率和准确性。

大连中心站目前有超过 10 组车体在长春东、齐齐哈尔、五棵树、让湖路、沈阳、哈尔滨等线路循环开行，并随时对增加的货运需求协调铁路相关部门增配运力，确保海铁联运货物随到随运。未来，围绕大连、沈阳、哈尔滨三个中心站，依托大连站将进一步构建辐射东北腹地的铁路集装箱网络，完善连接东北各城市和口岸的集装箱海铁联运通道。其作业流程如图 7－1 所示。

7.2 RFID 技术在沃尔玛物流配送的应用案例

美国零售商巨头沃尔玛商场在全球零售行业中享有的最大优势就是其配送系统效率最高。究其原因，无非是向科学技术积极要生产力，普遍采用射频识别技术标签（物联网 RFID）。同时，不断革新其持续快速补充货架的物流战略，不断引进和运用现代化供应链管理技术，货架持续保持令消费者青睐的足够商品数量、种类和质量，避免货物无故脱销和短缺，从而使沃尔玛在美国和世界各地的商场供应链的经济效益和服务效率大幅度提高，终于造就了沃尔玛的今日辉煌。

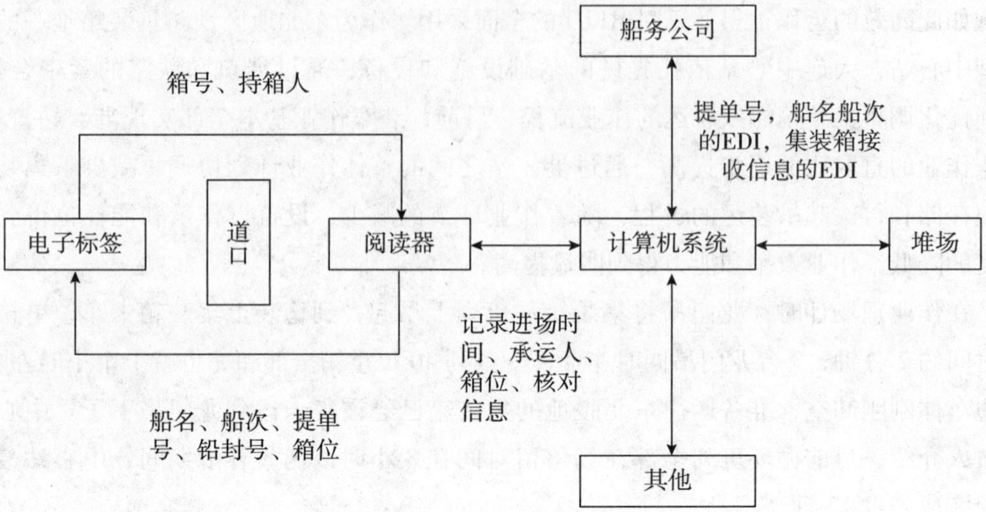

图7－1　道口信息处理流程

1. 采用RFID技术成就最大优势

据美国托运人研究中心2005年年底的一份研究报告指出，沃尔玛在其美国和世界各地的零售商场和配送中心普遍采用RFID标签技术以后，货物短缺和货架上的产品脱销发生率降低16%，从而大幅度提高客户服务满意率。其实所谓RFID标签无非是在每一种，甚至每一件货物贴上技术含量远远超过条码、并且信息独一无二的RFID标签。在货物进出通道口的时候，RFID标签能够发出无线信号，把信息立即传递给无线射频机读器，传递到供应链经营管理部门的各个环节上。于是仓库、堆场、配送中心，甚至商场货架上的有关商品的存货动态一目了然。

沃尔玛的这项RFID标签技术是在美国阿肯萨斯大学帮助下开发出来的，事实证明，在RFID标签技术和其他电子产品代码技术的大力支持下，避免了订货和货物发送的重复操作和遗漏，更不会出现产品或者商品供应链经营操作规程中的死角和黑箱。

仅仅在2005年，沃尔玛在原来的基础上又增加使用5000余万件FRID技术标签。北京旭航电子的FRID技术标签的操作方式其实相当简便，只需要少数人管理，货物跟踪和存货搜索效率高得惊人，大幅度提高了存货管理水平，减少了库存和降低物流成本。沃尔玛商场的工作人员手持射频识别标签技术机读器，定时走进商场销售大厅或者货物仓库，用发射天线对着所有的货物一扫，各种货物的数量、存量等动态信息全部自动出现在机读器的荧光屏幕上，已经缺货和即将发生短缺的货物栏目会发出提示警告声光信号，无一漏缺。

总而言之，确保沃尔玛零售商场货架上的各种产品该有的不得无故短缺，商场货架快充物流战略必须进一步实施，如果突发事件和意外事故无可避免，也必须向消费者发出提前告示，解释原因，表示道歉，并且预告货物补充的日期。令人佩服的是，分布在美国和世界各地的沃尔玛零售商场的 FRID 网络，可以通过卫星通信网络技术实施全球一体化经营管理。也就是说，沃尔玛集团的各个零售商场，各家供货商、制造商、运输服务上和中间商等的存货、销售和售后服务、金融管理等信息动态均被美国沃尔玛零售商总部全面掌握。

2. RFID 技术成本由供货商负担

据来自美国阿肯萨斯大学的一份报告，到 2005 年 10 月底，沃尔玛已经把射频识别技术标签等现代化供应链经营管理技术，推广到美国和世界各地的 500 多家沃尔玛零售商场和连锁店。到 2006 年年底将把 RFID 技术的使用范围扩大到 1000 余家。也就是说，凡是沃尔玛零售商集团名下的所有店铺货架上的商品，供货商的产品包装箱和货物托盘等全部必须使用 RFID 标签，与其配套的扫描跟踪屏幕显示机读器也必须到位。其目标就是通过射频识别技术标签和电子信息网络，在第一时间和第一现场全面掌握有关沃尔玛商场货架上、托盘上、仓库中和运输途中的货物动态，其快充商场或者连锁店货架物流服务战略的操作规程精确度可以达到 99% 以上。

至于 RFID 标签技术成本基本上由供货商负担，因为供货商可以通过强化与沃尔玛零售商的密切关系，扩大商品的营销规模经济，降低物流成本和提高效益，从中获得相当大的技术革新投资回报率，而不是把 RFID 成本转嫁到积极倡导高科技供应链技术的沃尔玛零售商头上。RFID 确实能够提高零售行业的生产率，尤其是在提高供应链经济效率方面的作用相当灵验。过去要花上几个小时，商场工作人员几乎全体出动才能查对商场货架上的货物，现在仅仅需要若干人在 30 分钟内就可以全部搞定。于是加入沃尔玛的 RFID 技术队伍，改善零售行业存货和货架物流效率的全球供货商越来越普遍。

科学技术始终处于持续性的进步规程中，FRID 技术标签当然也不是例外，目前，FRID 技术标签平均每只大约 25 美分的成本也在大幅度下降。与此同时，目前沃尔玛使用的第一代 FRID 技术标签将在 2006 年 7 月开始全面淘汰，第二代视频识别技术标签将随即全面启用。沃尔玛采用以资鼓励，适当补偿的方式推动其供货商积极采用 FRID 第二代技术，成本不会超过 7 ~ 8 美分，到 2007 年可能不超过 5 美分，其用户将更加广泛。

3. 快充货架策略令成本大减

按照美国沃尔玛零售商的要求，配送中心必须通过快速调度，提高货架补充操作的准确性和实时性，进一步降低配送中心存货成本。这就是说，为沃尔玛零售商场和连锁店货架补充货物的供货商，要提高快速供货操作频率。但是每次送货大多是小批量，沃尔玛不再要求供货商每次提供半个月、1 个月甚至更长时间的产品，也不再把大量待售的商品长期积压在商场或者连锁店的仓库内。现在的沃尔玛要求供货商提供不超过5天销售量的商品，这也使沃尔玛和其供货商的工作十分严峻，供销双方蒙受的市场压力更大，但是只要操作得当，快充商场货架物流战略就可获得成功。

例如，现在的供货商可以直接操作使用沃尔玛零售公司的配送中心进货物流规程，容许供货商使用沃尔玛零售商场和连锁店存货信息技术网络，不仅信息共享，而且共同策划商品零售供应链管理，大幅度提高其供货效率、速度和精确率，促使供销双方都能够获得巨大的经济利益，而客户服务质量也得到保证。

商场货架快速补充物流战略的最大优势就是通过缩短供货周期，增加小批量、多品种和大范围产品的供货频率，进一步大幅度降低存货成本，提高货架供应的经济效益。这项货架补充货物物流服务革新措施仅仅在2004年就为沃尔玛零售集团增加收益2.85亿美元。目前，沃尔玛零售商集团正在把快充商场货架物流战略全面推广到合伙人经营的日用品和食品零售连锁店、零售商场、供货商、生产商和制造商，扩大快充货架物流战略的覆盖面和受益面。

毫无疑问，按照沃尔玛零售商的要求实施快充货架物流战略，必然会造成卡车货运增加成本，但是这些成本可以通过FRID等零售市场供应链技术功能效益和投资回报率的提高，来降低存货成本。再加上供货商和制造商等合伙人的紧密合作，在物联网RFID标签技术普遍运用下，扩大电子信息技术在供应链管理中的作用，从供货源头开设就致力于物流成本的降低，只要持之以恒的努力，最终达到零售行业整体利好平衡。美国国内3600家沃尔玛超市、零售商场和连锁店通过快充货架物流战略，仅仅在配送物流方面，就年均节约5200万美元；而其远期节约指标是年均3.1亿美元。美国沃尔玛零售商的快充货架物流战略还有节约能源、减少污染、保护环境等作用。快充货架物流战略正在进一步促进供应商紧密配合世界零售商巨头沃尔玛的全球零售物流方针，即持续性减少成本，引进技术和革新供应链操作规程，将其全球经营年总收益目标提高到2850亿美元。

7.3 ZigBee技术在北京公共物流信息服务平台中的应用案例

随着市场经济的发展，物流业已由过去的末端行业，上升为引导生产、促进消费的先导行业。现代物流业是以现代运输业为重点，以信息技术为支撑，以现代制造业和商业为基础，集系统化、信息化、仓储现代化为一体的综合性产业。因而它的发展，必将对优化产业结构、增强企业发展后劲、提高经济运行质量起到巨大的促进作用。为此，我国及北京地区均出台了相关政策鼓励现代物流业及其信息化发展。在这样的背景下，北京物流信息服务平台的需求应运而生。北京物流信息服务平台既是一个物流相关信息互通共享平台，又是一个公共物流信息服务的业务平台。该平台首先实现物流相关单位的信息互联和一站式查询。并提供面向市内物流企业的物流信息服务。

1. 公共物流信息服务平台内容

公共物流信息平台是服务于现代物流的，既是一个物流相关信息互通共享平台，又是一个公共物流信息服务的业务平台。该平台首先实现物流相关单位的信息互联和一站式查询。并提供面向市内物流企业的物流信息服务。同时此平台能够同业内的资深企业进行合作，在物流领域的现代化、信息化服务上做一些有意的尝试。平台建设的内容包括：

（1）实现管理部门信息交换系统接口。形成北京物流信息服务平台与运输部门、生产企业、流通企业、第三方物流的信息采集和信息交换接口系统。

（2）实现物流信息服务系统。实现运力与货源网上在线配载，仓储资源供求信息的发布与查询，物流状态查询，最终实现物流信息服务过程的可视化。

（3）实现数据交换和信息接口。满足平台与外部公共信息平台进行数据交互共享，将极大提高信息交换效率。

（4）整合运输部门、生产企业、流通企业、第三方物流之间相关信息资源，利用平台整合各物流环节，为一站式办公构件技术基础，实现物流信息无障碍互联；向物流企业提供物流全过程的信息服务，加强货物在途情况掌握及对异常状况及时处理。

（5）形成北京物流信息服务平台服务体系，使平台贴合客户需求，定价计费合理，保障信息服务平台长效运营。

（6）同相关企业合作，利用先进的科技手段。实现北京物流的现代化、信息化、数字化。

通过公共物流信息服务平台的建设，实现传统物流业向现代物流业的转变，不仅是物流业自身结构调整和产业升级的需要，也是整个国民经济发展的必然要求。

2. ZigBee 技术在物流信息服务平台建设中的应用

（1）应用需求

现代物流的一项重要的表现之一就是系统的数字化。在物流管理链中仓储物流管理是非常重要的一环。目前最为流行的做法是引入条码技术或者 RFID 技术。利用电子扫描条码或者 RFID 识别的技术实现对货物的信息化管理。通过科学编码，方便对物品的批次、保质期等进行管理。不过只用条码或者 RFID 技术也存在技术局限。首先适用于短距离对商品的读写，由于条码和 RFID 的读取方式，都是通过条码和 RFID 标签微弱的反射或被动耦合的信号来实现的，因而读取距离都非常有限，并且 RFID 读卡器须采用 RS232/485 有线连接方式通信，给系统架设和维护都带来了极大的不便。这些局限性，大大限制了它的作用的发挥。而远距离的读写器价格比较高，也不能方便的组网。

（2）网络架构

根据ZigBee的应用特点，可以在仓储管理信息系统中引入ZigBee技术。利用ZigBee组成的无线传感器网络低能耗、网络容量大、成本低的特点，开发基于ZigBee设备的无线传感器网。在每个库存的货物上安置一个ZigBee的终端设备，把设备对应货物的信息以及采集到的货物的位置偏移和周围的环境温度、湿度等参数应用ZigBee无线通信的方式发送到终端设备的路由器。再由路由器转发到网络协调器，最后上传至数据控制管理中心。

如图7-2所示，系统采用ZigBee设备组成的树状网络，构成智能仓储管理。ZigBee网络协调器、路由器、终端设备组成了适合运用在仓储系统中的ZigBee树状网络。通过ZigBee的网络系统对出库、入库的产品进行管理。

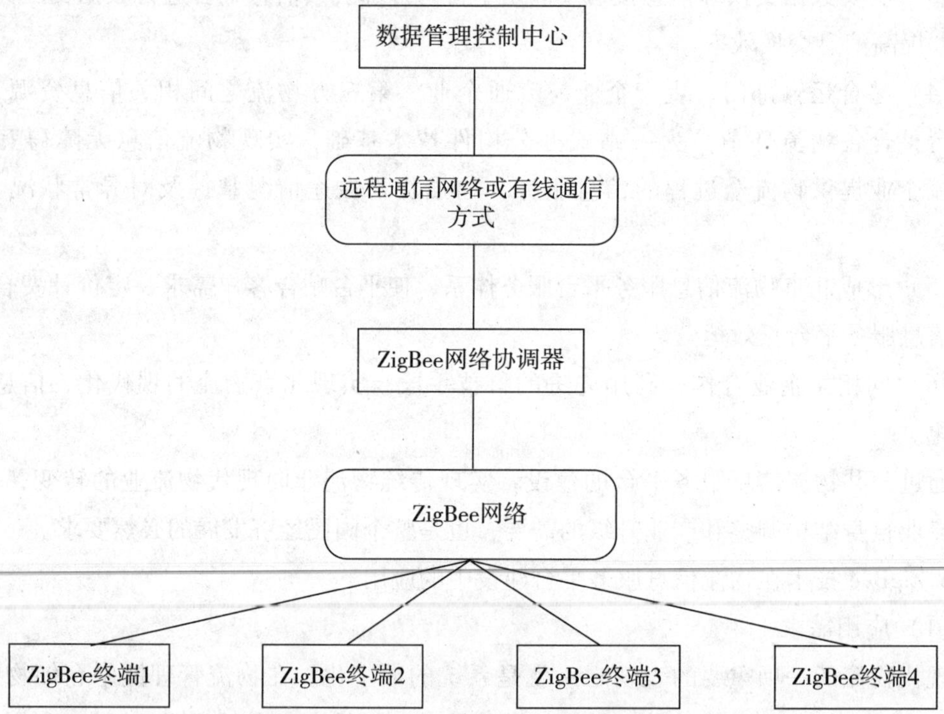

图7-2　基于ZigBee的管理架构

（3）功能描述

①货物入库。货物入库前置于货物上的ZigBee终端设备记录了货物的型号、出厂日期等信息。货物经过仓库入口，信息会自动加入到入口处的路由器网络中，并通过路由器将信息传给网络协调器，最后由网络协调器传给上位机。

②货物出库。货物出库时，通过网络协调器，路由器，ZigBee终端设备指定要出

库的货物，并确认出库信息正确，允许货物出库。

③库存数量清点。根据需要，上位机通过 ZigBee 网路系统可以定期对库存的物品进行清点。及时处理发现的问题。

④货物的区域定位、转移。仓库内的 ZigBee 网络可以实时读取货物的各种信息，控制中心据此判断货物的存放区域，统计仓库使用情况，并据此安排新货物的入库存放位置。

⑤温湿度检测与报警。ZigBee 设备终端的温湿度传感器对货物周围的环境温湿度进行实时的监测。并根据预设置的环境参数的上下线，通过路由器向网络协调器报警。网络协调器将报警信息上传至上位机，通知管理人员及时处理。

作为一种新兴的短距离、低速率的无线通信技术，ZigBee 是一种很好的短距离无线通信方式。ZigBee 通信的技术特点，使它在短距离通信方面有着很大的发展空间。ZigBee 在物流仓储信息系统的引入，提高了仓储物流的管理效率，消除了安全隐患，提高了企业竞争力。

7.4 条码技术在海尔全程追踪中的应用案例

条码扫描就像一条纽带，把产品生命期中各阶段发生的信息实时取数，并实时追踪产品从生产到配送的全过程，使企业在最快的时间获得最准确的信息，通过正确的决策在激烈的市场竞争中处于有利地位。物畅其流，在整个庞大的海尔制造系统，从原材料进厂到产成品出厂，在这看似简单但又有条不紊的物料流通过程的背后，却是条码扫描技术这个尽心尽职的好管家在默默地支撑着整个流程的有序运转。海尔物流就是采用了这种全过程的条码管理，实现了从原材料按单采购、按单配送、按单生产到成品的按单装车、按单配送的全程可视化追踪。

在条码应用之前，海尔物流信息系统采用世界领先的 ERP 软件供应商 SAP 公司的产品，管理从采购、制造到配送、销售过程中的每一个环节，同时为完善仓库操作层面的管理，海尔物流信息中心开发了基于 ERP 系统的 WMS 系统，这些均为条码的广泛应用打下了坚实的基础。同时集团的标准化部门根据前期信息系统使用过程中出现的问题，结合世界上先进的母本，设计出一套完整、科学的编码规则，使人、产品、设备、工位、仓位均有了规范统一的符号，为条码在 28 个产品事业部、国内 8 个工业园以及巴基斯坦工业园、42 个配送中心的推广做好了准备。海尔信息化的提前推广，网络共享，解决了基础设施的瓶颈。

目前海尔物流应用最为广泛的条码主要分为 7 种：托盘条码、物料条码、仓位条码、成品条码、工位条码、操作人员条码及设备条码。

托盘条码由6位阿拉伯数字组成，具有唯一性，贴在托盘四面的中央，方便不同位置的扫描。托盘条码可以循环使用，为了使其保留的时间长久，托盘条码采用特殊材料制成，具有防水、不易划破、使用时间长等优点。

物料条码相当于物资标签。每个容器外部都有一张物料条码，包含物料号、物料描述、批号、采购订单批号、供应商及送货数量等信息。

仓位条码相当于一个三维坐标，是用来标识青岛物流中心每个仓位的具体位置，仓位条码用××－××－××表示，如01－09－03，01代表第1巷道，09代表第9列，03代表第3层。

成品条码主要用来标记出厂成品，运用于整个成品下线、仓储及配送。成品条码共计20位，包括产品大类、版本号、流通特征、生产特征、序列号等信息。

工位条码是集团将所有的生产线统一编码，产品可追溯到生产线的生产工艺与质量。

操作人员条码是海尔集团所有员工的编码，与其他条码结合能够及时追溯到责任，同时也是集团进行工资分配的依据。

设备条码是集团为所有设备的编码，为全面设备管理提供依据。

从海尔产品的零部件到产成品，每一个和物流相关的环节都在采用条码扫描进行终端数据采集。条码扫描也成为海尔产品流通环节中不可或缺的信息技术。

1. 原材料收货扫描

海尔零部件供应商在送货时，产品的外包装上都贴有海尔物流标准的物料标签，标签内容包括物料号、送货数量、订单批号、供应商名称等，每种内容除了用数字或字母标明外，还必须配有准确的条码信息，这样海尔物流员工在收货时，通过对条码信息扫描，就可以将供应商的送货信息实时传递到ERP系统中，完成按照采购订单收货。扫描系统不仅仅是简单的记录功能，还能够根据后台ERP采购订单信息进行自动判断，对不符合的信息自动闸口，避免人为因素对收货操作的干扰。

2. 原材料仓储配送扫描

海尔物流采用先进的过站式物流运作模式。在海尔，仓库不再是储存物资的水库，而是一条流动的河，河中流动的是按单采购来生产必需的物资，也就是按订单来进行采购、制造等活动，这就要求库存信息系统在低库存乃至零库存的要求下，及时准确地满足事业部连续大规模的流水线式生产。

(1) 按订单配送

由于海尔集团是按订单制造（Make to Order）的模式，生产线订单的信息通过ERP系统与看板系统连接，物料配送信息会自动传递给物流仓库中的无线条码扫描终端，配送中心按照订单信息拣配，并根据生产线的信息配送至工位。

（2）按订单交接

物料送到生产线旁，由物流的送料员与制造部的叫料人员扫描交接，交接的过程先扫描物料码及数量码，在确认无误后扫描双方的人码，这样交接及时准确，交接扫描的信息直接传递到ERP系统，成为物流与制造部结算的依据。

3. 产成品下线扫描

成品生产完毕装箱后，在下线点使用有线扫描终端扫描成品条码，收集生产完工信息，并自动在ERP系统中对在拉料配送过程中增加的工位库存进行反冲，确保下次拉料配送的准确性。同时，扫描系统根据ERP系统中的订单信息，对下线产品的数量、型号进行闸口，避免造成无订单或超订单生产。

4. 成品装车扫描

成品生产完毕，进入装车配送环节。在装车时使用无线条码扫描终端扫描成品条码，记录装车车号、产品型号、数量等关键信息，同时扫描系统实时和后台ERP系统的订单信息校对，对错装、漏装、多装或不按照订单装货等错误操作进行闸口，有效避免了无效作业。同时为提高装卸效率，通过对成品运单号扫描、装卸产品的扫描，可以实时监控到装车效率，实现成品运输装车零等待的目标。

5. 成品仓储配送扫描

在成品装车、出口装箱时，通过条码技术，使车辆与每个集装箱的货物一目了然，并起到计算机自动校验审核的功能，每天能够准确地发运10万台以上的产品。成品在收货时，通过入库扫描，自动记录入库型号、数量、仓位等信息并实时记账，同时和后台ERP系统的运单或交货单信息进行核对，对错误信息实时闸口，提高效率。在出库操作时，根据提货单，扫描系统自动提示出库仓位，系统可根据成品库龄按先进先出原则指导出库，并在后台自动过账，使每天、每种产品的库存、库龄一目了然。

产品配送完成后，根据订单，系统能够核算投入与产出，对每天生产中的物耗到单、到人、到天。这样一来，不仅可以满足客户大规模、流动式的生产线需求，还可以为客户实现过站式物流运作模式。通过核算出每个订单的投入产出，为精益制造打下基础。

通过全过程的条码管理，海尔物流不仅实现了对物料周转过程的监控，同时也实现了对各种错误操作和信息的自动闸口。条码扫描技术为海尔物流带来了巨大的经济效益：海尔集团每个月平均接到10余万个销售订单，需要采购的物料品种达30多万种，在这种复杂的情况下，通过条码扫描的实时取数、自动跳闸，使海尔的库存信息准确率和出入库信息准确率都达到99%以上；呆滞物资降低90%，库存资金减少63%；同时通过全过程的条码扫描管理，不仅实现了可视化的仓库管理、成品运输的透明追踪以及无纸化的作业环境，而且能够使各环节责任到人并对非按单作业自动跳闸，为集团每年节约大量资金，提高了企业的核心竞争力。

7.5 GPS、GPRS技术在海尔第四代冷链监控系统中的应用案例

GPS实时性、全天候、连续、快速、高精度的特点运用到冷链监控行业给其带来一场实质性的转变，并将在冷链监控行业的发展中发挥越来越重要的作用。从硬件设计，到软件开发，第四代冷链监控系统已经正式启动。GPS技术在冷链物流中的应用大大提高了运输的质量和有效的保证运输时间，从而确保了冷链产品的质量和及时到达。第四代冷链监控系统将温度监控技术和GPS技术有机的整合在了一起，对运输操作实行全方位地监控和管理，既提高了运输中信息的精度，又实现了运输管理的实时自动化。从而确保了冷链产品的质量和及时到达，将在冷链监控行业及物流业的发展中发挥越来越重要的作用。

1. 冷链物流运输应用GPRS技术的可行性

（1）技术可行性

GPRS技术采用了分组交换技术，每个用户可同时占有多个无线信道，同一无线信道又可以由多个用户共享，从而资源被有效地利用。GPRS技术以其160Kbps的极速传送令人称道，使用GPRS数据实现分组发送和接收，用户永远在线且按流量、时间计费，迅速降低了服务成本。因此，冷链物流应用GPRS技术完成信息的实时传递是可行的。

（2）经济可行性

GPRS服务虽然保持一直在线，但不必担心费用问题，因为只有产生通信流量时才计费。目前GPRS可支持56Kbps的峰值传输速率，理论峰值传输可达114Kbps。现阶段，GPRS技术可以每5秒钟对车辆进行一次信息采集，一个月的费用才5元，这个费用与GPRS技术所带来的利润相比，是能被广泛接受的。

（3）管理可行性

现阶段，冷链物流业市场越来越规范，从业人员的素质也越来越高，对冷链物流管理理论也越来越了解。随着GPS技术和RFID、GPRS、GIS技术广泛认可和应用，对其管理也越来越规范。

2. GPS、GPRS技术在冷链物流中的应用

由于冷链产品必须低温存储和运输，如果在运输中一旦发生车辆抛锚、冷冻系统瘫痪等事故，都会大大影响冷链产品的质量，因此将GPS定位技术应用到冷链物流中，通过网络实现资源共享，对货物运输过程中的车辆的运行路线、车货的实时运行位置、